用于国家职业技能鉴定
国家职业资格培训教程
GUOJIA ZHIYE ZIGE PEIXUN JIAOCHENG

YONGYU GUOJIA ZHIYE JINENG JIANDING

计算机网络管理员

（基础知识）

编审委员会

主　任	刘　康				
副主任	张亚男				
委　员	陈　敏	陈　禹	孟庆远	王　林	田本和
	周明陶	陈孟锋	许　远	丁桂芝	张晓云
	陈瑛洁	张　瑜	陈　蕾	张　伟	

编审人员

主　编	许　远				
编　者	许　远	李仲先	王中生	卢　颖	王河媛
	左起祥	常志峰	许　进	苏西林	廖庆扬
主　审	陈　禹				
审　稿	陈孟锋	陈瑛洁	张　瑜		

中国劳动社会保障出版社

图书在版编目（CIP）数据

计算机网络管理员：基础知识/中国就业培训技术指导中心组织编写. —北京：中国劳动社会保障出版社，2009

国家职业资格培训教程

ISBN 978-7-5045-7835-8

Ⅰ. 计⋯　Ⅱ. 中⋯　Ⅲ. 计算机网络-技术培训-教材　Ⅳ. TP393

中国版本图书馆 CIP 数据核字（2009）第 046354 号

中国劳动社会保障出版社出版发行

（北京市惠新东街 1 号　邮政编码：100029）

出 版 人：张梦欣

＊

北京宏伟双华印刷有限公司印刷装订　　新华书店经销

787 毫米×1092 毫米　16 开本　19.75 印张　343 千字

2009 年 5 月第 1 版　　2009 年 5 月第 1 次印刷

定价：**36.00 元**

读者服务部电话：**010-64929211**

发行部电话：**010-64927085**

出版社网址：**http://www.class.com.cn**

前　言

电子信息产业是现代产业中发展最快的一个分支，它具有高成长性、高变动性、高竞争性、高技术性、高服务性、高就业性的特点。

目前，我国已经成为世界级信息产业大国。随着社会信息化程度的不断提高，信息技术在通信、教育、医疗、游戏等各行业的应用将日渐深入，软件、硬件及网络技术人才的需求都保持了上升走势。尤其是电子信息类企业内部分工渐趋细化和专业化，更需要大量的信息化人才。另外，电子信息产业又是一个不断更新的产业，对于人才的需求还远远得不到满足。

大量的人才需求，催生了电子信息产业职业培训的迅速发展，培养实用的电子信息产业人才的呼声日益高涨，大量电子信息类的职业培训机构应运而生。为推动电子信息类职业培训和职业技能鉴定工作开展，在其从业人员中推行国家职业资格证书制度，中国就业培训技术指导中心在完成《国家职业标准·计算机操作员》（2008 年修订）、《国家职业标准·计算机（微机）维修工》（2008 年修订）、《国家职业标准·计算机网络管理员》（2008 年修订）、《国家职业标准·计算机程序设计员》（2008 年修订）（以下简称《标准》）制定工作的基础上，组织参加《标准》编写和审定的专家及其他有关专家，编写了计算机操作员、计算机（微机）维修工、计算机网络管理员、计算机程序设计员国家职业资格培训系列教程。

以上 4 个职业的国家职业资格培训系列教程紧贴《标准》要求，内容上体现"以职业活动为导向、以职业能力为核心"的指导思想，突出职业资格培训特色；结构上针对各职业活动领域，按照职业功能模块分级别编写。

其中，计算机网络管理员国家职业资格培训系列教程共包括《计算机网络管理员（基础知识）》《计算机网络管理员（中级）》《计算机网络管理员（高级）》《计算机网络管理员（技师）》《计算机网络管理员（高级技师）》5 本。《计算机网络管理员（基础知识）》内容涵盖《标准》的"基本要求"，是各级别计算机网络管理员均需掌握的基础知识；其他各级别教程的章对应于《标准》的"职业功能"，节对应于《标准》的"工作内容"，节中阐述的内容对应于《标准》的"技能要求"和"相关知识"。

　　本书是计算机网络管理员国家职业资格培训系列教程中的一本，适用于对各级别计算机网络管理员的职业资格培训，是国家职业技能鉴定推荐辅导用书。

　　本书由国家职业技能鉴定专家委员会计算机专业委员会集体承担编写任务，作者队伍由有关信息产业技术、行业企业代表及中高职院校电子信息类专业教师共同组成，由职业培训、课程开发专家进行技术把关，最后由中国就业培训技术指导中心审查定稿。

中国就业培训技术指导中心

目　录

CONTENTS　国家职业资格培训教程

第1章

信息技术原理概述

电子计算机是人类 20 世纪最伟大的发明之一，也是发展速度最快的一门技术。它从诞生之日起，就以迅猛的速度发展并渗入到社会生活的方方面面，在不同的领域发挥着巨大的作用。现在，计算机已成为人类工作和生活中不可缺少的工具，它已由最初的"计算"工具，逐步演变为适用于许多领域的信息媒体处理设备。在进入信息时代的今天，学习计算机知识，掌握、使用计算机已经成为每一个人的迫切需求。本章主要介绍信息技术常识、计算机的发展、分类与应用，以及计算机中数据的表示、计算机中信息的表示、计算机软件基础知识和计算机硬件基础知识等。

1.1 信息技术与计算机概述

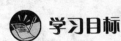 学习目标

➤ 掌握信息的概念

➤ 掌握信息的表示形式、传播方式、基本特征

➤ 掌握信息科学、信息技术、信息革命等概念

一、信息概述

目前，在报刊、广播、电视等大众传播媒体中经常出现许多与"信息"相关的

1

词语，例如，信息系统、信息检索、信息处理等。其实，"信息"是个含意非常广泛的术语。

信息是指用某些符号传送的报道，而报道的内容是接受符号者预先不知道的。可以把声音、图形、文字、数字、光电信号等看做各种各样的符号，通过它们所传送、表达的内容就是具有实际意义的信息。例如，消防车在行驶中呼啸的警笛向周围的车辆和行人发布了"有火警，请车辆行人让行！"的信息。

信息的基本形式可能是数据、符号、文字、语言、图像……

例如，工厂统计报表中的数据，反映了工厂生产状况的信息；由运算符号与数字组成的一个计算公式，体现了某种算法的信息；一份论文中的文字，教师授课时的言语，在黑板上绘制的图形，照相机拍摄下的一幅图像……无不体现着某种事物的信息。而人们之间的交谈与书信文件往来，就是信息的传送。

如果剖析一下人们每天的活动，就可以得出这样的结论：人们每天的大部分时间花费在接受信息、处理加工信息，以及传送信息上。例如，公司的业务员，接受各种单据，加以核查、计算处理，形成新的报表，转送给有关部门。又如工厂的设计人员收集与任务有关的数据与各种要求，进行各种设计计算、绘制图样、编写说明，然后送给生产车间进行加工。再如，人们参加讨论会一类的社会活动，也是从交谈与观察中接受信息，通过自己的思维进行逻辑加工，以发言的形式向别人传送信息。

信息在现代社会中的地位与作用越来越重要，可以说信息处理存在于所有领域。政府、企业、服务、社会保障、文化教育、科学研究等部门每时每刻都在收集、发布大量的信息，通过对信息的加工、处理、分析作出决策，指导各自机构的系统有序地运行。随着社会的发展与进步，人们需要处理的信息量越来越大、复杂程度越来越高，因此，利用计算机提高信息处理的效率与水平，具有极其重要的意义。

二、信息的表示与传播

信息是一种无形的东西，它必须记载于某种物体上，任何信息都不能离开具体的符号及其媒体。现在常见的信息媒体有：报刊、广播电视、网络等。信息通过不同的媒体传递时，表述信息的符号可能不同。例如，信息可以记录在书本上，也可以记录在磁带、磁盘、光盘上，通过这些方式保存的信息可以保存很长时间。

归纳起来，信息的表示与传播有以下几种媒体形式：

1. 传统形式的媒体

早期，人类用耳、眼、鼻等器官去接收信息，通过表情、语言、体态、肢体等直接交流信息。后来，逐渐地发展到用文字图形去记录和传递信息。

2. 模拟形式的媒体

19 世纪以后，产生了模拟形式的媒体，它以电磁波为载体，将文字、视频、音频等通过电磁波传递。例如，利用无线电发报机传递"SOS"的信息。

3. 数字形式的媒体

现在，计算机网络已经成为传递信息的重要方式了，它以二进制数字编码的形式来表示文本、图形、声音、影像等。

三、信息的基本特征

1. 普遍性和无限性

信息是事物运动的状态和存在方式，而运动、发展、变化的无限性是宇宙的基本特征，所以信息在宇宙中是普遍存在的，并且具有无限性。

2. 可传递性、共享性

信息无论在时间上还是空间上都具有可传递性，信息在空间的传递被称为通信；信息在时间上的传递被称为存储。

信息传递与物质、能量的传递不同。物质和能量的传递过程遵守质量或能量的守恒定律，当它们以某种形式实现了传递后，在发出点的数量就会相应减少。信息的传递实际上是信息的增殖过程，信源发出信息后，其自身的信息并不减少，并且同一个信源的信息可以提供给多个信息接收者。这是信息的又一个重要特征，即信息的共享性。

3. 载体、方式的可变性

信息是事物运动的状态和存在方式，但不是事物本身。因此，一方面信息必须借助某种符号才能表达出来，而且这些符号又必须依赖于某种事物实体（即载体）；另一方面，同一信息可以用不同的载体、不同的符号表达出来。例如，同样的信息，可以用"纸"这种载体进行表述，也可以用"电磁波"这种方式进行表述。在用"纸"的时候，可以采用文字符号，也可以采用图像符号；在用"电磁波"的时候，可以用声音或图像的方式进行传播。

四、信息科技概述

社会的发展导致各种信息量迅猛增长，促进了信息技术与信息科学的发展。当前，正在经历的第四次工业革命（信息革命）就是以计算机技术为核心的变革，信息技术、生物工程技术、新能源技术、新材料技术是这场技术革命的四大支柱。

1. 信息技术与信息科学

（1）信息技术主要包括信息的获取、加工（处理）、传递、存储、表示和应用等技术，它是高技术的前导。

1）狭义上的信息技术。关于信息技术的内涵也有多个层次，从 C（计算机）、C&C（计算机和通信）到 3C（计算机、通信、控制），都是狭义上的信息技术。

——认为信息技术就是信息处理的技术，从而将信息技术与计算机技术等同起来。

——认为信息技术是计算机技术、通信技术和控制技术三者的结合。所以，无线电技术、自动化技术、微电子技术、光电子技术、人工智能技术等也就列入了信息技术的范畴。

2）广义上的信息技术。广义层次上，信息技术包括感测技术、通信技术、智能技术和控制技术。

智能技术借助于计算机软、硬件的发展，在信息技术中已经处于核心地位。所以，计算机技术是信息技术的重要组成部分，信息的获取、加工、传递、存储、表示和应用等都离不开计算机的应用。

（2）信息科学是指研究、收集、组织、存储、管理、传播、交换、检索、处理、应用数据信息的理论与方法。信息科学的研究与应用成果可以转换到各个学科领域，如电子出版、网络教学、天气预报、地址勘测、辅助设计与制造、军事、虚拟现实等。

2. 人类信息技术革命历程

迄今为止，人类已经经历了五次信息技术的革命（简称信息革命），每次信息革命都是一次信息处理工具上的重大创新。

（1）第一次信息革命是语言的应用，语言的产生距今大约 35 000～50 000 年，语言是人类思维的工具，也是人类区别于其他高级动物的本质特征。人类通过语言将大脑中存储的信息进行交流和传播，促进了人类文明的进程。

（2）第二次信息革命是文字的使用，距今大约 3 500 年。文字的发明，使得人类存储和传播信息的方式取得了重大的突破，信息超越了时间和地域的局限性。

（3）第三次信息革命是印刷技术的应用，距今大约 1 000 年（我国在 1040 年、欧洲在 1451 年开始使用印刷技术），印刷技术的广泛应用使得书籍和报刊成为信息存储和传播的重要媒介，有力地促进了人类文明的进步。

（4）第四次信息革命是电报、电话、广播、电视的发明和普及应用，起源于19 世纪 40 年代。

（5）第五次信息革命是计算机的普及应用以及计算机和现代通信技术的结合，起源于 20 世纪 60 年代。近 40 年来，在计算机技术的支持下，微波通信、卫星通信、移动电话通信、综合业务数字网、国际互联网等通信技术，以及通信数字化、有线传输光纤化、广播电视和因特网络融合等技术都得到了迅速发展。

由于使用先进的计算机，人们处理信息与传送信息的能力大大提高，这就从根本上提高了人们改造自然和社会的能力与效率。所以，在现代社会掌握信息技术已经成为人们的基本素质之一。同时，一种全新的信息文化正在向人们走来。

1.2　计算机的应用

计算机作为获取、加工、存储、处理与管理信息的工具，已经成为 21 世纪重要的生活、工作工具。

1.2.1　计算机的概念及其发展

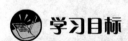 **学习目标**

➢ 掌握计算机的概念

➢ 了解计算机的发展过程

➢ 了解计算机的应用领域

一、计算机的概念

计算机也称电脑（英文名称 Computer），是 20 世纪最重要的发明之一，它对人类生产、生活的各个领域产生了重大的影响。

计算机是一种能够按照人们编写的程序连续、自动地工作，对输入的数据信息进行加工、存储、传送，由电子、机械部件组成的电子设备。

1. 计算机的主要特点

计算机的主要特点包括运算速度快，运算精度高，存储容量大，能连续地、自动地运行工作。

2. 计算机的应用

计算机的特点决定了它有着广泛的应用，主要有：科学计算、数据处理、过程控制、办公自动化、生产自动化、计算机辅助设计、计算机辅助教学、人工智能技术、网络应用等。

二、计算机的产生与发展

1. 世界范围内计算机技术的发展

计算机的产生是 20 世纪最重要的科学技术成就之一。美国宾夕法尼亚大学经过几年的艰苦努力，于 1946 年研制出世界上第一台电子计算机——ENIAC（Electronic Numerical Integrator and Calculator）。ENIAC 大约使用了 18 000 个电子管，1 500 个继电器，重 30 t，占地 170 m²，每秒能完成 5 000 次加、减运算，主要用途是进行弹道计算的数值分析，如图 1—1 所示。

图 1—1　第一台电子计算机 ENIAC

ENIAC 诞生后短短的几十年间，计算机技术的发展突飞猛进，历经数次更新换代，其内部主要电子器件相继使用了真空电子管、晶体管、中、小规模集成电路和大规模、超大规模集成电路（有关元器件参见图 1—2）。

每一次主要电子器件的更替都会引起计算机的换代，而每一次更新换代都会使计算机的体积和耗电量大大减小，功能大大增强，应用领域进一步拓宽。特别是体积小、价格低、功能强的微型计算机的出现，使得计算机迅速普及，进入了办公室和家庭，在办公自动化和多媒体应用等方面发挥了很大的作用。根据计算机所采用的物理器件不同，其发展过程可以分为四个阶段，通常称为计算机发展过程中的四个时代，见表 1—1。

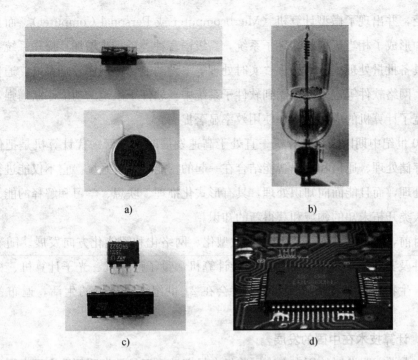

图1—2 各代计算机的元器件

a) 晶体二极管和晶体三极管 b) 电子管 c) 集成电路 d) 大规模集成电路

表 1—1   计算机发展的四个阶段

代次	起止年代	所用电子元器件	数据处理方式	运算速度	应用领域
第一代	1946—1957	电子管	机器语言、汇编语言	0.5万～3万次/秒	国防及高科技
第二代	1958—1964	晶体管	高级程序设计语言	数十万～几百万次／秒	工程设计、数据处理
第三代	1965—1970	中、小规模集成电路	结构化、模块化程序设计、实时处理	数百万～几千万次／秒	工业控制、数据处理
第四代	1971至今	大规模、超大规模集成电路	分时、实时数据处理、计算机网络	上亿条指令／秒	工业、生活等各方面

出现于1971年的第四代计算机的逻辑元件采用了大规模和超大规模集成电路，主存采用半导体寄存器。该阶段的计算机功能进一步加强，性能迅速提高，应用更

加广泛，并出现了微型计算机（Microcomputer 或 Personal Computer）。而且在计算机中形成了相当规模的软件子系统，高级语言种类进一步增加，操作系统日趋完善，具备批量处理、分时处理、实时处理等多种功能。数据库管理系统、通信处理程序、网络软件等也不断增添到软件子系统中。软件子系统的功能不断增强，明显地拓宽了计算机的应用范围，使用效率显著提高。

20 世纪中期以来，计算机一直处于高速发展时期。新一代计算机是把信息采集、存储处理、通信和人工智能结合在一起的智能计算机系统。它不仅能进行一般信息处理，而且能面向知识处理，具有形式化推理、联想、学习和解释的能力，将帮助人类开拓未知的领域和获得新的知识。

目前，计算机正朝着巨型化、微型化、网络化和智能化方向发展。随着新的元器件及其技术的发展，新型的超导计算机、量子计算机、光子计算机、神经计算机、生物计算机和纳米计算机等将会在 21 世纪走进人们的生活，遍布各个领域。

2. 计算技术在中国的发展

在人类文明发展的历史上中国曾经在早期计算工具的发明创造方面书写过光辉的一页。远在商代，中国就创造了十进制记数方法，领先世界千余年。到了周代，发明了当时最先进的计算工具——算筹。这是一种用竹、木或骨制成的颜色不同的小棍。计算每一个数学问题时，通常编出一套歌诀形式的算法，一边计算，一边不断地重新布棍。中国古代数学家祖冲之，就是用算筹计算出圆周率在 3.141 592 6 和 3.141 592 7 之间，这一成果的取得比西方早 1 000 年。

珠算盘是中国的又一独创，也是计算工具发展史上的第一项重大发明。这种轻巧灵活、携带方便、与人民生活关系密切的计算工具，最初大约出现于汉朝，到元朝时渐趋成熟。珠算盘不仅对中国经济的发展起过有益的作用，而且流传到了日本、朝鲜、东南亚等地区，经受了历史的考验，至今仍在使用。

中国古代用阴、阳两爻构成八卦，也对计算技术的发展有过直接的影响。莱布尼兹写过研究八卦的论文，系统地提出了二进制算术运算法则。他认为，世界上最早的二进制表示法就是中国的八卦。

新中国成立后，中国计算技术迈入了新的发展时期，国家建立了研究机构，在高等院校设立了计算技术与装置专业和计算数学专业，并且着手创建中国计算机制造业。

1958 年和 1959 年，中国先后制成第一台小型和大型电子管计算机。20 世纪 60 年代中期，中国研制成功了一批晶体管计算机，并配制了 ALGOL 等语言的编译程序和其他系统软件。60 年代后期，中国开始研究集成电路计算机。70 年代，中国已批量生产小型集成电路计算机。80 年代以后，中国开始重点研制微型计算机系统并推广应用；在大型计算机，特别是巨型计算机技术方面也取得了重要进展；建立了计算机服务业，逐步健全了计算机产业结构。

在计算机科学与技术的研究方面，中国在有限元计算方法、数学定理的机器证明、汉字信息处理、计算机系统结构和软件等方面都有所建树。在计算机应用方面，中国在科学计算与工程设计领域取得了显著成就。在有关经营管理和过程控制等方面，计算机应用研究和实践也日益活跃。

1.2.2 计算机的分类与应用

 学习目标

➤ 掌握计算机的分类

➤ 掌握计算机的应用领域

一、计算机的分类

计算机的种类很多，而且分类的方法也很多，可以从不同的角度对计算机进行分类。按制造技术分类，可分为机械式计算机、半电子—半机械式计算机、电子式计算机、晶体管式计算机、半导体集成电路式计算机。按照计算机原理分类，可分为数字式电子计算机、模拟式电子计算机和混合式电子计算机。按照计算机用途分类，可分为通用计算机和专用计算机。

根据计算机分类的演变过程，国际上大都根据美国电气和电子工程师协会（IEEE）于 1989 年 11 月提出的标准将计算机划分为 6 大类。

1. 超级计算机或称巨型机

超级计算机通常是指最大、最快、最贵的计算机。例如，目前世界上运行最快的超级计算机运算速度为每秒 1 000 万亿次。生产巨型机的公司有美国的 Cray 公司、TMC 公司，日本的富士通公司、日立公司等。我国研制的银河和曙光也属于巨型机，银河 1 号为亿次机，银河 2 号为十亿次机，银河 4 号为万亿次机，曙光最新的 5 000 A 峰值运算速度已达 230 万亿次。

2. 小超级机或称小巨型机

小超级机又称桌上型超级电脑，它的制造目的是使巨型机缩小成个人机的大

小，或者使个人机具有超级电脑的性能。典型产品有美国 Convex 公司的 C-1，C-2，C-3 和 Alliant 公司的 FX 系列等。

3. 大型主机

大型主机包括人们通常所说的大、中型计算机。这是在微型机出现之前最主要的计算机模式，即把大型主机放在计算中心的玻璃机房中，用户要上机就必须去计算中心，通过终端连入大型主机。大型主机经历了批处理阶段、分时处理阶段，进入了分散处理与集中管理的阶段。IBM 公司一直在大型主机市场处于霸主地位，DEC、富士通、日立、NEC 也生产大型主机。不过随着微机与网络的迅速发展，大型主机正在走下坡路。许多计算中心的大机器正在被高档微机群取代。

4. 小型机

由于大型主机价格昂贵，操作复杂，只有大企业、大单位才能买得起，因此在集成电路推动下，20 世纪 60 年代 DEC 推出了一系列小型机，如 PDP-11 系列、VAX-11 系列以及 HP 的 1 000、3 000 系列等。通常小型机用于部门计算。同样它也受到高档微机的挑战。

5. 工作站

工作站与高档微机之间的界限并不十分明确，而且高性能工作站正接近小型机，甚至接近低端主机。但是，工作站毕竟有它明显的特征：使用大屏幕、高分辨率的显示器，有大容量的内外存储器，而且大都具有网络功能。它们的用途也比较特殊，例如用于计算机辅助设计、图像处理、软件工程以及大型控制中心。

6. 个人计算机或称微型机

这是目前发展最快的领域。根据它所使用的微处理器芯片的不同而分为若干类型：首先是 IBM PC 及其兼容机；其次是使用 IPM-Apple-Motorola 联合研制的 PowerPC 芯片的机器，如苹果公司的 Macintosh 已有使用这种芯片的机器；再次，DEC 公司推出的使用它自己的 Alpha 芯片的机器等。

二、计算机的应用

对计算机的应用可以概括为以下几个方面。

1. 科学计算

科学计算是当初计算机设计制造的初衷，如今仍是计算机应用的一个重要方面。今天，科学计算在计算机应用中所占的比重虽然不断下降，但是，在天文、地质、生物、数学等基础科学研究，以及空间技术、新材料研制、原子能研究等高、新技术领域中，仍然占有重要的地位。在某些应用领域，对计算机的速度和精度仍不时提出更高的要求。

2. 数据处理

数据处理也称为信息处理或信息管理，是指对各种数据进行收集、存储、整理、分类、统计、加工、利用、传播等一系列活动的统称。目前，数据处理已广泛地应用于办公自动化、企事业计算机辅助管理与决策、情报检索、图书管理、电影电视动画设计、会计电算化等行业。信息正在形成独立的产业，多媒体技术使信息展现在人们面前的不仅是数字和文字，也有声情并茂的声音和图像信息。

数据处理从简单到复杂已经历了三个发展阶段，它们是：

（1）电子数据处理（Electronic Data Processing，EDP）

电子数据处理是将数据信息以文件形式在计算机中进行处理，实现一个部门内的单项管理。

（2）管理信息系统（Management Information System，MIS）

管理信息系统是以数据库技术为工具，实现一个部门的全面管理，以提高工作效率。

（3）决策支持系统（Decision Support System，DSS）

决策支持系统是以数据库、模型库和方法库为基础，帮助管理决策者提高决策水平，改善运营策略的正确性与有效性。

3. 过程控制（或实时控制）

过程控制是生产自动化的重要技术内容和手段。计算机过程控制是指利用计算机及时采集检测数据，按最优值迅速地对控制对象进行自动调节或自动控制。采用计算机进行过程控制，不仅可以大大提高控制的自动化水平，而且可以提高控制的及时性和准确性，从而改善劳动条件、提高产品质量及合格率。

因此，计算机过程控制已在机械、冶金、石油、化工、纺织、水电、航天等领域得到了广泛的应用。例如，在汽车工业方面，利用计算机控制机床、控制整个装配流水线，不仅可以实现精度要求高、形状复杂的零件加工自动化，而且可以使整个车间或工厂实现自动化。

4. 计算机辅助系统

计算机辅助系统是计算机应用的另一个重要领域。计算机辅助系统是计算机在现代生产领域，特别是制造业中的应用，利用它不仅提高了自动化水平，而且还使传统的生产技术发生了革命性的变化。计算机辅助系统包括计算机辅助设计（Computer Aided Design，CAD）、计算机辅助制造（Computer Aided Manufacturing，CAM）、计算机辅助教学（Computer Aided Instruction，CAI）等。

计算机辅助设计是利用计算机系统辅助设计人员进行工程或产品设计，以实现最佳设计效果的一种技术。它已广泛地应用于飞机、汽车、机械、电子、建筑和轻工等领域。计算机辅助制造是利用计算机系统进行生产设备的管理、控制和操作的过程。使用 CAM 技术可以提高产品质量，降低成本，缩短生产周期，提高生产率和改善劳动条件。计算机辅助教学是利用计算机系统使用课件来进行教学。课件可以用著作工具或高级语言来开发制作，它能引导学生循序渐进地学习，使学生轻松自如地从课件中学到所需要的知识。

5. 人工智能（或智能模拟）

人工智能（Artificial Intelligence，AI），也称为"智能模拟"，是指计算机模拟人类的智能活动，诸如感知、判断、理解、学习、问题求解和图像识别等。现在人工智能的研究已取得了不少成果，有些已开始走向实用阶段。例如，能模拟高水平医学专家进行疾病诊疗的专家系统，具有一定思维能力的智能机器人等。

6. 网络应用

计算机技术与现代通信技术的结合构成了计算机网络。计算机网络的建立，不仅解决了一个单位、一个地区、一个国家中计算机与计算机之间的通信，各种软、硬件资源的共享，也大大促进了国际间文字、图像、视频和声音等各类数据的传输与处理。

1.3 计算机的信息表示

1.3.1 二进制基本知识

 学习目标

➤ 掌握二进制的概念

➤ 掌握二进制的数据单位

数据是计算机处理的对象。这里的"数据"含义非常广泛，包括数值、文字、图形、图像、视频等各种数据形式。计算机内部一律采用二进制表示数据。

一、二进制概述

二进制（Binary System）由 0、1 两个数码组成，即基数为 2。二进制并不符合人们的计数习惯，但是计算机内部仍采用二进制表示信息，其主要原因有以下 4 点：

1. 电路简单

计算机是由逻辑电路组成的，逻辑电路通常具有两个稳定的状态。例如电容的充电与放电、开关的接通与断开、电压的升高与降低等。这两种状态正好可以用来表示二进制数的两个数码 0 和 1。

2. 工作可靠

用电路的两种状态表示二进制两个数码，数字传输和处理不容易出错，因此电路工作更加稳定可靠。

3. 运算简单

二进制运算法则简单，例如，加法法则只有 3 个（即 0＋1/1＋0，1＋1，0＋0），乘法法则也只有 3 个（即 0×1/1×0，1×1，0×0）。而十进制的运算法则（九九乘法表）对人们来说虽然也很简单，但是让机器去实现就是另外一回事了。

4. 逻辑性强

计算机工作原理是建立在逻辑运算基础上的，逻辑代数是逻辑运算的理论依据。二进制只有两个数码，正好代表逻辑代数中的"真"和"假"。

二、数据单位

二进制只有两个数码 0 和 1，任何形式数据都要靠 0 和 1 来表示。为了能有效地表示和存储不同形式的数据，人们使用了下列不同的数据单位。

1. 位（bit）

位，音译为"比特"，是计算机存储数据、表示数据的最小单位。一个 bit 只能表示一个开关量，例如 1 代表"开关闭合"，0 代表"开关断开"。

一个二进制位只能表示两种不同状态，要想表示更多的信息，就得把多个位组合起来作为一个整体，每增加一位，所能表示的信息量就增加一倍。例如，ASCⅡ码采用七位二进制组合编码，能表示 $2^7＝128$ 个信息。

2. 字节（Byte）

字节来自英文 Byte，简记为 B。字节是数据处理的基本单位，即以字节为单位存储和解释信息。规定一个字节等于 8 个二进制位，即 1 B＝8 bit。

通常1个字节可存放一个 ASCⅡ码，2个字节存放一个汉字国标码。字节是一个重要的数据单位，表现在以下方面：

（1）计算机存储器是以字节为单位组织的，每个字节都有一个地址码（就像门牌号码一样），通过地址码可以找到这个字节，进而能存取其中的数据。

（2）字节是计算机处理数据的基本单位，即以字节为单位解释信息。

（3）计算机存储器容量大小是以字节数来度量的，经常使用的单位有 B、KB、MB、GB。其转换关系为：

$$1 \text{ GB} = 1\ 024 \text{ MB} = 1\ 024 \times 1\ 024 \text{ KB} = 1\ 024 \times 1\ 024 \times 1\ 024 \text{B}$$

3. 字长（Word）

计算机处理数据时，CPU通过数据总线一次存取、加工和传送的数据长度称为字长。一个字长通常由一个字节或者若干字节组成。由于字长是计算机一次所能处理的实际位数长度，它决定了计算机数据处理的速度，所以字长是衡量计算机性能的一个重要标志，字长越大，性能越强。

不同的计算机字长是不相同的，常用的字长有 8 位、16 位、32 位、64 位不等。

计算机内所有的信息都要转换为二进制才能够被机器识别，这种二进制信息代码称为机器代码或者机器指令，也称为低级语言。二进制、八进制、十六进制是计算机学科使用最多的三种进制规则，八进制和十六进制是为了方便表示信息而引入的，在计算机内部并不采用。

1.3.2　字符信息编码

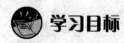 **学习目标**

➤ 掌握 ASCⅡ码

➤ 掌握汉字信息编码

人们使用计算机的基本手段是通过键盘与计算机交互，从键盘上敲入的各种命令和数据都是以字符形式体现的。从键盘上输入的命令和数据，实际上表现为一个个英文字母、标点符号和数字，都是非数值数据。然而，计算机只能存储二进制数，这就需要对字符数据进行编码，并由机器自动转换为二进制形式存入计算机。

信息编码就是把不同的媒体信息转换为机器能够识别的代码。例如，在键盘上输入英文字母 A，存入计算机是 A 的编码 01000001，它已不再代表数值量，而是一个字符信息，这就是信息编码。计算机中信息编码的方法很多，下面介绍几种在计算机应用中经常使用的编码。

一、字符信息编码（ASCⅡ码）

西文是由拉丁字母、数字、标点符号以及一些特殊符号所组成的，它们统称为字符，所有字符的集合叫做字符集。字符集中每一个字符各有一个二进制表示的编码，它们互相区别，构成了该字符集的编码表。

字符集有多种，每一种字符集的编码方法也多种多样。目前计算机中使用最广泛的西文字符集及其编码是 ASCⅡ码，即美国标准信息交换代码（American Standard Code for Information Interchange）。它是目前计算机中，特别是微型计算机中使用的最普遍的字符编码集。它已被国际标准化组织批准为国际标准，称为 ISO 646 标准，适用于所有拉丁文字字母，已在全世界通用，详见表 1—2。

ASCⅡ码是用一个字节的七位二进制数表示一个字符，最高位置空，从 0000000 到 1111111 共有 128 种编码，可用来表示 128 个不同的字符。ASCⅡ编码包括 4 类最常用的字符：数字"0"～"9"、26 个英文字母、专用字符、控制符号。

数字"0"～"9"的 ASCⅡ编码的值分别为 0110000B～0111001B，对应十六进制数为 30H～39H。

26 个英文字母中大写字母"A"～"Z"的 ASCⅡ编码值为 41H～5AH，小写字母"a"～"z"的 ASCⅡ编码值为 61H～7AH。

专用字符，包括"+""—""=""*"和"/"等共 32 个。

控制符号，它们在传输、打印或显示输出时起控制作用，如空格符和回车符等共 34 个。

表 1—2 中，000 到 032 之间的字符称为控制字符，从 033 到 127 之间的 94 个可打印或显示的字符称为图形字符，这些字符有确定的结构形状，可在显示器或打印机等输出设备上输出。它们在计算机键盘上能找到相应的键，按键后就可将对应字符的二进制编码送入计算机内。例如"A"的 ASCⅡ码十进制数为 65，B 的 ASCⅡ码为 66，小写字母"a"的 ASCⅡ码为 97，同一个字母的 ASCⅡ码值小写字母比大写字母大 32。

表 1—2　　　　　　　　　ASCII 字符编码表

ASCII 值	控制字符	ASCII 值	字符	ASCII 值	字符	ASCⅡ值	字符
000	NUL	032	(space)	064	@	096	`
001	SOH	033	!	065	A	097	a
002	STX	034	"	066	B	098	b
003	ETX	035	#	067	C	099	c
004	EOT	036	$	068	D	100	d
005	ENQ	037	%	069	E	101	e
006	ACK	038	&	070	F	102	f
007	BEL	039	'	071	G	103	g
008	BS	040	(	072	H	104	h
009	HT	041	)	073	I	105	i
010	LF	042	*	074	J	106	j
011	VT	043	+	075	K	107	k
012	FF	044	,	076	L	108	l
013	CR	045	—	077	M	109	m
014	SO	046	.	078	N	110	n
015	SI	047	/	079	O	111	o
016	DLE	048	0	080	P	112	p
017	DC1	049	1	081	Q	113	q
018	DC2	050	2	082	R	114	r
019	DC3	051	3	083	S	115	s
020	DC4	052	4	084	T	116	t
021	NAK	053	5	085	U	117	u
022	SYN	054	6	086	V	118	v
023	ETB	055	7	087	W	119	w
024	CAN	056	8	088	X	120	x
025	EM	057	9	089	Y	121	y
026	SUB	058	:	090	Z	122	z
027	ESC	059	;	091	[	123	{
028	FS	060	<	092	\	124		
029	GS	061	=	093	]	125	}
030	RS	062	>	094	^	126	~
031	US	063	?	095	_	127	DEL

虽然 ASCⅡ码是七位编码，但由于字节是计算机的基本处理单元，故一般仍以一字节来存放一个 ASCⅡ码字符。每个字节中多余出来的一位（最高位），在计算机内部一般保持为 0 或在编码传输中用做奇偶校验位。

二、汉字信息编码

计算机要处理汉字信息，就必须首先解决汉字的表示问题。同英文字符一样，汉字的表示也只能采用二进制编码形式，英文字符数目少，但是汉字数目多，即使常用汉字也有五六千个，汉字编码和英文字符编码有很大的区别，英文字符用一个字节表示一个字符，汉字采用两个字节来表示一个汉字，由此导出西文字符半角和全角的区别，西文半角标点符号占用一个字节，而西文全角标点符号同汉字一样占两个字节位置。

汉字字符的存储和输入比英文复杂得多。汉字数量多，在进行编码时既要考虑编码的紧凑以减少存储量，又要考虑输入的方便，所以在汉字编码中将输入用的编码和机内存储的编码分开定义，汉字信息在系统内传送的过程就是汉字编码转换的过程。在这其中又有几种编码形式：汉字交换码、区位码、机内码、汉字输入码（外码）、汉字字形码。

1. 汉字交换码

ASCⅡ码是针对英文的字母、数字和其他特殊字符进行编码的，它不能用于对汉字的编码。要想用计算机来处理汉字，就必须先对汉字进行适当的编码。这就是"汉字交换码"。

我国在 1980 年对 6 000 多个常用的汉字制定了交换码的国家标准，即GB2312-80，又称为"国标码"。该标准规定了汉字交换用的基本汉字字符和一些图形字符，它们共计 7 445 个，其中汉字有 6 763 个。其中，使用频度较高的 3 755个汉字定义为一级汉字。使用频率较低的 3 008 个汉字定义为二级汉字，共有6 763 个汉字。另外还定义了拉丁字母、俄文字母、汉语拼音字母、数字和常用符号等 682 个。该标准给定每个字符的二进制数编码，即国标码。

GB2312-80 规定每个汉字用两个字节的二进制编码，每个字节最高位为 0，其余 7 位用于表示汉字信息。

例如，汉字"啊"的国标码的两个字节的二进制编码是 00110000B 和00100001B，对应的十六进制数为 30H 和 21H。

2. 区位码

将 GB2312-80 的全部字符集组成一个 94×94 的方阵，每一行称为一个"区"，编号为 01～94，每一列称为一个"位"，编号也为 01～94，这样就得到了 GB 2312-80 标准中汉字的区位图。

用区位图的位置来表示的汉字编码，称为区位码。国际码中每个汉字在区位图中都有唯一的一个区位码（四位十进制数，前两位数是区号，后两位数是位号）与之对应。

例如，汉字"啊"在区位表中的编码是"1601"，即区号是"16"，位号是"01"。

3. 机内码

为了避免 ASCⅡ码和国标码同时使用时产生二义性问题，大部分汉字系统都采用将国标码每个字节高位置 1 作为汉字机内码。这样既解决了汉字机内码与西文机内码之间的二义性，又使汉字机内码与国标码具有极简单的对应关系。

汉字机内码、国标码和区位码 3 者之间的关系如下：

（1）区位码（十进制数）的两个字节分别转换为十六进制数后加 20H 得到对应的国标码。

（2）机内码是汉字交换码（国标码）两个字节的最高位分别加 1，即汉字交换码（国标码）的两个字节分别加 80H 后得到的。

（3）区位码（十进制数）的两个字节分别转换为十六进制数后加 A0H 即得到对应的机内码。

4. 汉字输入码（外码）

目前，汉字输入法主要有键盘输入、文字识别和语音识别。键盘输入法是当前汉字输入的主要方法。汉字输入码必须具有易学、易记、易用的特点，且编码与汉字的对应性要好。因此，汉字输入码的产生往往都结合了汉字某一方面的特点，如读音、字型等。

由于产生编码时兼顾的汉字特点可以不同，所以编码方案也有多种，通常将其分为四类：流水码、音码、形码、音形码。

（1）流水码

根据汉字的排列顺序形成汉字编码，如区位码、国标码、电报码等。

（2）音码

根据汉字的"音"形成汉字编码，如全拼码、双拼码、简拼码等。

（3）形码

根据汉字的"形"形成汉字编码，如王码、郑码、大众码等。

（4）音形码

根据汉字的"音"和"形"形成汉字编码，如表形码、钱码、智能 ABC 等。

目前我国推出的汉字输入码编码方案已有数百种，受到用户欢迎的也有数十种，用户可以根据自己的喜好，选择使用某一种汉字输入码。

5. 汉字字形码

汉字字形码是一种用点阵表示字形的码，是汉字的输出形式。它把汉字排成点阵，也称字模。通用汉字字模点阵规格有：16×16，24×24，32×32，48×48，64×64。每个点在存储器中用一个二进制数存储，如一个 16×16 点阵汉字需要 32 个字节的存储空间，24×24 点阵要占 72 个字节。

所有不同的汉字字体的字形构成汉字库，一般存储在硬盘上，当要显示输出时，才调入内存，检索出要输出的字形送到显示器输出。

各种代码之间的关系如图 1—3 所示。

图 1—3　各种代码之间的关系

除了以上介绍的字符和汉字信息的编码外，还有声音、图形、图像信息的编码，这些知识将在多媒体技术一章中进行介绍。

1.3.3　数值信息的表示

 学习目标

➤掌握数制的概念

➤掌握几种进制及其特点

计算机在进行数据的加工处理时，内部使用的是二进制数。这是因为使用二进制数在电子元件中容易实现和运算。但人们最熟悉的还是十进制，此外，为了理解和书写方便，计算机程序中还常常使用八进制和十六进制。

一、进位记数制

数制是用一组固定的数字和一套统一的规则来表示数目的方法。按照进位方式计数的数制叫做进位计数制。例如：逢十进一，即十进制；逢二进一，即二进制；逢八进一，即八进制等。

进位计数制包括两个要素：基数和权数。

1. 基数

基数是指各种进位计数制中允许选用基本数码的个数。例如，十进制的数码有：0、1、2、3、4、5、6、7、8和9。因此，十进制的基数为10。

2. 权数

每个数码所表示的数值，等于该数码乘以一个与数码所在位置相关的常数，这个常数叫做权数。

例如，十进制数9 999可以写成：$9×10^3＋9×10^2＋9×10^1＋9×10^0$，个位数上9的权值为$10^0$，十位数上9的权值为$10^1$，百位数上的9的权值为$10^2$，千位数上的9的权值为$10^3$。

二、几种进制及其特点

1. 十进制（Decimal System）

十进制是由0、1～9十个数码组成，即基数为10。十进制的特点为：逢十进一，借一当十。

一个十进制数的权是以10为底的幂。小数点前面自右向左，分别为个位、十位、百位、千位等，相应地，小数点后面自左向右，分别为十分位、百分位、千分位等。

例如：十进制数666.66个位的6表示其本身的数值；而十位的6，表示其本身数值的十倍，即$6×10$；百位的6，则代表其本身数值的一百倍，即$6×100$；而小数点右边第一位小数位的6表示的值为$6×0.1$；第二位小数位的6表示的值为$6×0.01$。

2. 二进制（Binary System）

由0、1两个数码组成，即基数为2。

（1）二进制的特点

逢二进一，借一当二。一个二进制数的权是以2为底的幂。整数部分从小数点开始向左分别为1，2，4，8，16，32，…；小数部分的权，从小数点向右分别为0.5，0.25，0.125，…。

（2）二进制四则运算规则

1）加法：

$$0＋0=0$$
$$0＋1=1＋0=1$$

$$1+1=10$$

2）减法：

$$0-0=0$$
$$1-0=1$$
$$1-1=0$$
$$0-1=-1$$

3）乘法：

$$0\times0=0$$
$$0\times1=1\times0=0$$
$$1\times1=1$$

4）除法：

$$0\div1=0$$
$$1\div1=1$$

3. 八进制（Octal System）

由 0、1～7 八个数码组成，即基数为 8。

八进制的特点为：逢八进一，借一当八。一个八进制数的权是以 8 为底的幂。

4. 十六进制（Hexadecimal System）

由 0、1～9、A、B、C、D、E、F 十六个数码组成，即基数为 16，其中 A 表示十进制数 10，B 表示 11，C 表示 12，D 表示 13，E 表示 14，F 表示 15。

十六进制的特点：逢十六进一，借一当十六，一个十六进制数的权是以 16 为底的幂。

几种进制的对应关系见表 1—3。表中给出了常用的几种进位制对同一数值的表示。

表 1—3 　　　　　　　　　　　　　　**数据进制比较表**

十进制	二进制	八进制	十六进制
0	0	0	0
1	1	1	1
2	10	2	2
3	11	3	3
4	100	4	4
5	101	5	5
6	110	6	6

续表

十进制	二进制	八进制	十六进制
7	111	7	7
8	1000	10	8
9	1001	11	9
10	1010	12	A
11	1011	13	B
12	1100	14	C
13	1101	15	D
14	1110	16	E
15	1111	17	F
16	10000	20	10

1.4　计算机系统的组成

1.4.1　计算机系统概述

 学习目标

➤掌握计算机系统的组成

➤掌握计算机软件和硬件的关系

➤掌握存储程序的设计思想和计算机工作原理

一、计算机系统的组成

计算机系统由计算机硬件系统和计算机软件系统两大部分组成。硬件系统是计算机系统的物理装置，即由电子线路、元器件和机械部件等构成的具体装置，是看得见、摸得着的实体；软件是计算机系统中运行的程序、这些程序所使用的数据以及相应的文档的集合。计算机系统的基本组成如图1—4所示。

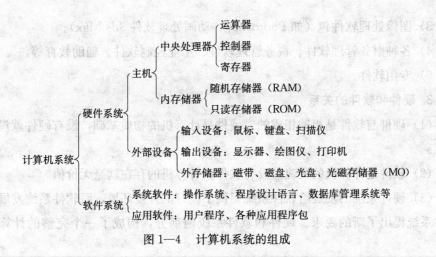

图 1—4　计算机系统的组成

在微型计算机中，将运算器和控制器合称为中央处理器（Central Processor U-nit，CPU），将中央处理器和内存储器合称为主机。将输入设备、输出设备和外存储器合称为外部设备（简称外设）。

1. 计算机硬件系统

计算机硬件系统是指组成计算机的各种物理设备。它包括计算机的主机和外部设备。

2. 计算机软件系统

计算机软件系统包括系统软件和应用软件两大类。

（1）系统软件

系统软件是指控制和协调计算机及其外部设备，支持应用软件的开发和运行的软件。其主要的功能是进行调度、监控和维护系统等。主要包括：

1）操作系统软件，如 DOS、Windows XP、Linux，UNIX 等，操作系统软件是用户和裸机的接口。

2）各种语言的处理程序，如汇编语言处理程序、高级语言处理程序、编译程序处理程序、解释程序处理程序等。

3）各种服务性程序，如机器的调试、故障检查和诊断程序、杀毒程序等。

4）各种数据库管理系统，如 SQL Sever、Oracle、Informix、Foxpro 等。

（2）应用软件

应用软件是用户为解决各种实际问题而编制的计算机应用程序及其有关资料。应用软件主要有以下几种：

1）用于科学计算方面的数学计算软件包、统计软件包。

2）文字处理软件包（如 Office 系统、北大方正电子出版系统）。

3）图像处理软件包（如 Photoshop、动画处理软件 3ds Max）。

4）各种财务管理软件、税务管理软件、工业控制软件、辅助教育等。

5）专用软件。

3. 硬件和软件的关系

（1）硬件与软件是相辅相成的，硬件是计算机的物质基础，没有硬件就没有计算机。

（2）软件是计算机的灵魂，没有软件，计算机的存在就毫无价值。

（3）硬件系统的发展给软件系统提供了良好的开发环境，而软件系统发展又给硬件系统提出了新的要求。硬件和软件系统两部分，构成了一个完整的计算机系统。

计算机技术发展到现在，软件和硬件有时不能武断地分开，例如，现在常用的计算机，在出厂时，厂商就已经将一些最简单的、最底层的基本输入、输出系统（BIOS）以只读存储器的形式直接安装在硬件系统中了，这称为"软件固化"。又如，随着计算机处理数据速度的提高，原来以硬件形式安装在计算机中的"视频卡"逐渐被具有相同功能的"视频处理软件"替代，这样就降低了计算机的硬件成本。还有一些功能，既可以靠软件实现，也可以靠硬件实现，如现在上网用的调制解调器（俗称"猫"），既有靠硬件实现的"硬猫"，又有靠软件实现的"软猫"。甚至还有一些功能，一部分靠硬件实现，另一部分靠软件实现。

从上面的分析，可以看出"计算机的硬件和软件在功能上具有等价性"。

二、计算机的工作原理

计算机的工作过程就是执行程序的过程。怎样组织程序，涉及计算机体系结构问题。现在的计算机都是基于"存储程序"概念设计制造出来的。

1. 冯·诺依曼（Von Neumann）的"存储程序"设计思想

冯·诺依曼是美籍匈牙利数学家，他在 1946 年提出了关于计算机组成和工作方式的基本设想。到现在为止，尽管计算机制造技术已经发生了极大的变化，但是就其体系结构而言，仍然是根据他的设计思想制造的，今天人们所使用的计算机，不管机型大小，都属于冯·诺依曼结构计算机，如图 1—5 所示。

存储程序的设计思想是将程序和数据存放到计算机内部的存储器中，计算机在程序的控制下一步一步进行处理，直到得出结果。

冯·诺依曼设计思想可以简要地概括为以下三点：

（1）计算机应包括运算器、存储器、控制器、输入和输出设备五大基本部件。

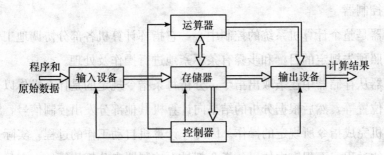

图 1—5　诺·依曼结构计算机

各基本部件的功能如下：

1）存储器不仅能存放数据，而且也能存放指令，计算机应能区分出是数据还是指令。

2）控制器能自动执行指令。

3）运算器能进行加、减、乘、除等基本算术运算和基本逻辑运算。

4）操作人员可以通过输入输出设备与主机交换信息。

（2）计算机内部应采用二进制来表示指令和数据。每条指令一般具有一个操作码和一个地址码。其中操作码表示运算性质，地址码指出操作数在存储器中的地址。

（3）将编好的程序送入内存储器中，然后启动计算机工作，计算机无须操作人员干预，能自动逐条取出指令和执行指令。

冯·诺依曼设计思想主要的就是"存储程序"，存储程序概念的核心思想有三点：一是事先编制程序；二是存储程序；三是将程序自动地从存储位置取出并自动地逐条执行。这也是现在所有计算机的工作原理。

2. 计算机的组成部分及功能

计算机由运算器、控制器、存储器、输入装置和输出装置五大部件组成，每一部件分别按要求执行特定的功能。

（1）运算器

运算器的主要功能是对数据进行各种运算。这些运算除了常规的加、减、乘、除等基本的算术运算之外，还包括能进行"逻辑判断"的逻辑处理能力，即"与""或""非"这样的基本逻辑运算以及数据的比较、移位等操作。

运算器主要包括进行算术运算和逻辑运算的算术逻辑单元（Arithmetical and Logical Unit）、提供操作数和存放操作结果的累加器、若干个存放中间结果的寄存器和计数用的计数器等。

（2）控制器

控制器是整个计算机系统的控制中心，它指挥计算机各部分协调地工作，保证计算机按照预先规定的目标和步骤有条不紊地进行操作及处理。

控制器从存储器中逐条取出指令，分析每条指令规定的是什么操作以及所需数据的存放位置等，然后根据分析的结果向计算机其他部分发出控制信号，统一指挥整个计算机完成指令所规定的操作。因此，计算机自动工作的过程，实际上是自动执行程序的过程，而程序中的每条指令都是由控制器来分析执行的，它是计算机实现"程序控制"的主要部件。

控制器主要由指令寄存器、译码器、程序计数器、操作控制器等组成。

通常把控制器与运算器合称为中央处理器。工业生产中总是采用最先进的超大规模集成电路技术来制造中央处理器，即 CPU 芯片。它是计算机的核心部件，它的性能指标，主要是工作速度和计算精度，对机器的整体性能有全面的影响。

（3）存储器

存储器是计算机记忆或暂存数据的部件。计算机中的全部信息，包括原始的输入数据和经过初步加工的中间数据以及最后处理完成的有用信息都存放在存储器中。而且，指挥计算机运行的各种程序，即规定对输入数据如何进行加工处理的一系列指令也都存放在存储器中。

存储器是由成千上万个"存储单元"构成的，每个存储单元存放一定位数的二进制数，每个存储单元都有唯一的编号，称为存储单元的地址。"存储单元"是基本的存储单位，不同的存储单元用不同的地址来区分，就好像居民区的一条街道上的住户是用不同的门牌号码来区分一样。

计算机采用按地址访问的方式到存储器中存数据和取数据，即在计算机程序中，每当需要访问数据时，要向存储器送去一个地址指出数据的位置，同时发出一个"存放"命令（伴以待存放的数据），或者发出一个"取出"命令。这种按地址存储方式的特点是只要知道了数据的地址就能直接存取。但它也有缺点，即一个数据往往要占用多个存储单元，必须连续存取有关的存储单元才是一个完整的数据。

计算机的存储系统分为内部存储器（简称内存或主存储器）和外部存储器（简称外存或辅助存储器）。主存储器中存放着将要执行的指令和运算数据，容量较小，但存取速度快。外存容量大、成本低、存取速度慢，用于存放需要长期保存的程序和数据。当存放在外存中的程序和数据需要处理时，必须先将它们读到内存中，才能进行处理。

（4）输入设备

输入设备是用来完成输入功能的部件，即向计算机送入程序、数据以及各种信息的设备。它是重要的人机接口，负责将输入的信息（包括数据和指令）转换成计算机能识别的二进制代码，送入存储器保存。常用的输入设备有键盘、鼠标、扫描仪、磁盘驱动器和触摸屏等。

（5）输出设备

输出设备是用来将计算机工作的中间结果及处理后的结果进行表现的设备。在大多数情况下，它将这些结果转换成便于人们识别的形式。常用的输出设备有显示器、打印机、绘图仪和磁盘驱动器等。

3. 计算机的工作过程

了解了"存储程序"，再去理解计算机工作过程就会变得十分容易。如果想让计算机工作，就得先把程序编出来，然后通过输入设备送到存储器中保存起来，即存储程序。接下来就是执行程序的问题了。

简单地说，计算机是一个自动机器。人们把预先写好的程序放到存储器中，CPU 就按照程序的第一步、第二步、第三步……最后一步自动执行。计算机的工作过程，就是执行程序的过程。

根据冯·诺依曼的设计，计算机应能自动执行程序，而执行程序又归结为逐条执行指令。

（1）取出指令

从存储器某个地址中取出要执行的指令送到 CPU 内部的指令寄存器暂存。

（2）分析指令

把保存在指令寄存器中的指令送到指令寄存器，译出该指令对应的微操作。

（3）执行指令

根据指令译码器向各个部件发出相应控制信号，完成指令规定的操作。

（4）形成下一条指令地址

为执行下一条指令做好准备，即形成下一条指令地址。

1.4.2　计算机的软件系统

 学习目标

➢ 掌握指令与指令系统的概念

➢ 掌握程序设计和程序设计语言

> 掌握解释和编译的概念
> 掌握系统软件的种类
> 掌握应用软件的种类

计算机软件系统是计算机系统的重要组成部分，是为运行、维护、管理、应用计算机所编制的所有程序和支持文件的总和。计算机软件随硬件技术的迅速发展而发展，软件的不断发展与完善，又促进了硬件的发展。计算机软件系统由系统软件及应用软件两大类组成。要了解软件就必须了解程序，要了解程序就必须了解指令、程序设计和程序设计语言。

一、指令与指令系统

计算机是靠指令来工作的。指令是一组用二进制数表示的代码，它给出了计算机要执行的操作和该操作所需要的数据。每一种计算机都有一套完整的指令，称之为指令系统或指令集。从程序设计的角度来说，基本指令和它们的使用规则（语法）构成了这台计算机的机器语言。

在没有给指令指定具体的操作数之前，每一条指令相当于机器语言的一个句型。指定具体的操作数地址码之后，一条指令就是机器语言的一个语句。当然，指令必须是二进制形式的代码。不同类型的计算机其指令的编码规则是不同的，但都由以下两部分构成：

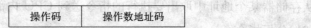

操作码	操作数地址码

操作码规定计算机进行何种操作，如取数、加、减、逻辑运算等。操作数地址码指出参与操作的数据在存储器的哪个地址中，操作的结果即存放到哪个地址。简单的地址码只有一个，复杂的地址码有二到三个。无论不同类型计算机的指令系统和指令条数如何不同，一般都有以下几种类型的指令：运算指令、传送指令、控制指令、输入输出指令和特殊指令。

1. 运算指令

运算指令包括算术和逻辑运算指令。例如，进行加、减、乘、除四则运算的指令是每台计算机都具有的基本指令。

任何复杂的数值运算最终都可以转化为四则运算来实现。其他运算指令有数的左移、右移、比较等指令。逻辑运算指令有逻辑加、逻辑乘、按位加、求反等。

2. 传送指令

传送指令包括取数指令（将数据从内存储器取到寄存器）、存储指令（将运算结果从寄存器送到内存储器），将内存储器数据从一个地址移位到另一个地址。

3. 控制指令

控制指令主要用来控制计算机各部分的动作。包括条件转移指令、无条件转移指令、停止执行（程序的）指令和机器内某些指示器的置位、复位指令等。

4. 输入输出指令

输入输出指令主要用来控制各种输入、输出设备的动作。这类指令较多，也较复杂，在此不一一列举。

5. 特殊指令

除了以上通用指令外，不同计算机根据设计要求不同，还设计了一些特殊指令。如二—十进制转换、执行指令等。

二、程序

计算机程序就是把要计算机解决的某一问题以一定的步骤，用一系列指令形式预先安排好。换言之，程序是指令的有序集合。计算机的基本工作原理是存储程序和程序控制，按照程序编排的顺序，一步一步地取出指令，自动地完成指令规定的操作。也就是说，程序是由有序排列的指令组成的。这里所说的指令，是已经指定具体操作数地址码的语句。

对于汇编语言和高级语言而言，程序是语句的有序集合。用汇编语言或高级语言编写的程序称为源程序。源程序不能直接被机器执行。源程序必须经过翻译，转换为目标程序才能被机器执行。用机器语言编写的程序称为目标程序，可以由计算机直接执行。

分析要求解的问题，得出解决问题的算法，并且用计算机的指令或语句编写成可执行的程序，就称为程序设计。

三、程序设计语言

程序设计语言是人工语言，它是编写程序、表达算法的一种约定，是进行程序设计的工具，是人与计算机进行对话（交换信息）的一种手段。相对于自然语言来说，程序设计语言比较简单，但是很严格，没有二义性。程序设计语言一般可分为三大类：机器语言、汇编语言及高级语言。

1. 机器语言

即二进制语言，是以二进制形式的 0、1 代码串表示的机器指令及其使用规则的集合，是计算机唯一能直接识别、直接执行的计算机语言。一种机器语言只适用于一类特定的计算机，不同计算机的指令系统不同，不能通用。所以机器语言是面向机器的程序设计语言。

用机器语言编制的程序，计算机可直接执行，运行速度快、执行时间短。缺点是直观性差，不便于理解和记忆，编写程序难度大，容易出错。早期的计算机只能接受机器语言编写的程序。

2. 汇编语言

汇编语言是一种符号语言。它由基本字符集、指令助记符、标号以及一些规则构成。汇编语言的语句与机器语言的指令基本对应，转换规则比较简单。与机器语言相比，利用汇编语言编写的程序较好阅读理解，容易记忆，编程速度大大提高，出错少。但汇编语言仍为面向机器的语言，不具有通用性。

利用汇编语言编写的程序要由汇编程序"翻译"成机器语言程序后才能被计算机执行。

汇编语言和机器语言都是面向机器的程序设计语言，不同的机器具有不同的指令系统，一般将它们称为"低级语言"。

3. 高级语言

高级语言与具体的计算机指令系统无关，其表达方式更接近人们对求解过程或问题的描述方式。高级语言是一种接近于人类自然语言的程序设计语言。程序中所用的运算符号与运算式都接近于数学采用的符号和算式。它不再局限于计算机的具体结构与指令系统，而是面向问题处理过程，是通用性很强的语言。高级语言比汇编语言更容易阅读和理解，语句的功能更强，编写程序的效率更高，但是执行的效率不如机器语言。高级语言编写的程序也要由编译程序或解释程序"翻译"成机器语言程序后才能被计算机执行。

高级语言有许多种。常用的高级语言有 BASIC、PASCAL、C、C＋＋、JAVA 等。

四、系统软件

系统软件是运行、管理、维护计算机必备的最基本的软件，它一般由计算机生产厂商提供。系统软件主要包括如下几种：

1. 操作系统

操作系统是控制与管理计算机硬件与软件资源、合理组织计算机工作流程、提供人机界面以方便用户使用计算机程序的集合。操作系统的主要功能有：

（1）处理器管理

使一个或多个用户的程序能合理有效地使用 CPU，提高 CPU 资源的利用率。

（2）存储管理

合理组织与分配存储空间，使存储器资源得到充分的利用。

（3）文件管理

合理组织、管理辅助存储器（外存储器）中的信息，以便于存储与检索，达到保证安全、方便使用的目的。

（4）设备管理

合理组织与使用除了 CPU 以外的所有输入/输出设备，使用户不必了解设备接口的技术细节，就可以方便地对设备进行操作。

2. 语言处理程序

计算机只能识别机器语言，而不能识别汇编语言与高级语言。因此，用汇编语言与高级语言编写的程序，必须"翻译"为机器语言，才能被计算机接受和处理。这个"翻译"工作是由专门的程序来完成的。语言处理程序就是对不同语言进行"翻译"的程序。

语言处理程序可分为以下三种：

（1）汇编语言编译程序

汇编语言编译程序是将汇编语言写的源程序翻译为目标程序的翻译程序。

（2）高级语言解释程序

高级语言解释程序是将高级语言书写的源程序按顺序逐句翻译执行的程序。翻译一句，执行一句，直到程序执行完毕。这种处理方式称为"解释方式"。

（3）高级语言编译程序

高级语言编译程序是将高级语言书写的源程序整个翻译为目标程序的程序。编译程序检查各程序模块无语法错误后，经过编译、连接、装配，生成用机器语言表示的目标程序，再将整个目标程序交给机器执行。这种处理方式称为"编译方式"。

3. 实用程序

实用程序也称为支撑软件，是机器维护、软件开发所必需的软件工具。它主要包括：编辑程序、连接装配程序、调试程序、诊断程序、程序库。

（1）编辑程序

编辑程序是软件开发、维护的基本工具。用户可以利用编辑程序生成程序文件和文本文件，并对计算机中已有的同类文件进行增加、删除、修改等处理。

（2）连接装配程序

在进行软件开发时，常常将程序按其功能分成若干个相对独立的模块，对每个模块分别开发。开发完成后需要将这些模块连接起来，形成一个完整的程序。完成此种任务的程序就叫做连接装配程序。

（3）调试程序

调试程序是帮助开发者对所开发的程序进行调试并排除程序中错误的程序。

（4）诊断程序

诊断程序是用来检测机器故障并确定故障位置的程序。

（5）程序库

程序库是指那些经常使用并经过测试的规范化程序或子程序的集合。

4. 数据库管理系统

日常的许多业务处理都需要对大量数据进行管理，所以计算机制造商也开发了许多数据库管理程序（DBMS）。较著名的适用于微机系统的数据库管理程序有Foxbase、Visual Foxpro、Access 等。

另外，还有联网及通信软件、各类服务程序和工具软件等。

五、应用软件

与系统软件不同，应用软件是指用户为了自己的业务应用而使用各种工具开发出来的软件。应用软件是针对各类应用的专门问题而开发的，其用途各不相同。用户要解决的问题不同，需要使用的应用软件也不同。大体可分为：用户程序、应用软件包、通用应用工具软件。

1. 用户程序

用户程序是指面向特定用户，为解决特定的具体问题而开发的软件。

2. 应用软件包

应用软件包是指为了实现某种功能或专门计算而精心设计的结构严密的独立程序的集合。它们是为具有同类应用的许多用户提供的软件包。软件包种类繁多，每个应用计算机的行业都有适合于本行业的软件包。如计算机辅助设计软件包、科学计算软件包、辅助教学软件包、财会管理软件包等。

3. 通用应用工具软件

通用应用工具软件是计算机用户共同使用的基本软件，例如文字处理、电子表格等软件。

本 章 习 题

1. 信息的表示与传播有哪些形式?

2. 信息有何基本特征?

3. 什么是计算机? 它的发展经历了哪些阶段?

4. 计算机是如何分类的? 有哪些方面的应用?

5. 什么是二进制? 在计算机中, 字符、数字是如何编码的?

6. 什么是存储程序的设计思想? 计算机系统由哪几部分组成?

7. 简述计算机的五大组成部件及其功能。

8. 什么是指令? 什么是指令系统?

9. 什么是操作系统? 它的主要功能有哪些?

10. 什么是程序设计? 程序设计语言分为哪几类?

11. 什么是系统软件? 什么是应用软件? 它们各包含哪些类型的软件?

第2章
信息技术应用概述

本章将介绍信息技术的主要应用领域，包括个人计算机技术、多媒体技术、数据库技术、信息系统和信息安全技术。同时，还将介绍一些关于信息标准化的知识。

2.1 微型计算机系统组成

2.1.1 微型计算机系统硬件组成

 学习目标

➢ 掌握微处理器、微机、微机系统的概念

➢ 掌握微机主机、外设的主要组成部件的功能及特点

➢ 掌握总线及接口的功能与作用

微型计算机系统（简称微机）是目前应用最广泛的一种计算机，其主要特点是体积小、功能强、造价低、使用环境容易满足、应用软件丰富，所以受到广大用户的青睐。

如图2—1所示是一台典型微机系统。其中，CPU通过插槽固定在主板上，各

国家职业资格培训教程

种外围设备通过不同种类的接口连接。从微机的装配角度来说，通常把微机分为主机部分和外围设备两部分。

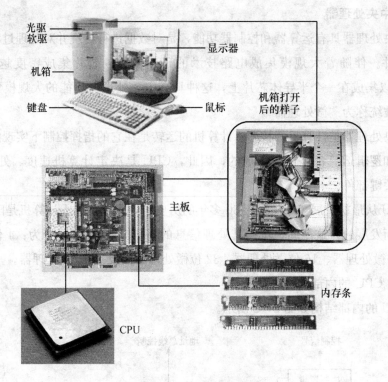

图 2—1 微型计算机系统

主机部分一般放置在主机箱内。主机箱的前面板上一般有电源开关（Power）、各种指示灯等；主机箱的后面留有与各种外围设备的接口，如鼠标、键盘、显示器、打印机、调制解调器的接口。主机箱内还包括显卡、声卡、硬盘驱动器（HDD）、软盘驱动器（FDD）、光盘驱动器（CD-ROM Driver）、电源等设备。

外围设备简称外设，通常指的是外存储设备（软盘存储系统、硬盘存储系统、CD-ROM 存储器系统）、输入设备（键盘、鼠标、扫描仪、数字相机）、输出设备（显示器、打印机、可写入的磁盘等）。

微型计算机包含了多种系列、档次和型号。这些计算机的共同特点是体积小，适合放在办公桌上使用，因此又称为个人计算机。PC 是 Personal Computer 的缩写，即"个人计算机"的简称，习惯上称为 PC 机。

一、主机

如前所述，计算机的"主机"是指中央处理器（CPU）和内部存储器，包括只读存储器（ROM）和随机存储器（RAM）。PC的主机及其附属电路都装在一块电路板上，称为主机板，又称为主板或系统板。

1. 中央处理器

中央处理器具有运算器和控制器功能，是对数据进行处理并对处理过程进行控制的部件。伴随着大规模集成电路技术的迅速发展，芯片集成密度越来越高，CPU可以集成在一个半导体芯片上，这种具有中央处理器功能的大规模集成电路器件，被统称为"微处理器"。

中央处理器是计算机的核心，计算机的运转是在它的指挥控制下实现的，所有的算术和逻辑运算都是由它完成的，因此，CPU是决定计算机速度、处理能力、档次的关键部件。

CPU从最初发展至今已经有30多年的历史了，可以说个人计算机是随着CPU的升级而发展的。这期间，按照其处理信息的字长，CPU可以分为：4位微处理器、8位微处理器、16位微处理器、32位微处理器以及64位微处理器。

（1）CPU的内部结构

CPU的内部结构如图2—2所示。

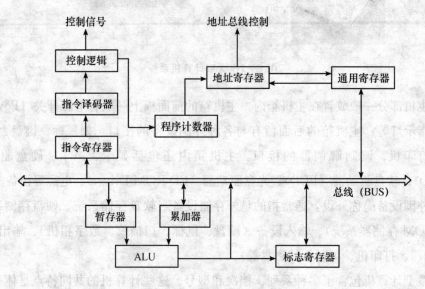

图2—2　CPU的内部结构

CPU内部的主要功能单元包括控制逻辑、指令译码器、指令寄存器、程序计数器、地址寄存器、通用寄存器、暂存器、累加器、算术逻辑部件（ALU）、标志寄存器等，CPU通过三组总线（即地址总线、控制总线、数据总线）和计算机的其他部件进行数据交换、发送指令。

（2）CPU 主要的性能指标

CPU 的性能大致上反映出了它所配置的计算机的性能，因此 CPU 的性能指标十分重要。CPU 主要的性能指标由以下几个因素决定：

1）字长。即在单位时间内（同一时间）能一次处理的二进制数的位数。位数越多，CPU 的处理能力就越强。

2）主频。也就是 CPU 的时钟频率，简单地说也就是 CPU 的工作频率。表示在 CPU 内数字脉冲信号振荡的速度。一般来说，一个时钟周期完成的指令数是固定的，所以主频越高，CPU 的速度也就越快了。

3）指令功能强弱。即指令集的复杂程度。CPU 既然关系着指令的执行和数据的处理，当然也关系着指令和数据处理速度的快慢，因而 CPU 有不同的执行功能，也就有不同的处理速度。常用的 CPU 有复杂指令集（CISC）CPU 和精简指令集（RISC）CPU。

在评价 PC 机时，首先看 CPU 是哪一类型，类型决定了 CPU 的位数。CPU 的位数是指一次能处理的数据的位数，它从最初的 4 位、8 位进化到现在的 16 位、32 位和 64 位。位数越多，CPU 的处理能力就越强。例如，大多数 PentiumⅣ属于 32 位 CPU，而 Intel 的 Conroe 属于 64 位 CPU。在同一档次内还要看其主频，主频越高，性能越高。一般 CPU 的功能和处理速度，人们可以从它的型号、数字来判断，如 PentiumPro 系列是 586 机种的 CPU，它后面型号的数字即为它的工作频率，也就是它处理速度的时钟，它们的单位是 MHz。

目前，市场上 PC 机的 CPU 产品主要由 Intel 公司和 AMD 公司生产。Intel 生产了 80286、80386、80486、Pentium、PentiumⅡ、PentiumⅢ和 PentiumⅣ及现在主流的 Conroe 等系列产品。2005 年 4 月，我国自主开发的 64 位高性能通用CPU 芯片—龙芯 2 号由中国科学院计算技术研究所研制成功，性能达到了 PentiumⅢ的水平。这标志着我国在高科技核心领域的自主创新又取得了新的进展。

2. 存储器

存储器分为内存储器和外存储器，通常简称为内存和外存。内存是计算机的主要工作存储器，一般计算机在工作时，所执行的指令及处理的数据，均从内存取出。内存的速度快，但容量有限，主要用来存放计算机正在使用的程序和数据。外存具有存储容量大、存取速度比内存慢的特点，所以它用于存放备用的程序和数据等。外存中存放的程序或数据必须调入内存后，才能被计算机执行和处理。常用的外存有磁盘机、磁带机、光盘机等。

计算机中的信息用二进制表示。计算机的存储器由千千万万个小单元组成，每个单元存放一位二进制数（0 或 1）。

（1）内部存储器

内部存储器简称内存，是计算机用于直接存取程序和数据的地方，计算机在执行程序前必须将这些程序装入内存中。从存储器取出信息称为读出；将信息存入存储器称为写入。存储器读出信息后，原内容保持不变；向存储器写入信息，则原内容被新内容所代替。由于内存是由半导体器件构成的，没有机械装置，所以内存的速度远远高于外存。

1）只读存储器 ROM（Read Only Memory）。ROM 只能读而不能写入信息，它一般用来存储固定的系统软件和字库等内容，只能被调用，而不能被重写或修改，也不会因断电而消失。ROM 用来固化一些重要的系统程序，如引导程序、开机自检程序等。

2）随机存取存储器 RAM（Random Access Memory）。RAM 可以进行任意的读或写操作，它主要用来存放操作系统、各种应用软件、输入数据、输出数据、中间计算结果以及与外存交换的信息等。由于 RAM 用半导体器件组成，一旦断电，信息就会丢失，所以不能永久保留。RAM 是 PC 的主存储器，其容量大小随 PC 的档次不同而异。RAM 都做成内存条，插在插座上，可以组合使用，通常说的"内存大小"都是指 RAM 的容量。

3）高速缓冲存储器（Cache）。Cache 是一种速度较快但造价也较高的随机存储器，由于 CPU 的速度越来越快，而内存的速度提高较慢，内存存取数据的速度无法跟上 CPU 的速度，使得 CPU 与内存交换数据时不得不等待，影响了整机性能的提高。目前解决这个问题的办法是采用高速缓冲存储器技术。由于 Cache 的存取速度较快，所以缩短了 CPU 与其交换数据的等待时间。Cache 配置在 CPU 与内存之间，计算机运行时将内存的部分内容拷贝到 Cache 中。CPU 读、写数据时首先访问 Cache，当 Cache 没有所需的数据时，CPU 才去访问内存。这样既可以提高数据的存、取速度，又有较好的性价比。

（2）外部存储器

由于外存大都由非电子线路来实现（如磁介质、光介质等），所以外存上的信息从原理上讲可以长期保留。外存中存放的程序或数据必须调入内存后，才能被执行和处理。外存包括软盘、硬盘、光盘和磁带等，磁带在计算机系统中很少使用。软磁盘、硬盘和光盘的比较见表 2—1。

表 2—1　　　　　　　　　　软磁盘、硬盘和光盘的比较

存储设备 比较项目	软　盘	硬　盘	光　盘
特点	容量小，存取速度慢，可方便携带	容量大，存取速度快，固定在硬盘驱动内，不能携带	CD-ROM 容量大，存储速度较快，携带方便
容量	通常为 1.44 M（3.5 英寸）	一般为几十 GB 到数百 GB	CD-ROM 的容量为 640 MB；DVD-ROM 的容量为 4.7 GB，甚至更多
驱动器			
盘片			

外存的信息存储量大，但由于存在机械运动问题，所以存取速度要比内存慢得多。由于外存具有很大的存储容量，因此它可以存放大量信息。它不但存有机器开机后立即要调入的操作系统，而且还存有用户的应用软件、数据等。

1）软盘。软盘设有写保护口，是软盘上保护数据的装置，可防止数据被误删除或防止病毒侵入。新购买的软盘必须经过格式化后方可使用。所谓格式化是指对磁盘按标准格式划分磁道、扇区，而且每个扇区按其格式填写地址信息及定义其容纳的字节数。每张盘格式化后的容量计算公式如下：

软盘容量＝磁盘面数×磁道数/面×扇区数/磁道×字节数/扇区

2）硬盘。硬盘存储器是一种涂有磁性物质的金属圆盘，通常由若干片硬盘片组成盘片组。硬盘的存储容量很大，它是使用温彻斯特技术制成的驱动器，将硅钢盘片连同读写头等一起封装在真空密闭的盒子内，故无空气阻力、灰尘影响。其数据存储密度大、速度快。

硬盘片表面分为一个个同心圆磁道（Tracks），每个磁道又分为若干扇区（Sectors），数据和信息是以扇区为单位存放在盘片上的。

硬盘由一组硬盘片组成，每一个硬盘片的结构和软盘差不多，是由磁道、扇区、磁头（Heads）组成的。各个盘片上具有相同编号的磁道构成柱面（Cylinders）。硬盘的容量计算公式为：

$$硬盘容量＝柱面数×扇区数×每扇区字节数×磁头数$$

硬盘是计算机的重要部件，同样对计算机的整体性能起着决定性的作用。有关硬盘的性能指标有以下几个：

①容量。硬盘的容量以兆字节（MB）或千兆字节（GB）为单位，1 GB＝1 024 MB。但硬盘厂商在标称硬盘容量时通常取 1 GB＝1 000 MB，因此大家在BIOS 中或在格式化硬盘时看到的容量会比厂家的标称值小。

②转速。转速（Rotational speed 或 Spindle speed）是指硬盘盘片每分钟转动的圈数，单位为 rpm。如果磁道的扇区密度是一定的，转速越高，单位时间内磁头扫过的扇区就越多，数据传输率会越高。

3）光盘。光盘的读写原理与磁介质存储器完全不同，它是利用激光原理存储和读取信息的存储媒介，是根据激光原理设计的一套光学读写设备。光盘盘片上的信息是通过光盘上的细小坑点来进行存储的，并由这些不同时间长度的坑点和坑点之间的平面组成了一个由里向外的螺旋轨迹。当激光光束扫描这些坑点和坑点之间的平面组成的轨迹时，由于反射的程度不同，产生了计算机里面的 0 和 1，通过将通道码还原之后，就得到了所要的数据。在读取过程中，激光束必须穿过透明衬底才能到达凹坑，读取数据，因此，盘片上存储数据的那一面上的任何污痕都会影响数据的读出性能。

VCD（Video CD）是用来存放采用 MPEG 标准编码的全动态图像及其相应声音的数据光盘，它可以在一张普通的光盘上记录 70 分钟的全屏幕活动音、视频数据及相关的处理程序。它体积小，价格便宜，且有很高的音频、视频质量和很好的兼容性，在普通的 CD-ROM 驱动器上就能播放。

光盘的主要技术指标有：

①容量。即单张光盘的数据存储容量。

②数据传输率。CD-ROM 标称速度与数据传输率的换算为 1 X＝150 KB/s。对于 DVD-ROM 而言，其传输速率有两个指标：一个是普通光盘的读取速率，和上面的 CD-ROM 一样；另一个是 DVD-ROM 的数据传输率，此时 1 X＝1 385 KB/s，比 CD-ROM 的 1 X 提升不少。

4）闪存盘。闪存盘又称 U 盘，是一种新型的存储器，全称为 USB 移动存储器，采用 USB 接口技术与计算机连接后进行工作，其外型如图 2—3 所示。

闪存盘是一种移动存储产品，可用于存储任何格式数据文件和在电脑间方便地交换数据。闪存盘采用闪存存储介质（Flash Memory）和通用串行总线（USB）接口。使用方法很简单，只需要将 U 盘插入计算机的 USB 接口，然后安装驱动程序即可。

图 2—3　闪存盘

闪存盘容量大，读写速度较软盘快很多，没有机械读写装置，避免了移动硬盘容易碰伤、跌落等原因造成的损坏以及防磁、防震、防潮的特点，大大加强了数据的安全性。闪存盘可重复使用，可反复擦写 100 万次，性能稳定。闪存盘外形小巧，更易于携带。

5）移动硬盘。移动硬盘（见图 2—4）是以硬盘为存储介质，强调便携性的存储产品。移动硬盘多采用 USB、IEEE1394 等传输速度较快的接口，可以以较高的速度与系统进行数据传输。因为采用硬盘为存储介制，因此移动硬盘在数据的读写模式与标准 IDE 硬盘是相同的。目前市场上绝大多数的移动硬盘都是以标准硬盘为基础的。

图 2—4　移动硬盘

移动硬盘的特点：容量大、传输速度快、使用方便、可靠性高。

数据安全一直是移动存储用户最为关心的问题，也是人们衡量该类产品性能好坏的一个重要标准。移动硬盘与笔记本电脑硬盘的结构类似，多采用硅氧盘片。这是一种比铝、磁更为坚固耐用的盘片材质，并且具有更大的存储量和更好的可靠性，能够提高数据的完整性。

3. 主板

主板又称主机板（Mainboard）、系统板（Systemboard）和母板（Motherboard）。它固定在主机箱箱体上，是计算机最基本的也是最重要的部件之一，是计算机各种部件相互连接的纽带和桥梁。

主板采用了开放式结构。主板上大都有 6～8 个扩展插槽，供 PC 机外围设备的控制卡（适配器）插接。通过更换这些插卡，可以对计算机的相应子系统进行局部升级，使厂家和用户在配置机型方面有更大的灵活性。

主板的结构如图 2—5 所示。主板由芯片组、BIOS 芯片、CMOS 芯片、CPU

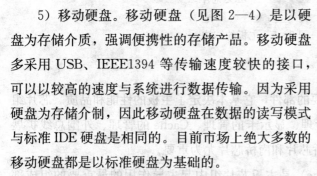

41

插座、内存插槽、总线扩展槽、风扇固定架、外设接口、二级缓存、CMOS 电池、前面板接口插针、电源插座等组成。

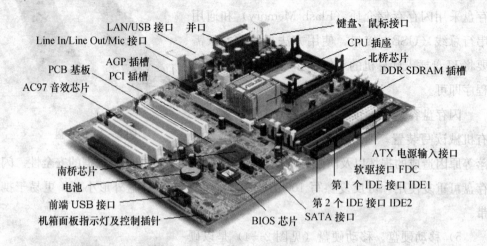

LAN/USB 接口　并口　　键盘、鼠标接口
Line In/Line Out/Mic 接口　　CPU 插座
PCB 基板　AGP 插槽　北桥芯片
PCI 插槽　　DDR SDRAM 插槽
AC97 音效芯片

ATX 电源输入接口
软驱接口 FDC
第 1 个 IDE 接口 IDE1
南桥芯片
电池　第 2 个 IDE 接口 IDE2
前端 USB 接口　SATA 接口
机箱面板指示灯及控制插针　BIOS 芯片

图 2—5　主板的结构

（1）主板芯片组

主板芯片组是主板上最重要的部件，它基本决定了主板的性能和品质。芯片组提供了对 CPU 的支持、内存管理、显示卡的管理、Cache 的管理、外围总线扩展槽、I/O 芯片等功能。其中北桥芯片和南桥芯片尤为重要。

1）北桥芯片（North Bridge）是主板芯片组中起主导作用的最重要的组成部分，也称为主桥（Host Bridge）。一般来说，芯片组的名称就是以北桥芯片的名称来命名的，北桥芯片主要负责与 CPU 的联系并控制内存、AGP 数据在北桥内部传输，提供对 CPU 的类型和主频、系统的前端总线频率、内存的类型（SDRAM，DDRSDRAM 以及 RDRAM 等）和最大容量、AGP 插槽、ECC 纠错等的支持，为了提高通信性能，北桥芯片通常是主板上离 CPU 最近的芯片，以缩短传输距离。整合型芯片组的北桥芯片还集成了显示核心。

2）南桥芯片（South Bridge）是主板芯片组的另一重要组成部分，主要负责 I/O 总线间的通信，如 PCI、USB、SATA 等。一般位于主板上离 CPU 插槽较远的下方，PCI 插槽的附近，南桥芯片不与处理器直接相连，而是通过一定的方式与北桥芯片相连。

（2）BIOS 芯片

BIOS 是存储基本输入/输出程序的专用芯片。主板上的 BIOS 芯片主要有中断服务程序、系统设置程序、加电自检程序、系统启动自举程序等功能。

BIOS 芯片主要有 AwardBIOS、AMIBIOS 和 PhoenixBIOS 三个版本，其中前两个版本较为常见。

（3）CMOS 芯片

CMOS 芯片是主板上一个不起眼的黑色小芯片，它的作用是保存日期、时间、硬盘参数、软驱类型等参数。这些参数对于每台计算机来说都是不同的，可以在 BIOS 设置程序中对这些参数进行修改。

CMOS 芯片是由场效应管组成的 RAM 芯片，它里面的信息靠主板上的 CMOS 电池供电维持，它的耗电量非常少。

（4）CPU 插座或插槽

CPU 插座或插槽用于安装 CPU。有 CPU 插座的主板要安装插座式的 CPU，有 CPU 插槽的主板要安装插槽式的 CPU。Intel 和 AMD 为它们的处理器设计了一系列插座和插槽，每种插座或插槽用来支持不同规格的处理器，目前常见的处理器插座规格包括 Socket 370、Socket 462、Socket A、Socket 939、Socket 754、LGA 775 等。

（5）内存插槽

主板上的内存插槽分为单列直插（SIMM）和双列直插（DIMM）两种。单列直插内存条的金属引脚只有一侧用于传送数据，而双列直插内存的金属引脚两侧都用于传送数据。

（6）总线扩展槽

常见的扩展槽有 ISA、PCI、AGP 几种，其中 AGP 插槽是 AGP 显示卡的专用插槽，只能用于安装 AGP 显示卡。

（7）外设接口

外设接口主要用于连接硬盘、光驱、打印机、鼠标、键盘等外围设备。常见的接口有 IDE 接口、SATA 接口、软驱接口、串口、并口、PS/2 接口、USB 接口、SCSI 接口等。

（8）二级缓存

为解决高速的 CPU 与低速的内存之间的数据供需矛盾，人们在 CPU 与内存之间增加了高速缓存。一级缓存位于 CPU 的内部，二级缓存位于主板上。随着技术的进步，现在的 CPU 中已经集成了二级缓存。

（9）前面板接口插针

主板上有与前面板指示灯与开关相连的接口插针，这些指示灯是由发光二极管组成的，只有给它加上正电压时才会发亮，开关也必须正确连接才起作用。主板上的标识如下：

1）PWRSW 或 SOFTOFF 表示为 ATX 电源开关插座。

2）RESET 或 RST 表示为复位开关。

3）PWRLED 表示为电源指示灯。

4）HDDLED 或 IDELED 表示为硬盘指示灯。

5）SPK 或 SPEAKER 表示为喇叭。

二、输入/输出设备

计算机的外设，是计算机系统的有机组成部分，它受计算机主机控制，并能与计算机主机进行信息交换，具有保证计算机系统完成工作的特定功能。最常见的外设有外部存储器（如磁盘驱动器、磁带机、光盘等）和打印机、绘图仪、扫描仪、鼠标器等输入/输出设备。计算机通信用的调制解调器、办公自动化用的喷墨或激光打印机等都属于计算机外设。

1. 输入设备

现代计算机的输入设备，最常用的是键盘、鼠标器、扫描仪等。

（1）键盘

键盘是个人计算机必不可少的输入设备，利用它可以向计算机输入数据、程序、命令等。它独立于 PC 的主机箱，通过电缆和主机板上的键盘插座与主机连接，一般的键盘都是 PS/2 接口和 USB 接口的。早期 PC 使用 83 键的键盘，其后发展到 93 键、101 键、102 键。目前大多数 PC 配备了 USB 接口的 101 键标准键盘。键盘的基本布局如图 2—6 所示。

无论是 101 键的键盘，还是 83 键的键盘，都可以划分为四个基本区域：主键

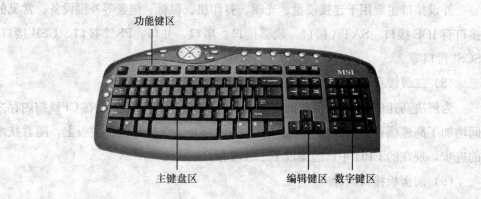

图 2—6 键盘布局图

盘区、功能键区、编辑键区和数字键区。可分为打字键、功能键、光标移动键、编辑/数字键和其他专用键五种。

1) 主键盘区。包括英文字母键、数字键、标点符号键和特殊符号键。此外，还有一些专用键。除专用键和少数特殊符号外，其余各键的排列和普通英文打字机相同。主键盘区的功能是输入数据和字符。

2) 功能键区。包括 F1～F12 共 12 个功能键（83 键的键盘只有 F1～F10 共 10 个功能键）。其功能由软件（操作系统或应用软件）来定义。即在不同的软件环境下可以有不同的功能。

3) 数字键区。又称为小键盘区，在键盘右侧。由数字键、光标移动键及一些编辑键组成。可以用来输入大批数据，或移动光标进行编辑。

4) 编辑键区。在数字键区和主键盘区之间，包括 4 个光标移动键和 9 个专用键。

(2) 鼠标器

鼠标器简称鼠标（见图 2—7），源于英文 Mouse。鼠标是按人手的形状设计的，刚好适合于手握。鼠标上有三个键或两个键，也称为按钮。机械式鼠标底部有一个可滚动的圆球。工作时，手握鼠标并置于一个平垫上。当在平面上移动鼠标时，圆球受摩擦而滚动。圆球的滚动被鼠标上的电子器件测出，并将鼠标在 X 轴

图 2—7　鼠标

和 Y 轴方向的运动转换为屏幕上的鼠标箭头相应方向的移动。光电式鼠标不用圆球，而是利用光学传感器作光学定位。鼠标分 PS/2 接口和 USB 接口两种。

当鼠标箭头移到预定位置，例如菜单的选项、窗口的按钮或边框、文本的特定位置时，轻击（click）鼠标上的键就可以实现特定的输入。击键产生的信号通过连线传给主机，结合鼠标箭头在屏幕的位置，就可以解释用户输入信号的意义，引发相应的操作。例如，定位、选择、移动图形或文本、扩大窗口等。这就是所谓"Point-and-click"工作方式。

鼠标虽然有两键和三键之分，但使用方法基本相同。一般多使用左键和右键。鼠标的基本操作有 4 种：

1) 移动。不按键，将鼠标在平面移动，直到鼠标箭头指向屏幕上的某一项。

2) 单击。轻击并快速释放按键。

3) 双击。连续快速击同一键两次。

4）拖动。按住键不释放且移动鼠标。

由于左键使用频率高于右键，所以如不特别指明，有关鼠标的操作均指左键。如使用右键，将特别指明为"右击"。鼠标的箭头在不同的情况下会有所变化。例如，变为漏斗形、双箭头形、条形、十字形、手形等，不同的形状表示不同的意义。如漏斗形表示机器正在执行某项任务，操作者需要等待；双箭头形表示可以拉动窗口的边框，改变窗口的大小等。

（3）扫描仪

扫描仪（见图2—8）是一种光机电一体化的输入设备，它可以将图文形象转换成可由计算机处理的数字数据。

图2—8 扫描仪

扫描仪可以将图形（模拟信号）转化为点阵信息（数字信号）输入到计算机中。扫描仪分为彩色扫描仪和黑白扫描仪两大类。目前流行的扫描仪都兼有扫描彩色和黑白图像的功能，称为CCD（Charge Coupled Device，又名电荷耦合器件）扫描仪，其基本工作原理是利用高亮度的光源照射原稿或实物，并将其反射光通过反光镜、透射镜、分光镜和聚焦镜头等光学器件，最终成像于CCD感应器表面。经过A/D（模/数）转换获得数字图像。

扫描仪是一种用来输入图片资料的装置，一般是作为一个独立的装置与计算机连接。其主要技术指标有分辨率、扫描频率、扫描速度。

2. 输出设备

现代计算机的输出设备，主要有显示器和打印机等。

（1）显示器

显示器（见图2—9）是用来显示用户键入的命令、程序、数据以及计算机运算的结果或系统给出的提示信息等的输出设备。

显示器（又称监视器）有单色显示器和彩色显示器两种。目前大部分计算机都

图 2—9　显示器

a) CRT 显示器　b) LCD 显示器

采用彩色显示器。它们要通过不同的显示卡（又称显示适配器）与主机连接。

1）分类。按照成像原理划分，显示器可以分为阴极射线管（CRT）显示器和液晶（LCD）显示器两大类。液晶显示器成像稳定，体积小，已逐渐取代阴极射线管显示器。

2）显示器主要的性能指标。

①分辨率。显示器上的字符和图形是由一个个像素（pixel）组成的。显示器屏幕上可控制的最小光点称为像素，X 方向和 Y 方向总的像素点数称为分辨率。显示器的分辨率一般用整个屏幕上光栅的列数与行数的乘积来表示。这个乘积越大，分辨率越高，图像就越清晰。现在常用的分辨率是 800×600、1024×768、1280×1024 等。

②显示存储器（简称显存）。显存 RAM 容量也是一个不可忽视的指标，目前集成显卡的主板通常共享主板上内存的一部分作为显存。如果希望显示器具有较强的图形输出功能，必须选用较大的容量。

③色彩深度。显示器的另一个指标是色彩的深度，或称为色彩位数。它指的是在一点上表示色彩的二进制位数（bit），一般有 16 位、24 位、32 位等。位数越多，色彩层次越丰富，图像越精美，但是需要使用的显示缓冲区（显存）也越大。如果每个像素的颜色用 24 位表示，那么可以表示的不同颜色就有 $2^{24}=16\ 777\ 216$ 种。这时图像已经很接近自然界真实的颜色，故称为真彩色（True Color）图像。

④屏幕尺寸（对角线长度）。目前常见的显示器的屏幕尺寸有 14 英寸、15 英寸、17 英寸、19 英寸、22 英寸等几种。屏幕尺寸大，其显示的图像尺寸也大，但是不等于图像精美。只有分辨率高的显示器才有精美清晰的画面。这两个指标需要适当搭配。

3）适配器或显示卡。显示器必须配置正确的适配器（俗称显示卡）才能构成完整的显示系统。适配器较早的标准有：CGA（Color Graphics Adapter）标准（320×200，彩色）、EGA（Enhance Graphics Adapter）标准（640×350，彩色）和 VGA（Video Graphics Array）标准。VGA 即视频图形阵列卡适用于高分辨率的彩色显示器，图形显示分辨率最低为 640×480 像素，也有高达 1024×768 像素的，颜色最多可选择 256 种。在 VGA 之后，又出现了 SVGA、TVGA 卡等，TVGA（Trident VGA）卡和 SVGA（SuperVGA）卡兼容 VGA 全部标准，并扩展了若干字符显示和图形显示新标准，具有更高的分辨率和更多的色彩选择。

（2）打印机

打印机是 PC 的另一种基本输出设备（见图 2—10）。它通过并行打印接口（或 USB 接口）与主机相连接。打印机能将打印内容印刷到纸上，从而永久保存。

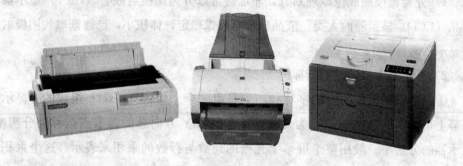

图 2—10　各种打印机

a）针式打印机　b）喷墨打印机　c）激光打印机

按打印方式不同打印机可分为击打式和非击打式两类。击打式打印机利用机械冲击力，通过打击色带在纸上印上字符或图形。非击打式打印机则用电、磁、光、热、喷墨等物理、化学方法来印刷字符和图形。打印质量用打印分辨率来度量，单位是"点数/每英寸"，即 dpi（dot per inch）。

PC 可以配置的打印机种类很多，有点阵式打印机、喷墨打印机、激光打印机等。要求高质量输出时必须使用激光打印机或喷墨打印机。

1）点阵式打印机。点阵式打印机是击打式打印机，输出时将字符或图形分解为点阵。点阵式打印机由走纸装置、控制和存储电路、插头、色带等组成。打印头是关键部件。打印头由若干根钢针组成，由钢针打印点，通过点拼成字符。打印时 CPU 通过并行端口送出信号，使打印头的一部分打印针打击色带，使色带接触打印纸进行着色，而另一部分打印针不动，这样便能打印出字符了。

按照打印纸的宽度，点阵式打印机分为宽行（132 列）和窄行（80 列）两种。票据打印大多数采用点阵式打印机。常见的点阵式打印机的型号有 EPSON RX、MX、PX 等 9 针打印机，M-3070、M-1724、LQ-1600K 等 24 针打印机。点阵式打印机比较灵活、使用方便、打印质量较高，但噪声比较大，且速度慢。

2）喷墨打印机。喷墨打印机是非击打式打印机，打印时噪声小。喷墨打印机也是将字符或图形分解为点阵，不过打印时不使用钢针和色带，而是使用喷头上的许多精细的喷嘴，直接将墨水喷射到打印纸上。

目前，流行的喷墨打印机打印的精度在 720×360 dpi 到 $3\,600 \times 3\,600$ dpi 之间，打印的质量高于点阵式打印机。喷墨打印机价格较低，适合输出彩色图像，但是要用质量高的打印纸才能获得好的打印效果，而且墨水盒和打印纸等消耗材料价格较高。另外，如果机器维护不当，残留的墨水很容易干涸堵塞喷头。

3）激光打印机。激光打印机由激光发生器和机芯组成核心部件。激光头能产生极细的光束，经由计算机处理及字符发生器送出的字形信息，通过一套光学系统形成两束光，在机芯的感光鼓上形成静电潜像，鼓面上的磁刷根据鼓上的静电分布情况将墨粉粘附在表面并逐渐显影，然后印在纸上。

激光打印机打印时噪声小，打印精度在 600×600 dpi 到 $1\,200 \times 1\,200$ dpi 之间。可以用普通复印纸打印出高质量的文件。激光打印机输出速度快、打印质量高、无噪声，但价格高。

3. 其他外围设备

PC 的其他常用外围设备还有数码相机、绘图仪等。

（1）数码相机（Digital Still Camera）

数码相机又称为数字相机，简称 DSC。数码相机是一种非胶片的新型照相机。它与传统照相机的不同在于使用闪存芯片为存储介质，存储的不是模拟信号而是数字信号。从照相机的镜头传来的光信号被光电转换器件做成的接收板接收，把光信号转换成对应的模拟电信号，再经过 A/D 模数转换使模拟电信号转换为数字信号，最后利用固化的程序（压缩算法）生成指定格式的文件，将图像以 0、1 代码串的形式存入存储介质中。

（2）绘图仪

绘图仪将图形数字信号转换成模拟信号绘制到纸上。

三、总线和接口

计算机是以 CPU 为核心，并配之以存储器、输入/输出接口电路、系统总线以及相应的外围设备而构成的完整的、可以独立工作的计算机，其基本结构如图 2—11 所示。

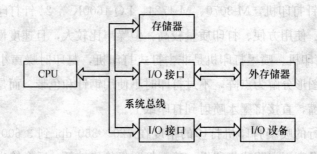

图 2—11　计算机系统结构原理图

1. 总线

任何一个微处理器都要与一定数量的部件和外围设备连接，为了简化硬件电路设计、简化系统结构，常用一组线路配置以适当的接口电路与各部件和外围设备连接，这组共用的连接线路被称为总线。采用总线结构便于部件和设备的扩充，尤其是制定了统一的总线标准后更容易使不同设备间实现互连。

（1）总线的组成

计算机中的总线一般有内部总线、系统总线和外部总线。

1）内部总线是计算机内部各外围芯片与处理器之间的总线，用于芯片一级的互连。

2）系统总线是计算机中各插件板与系统板之间的总线，用于插件板一级的互连。

3）外部总线则是计算机和外围设备之间的总线，计算机通过该总线和其他外围设备进行信息与数据交换，它用于设备一级的互连。

（2）总线的主要性能指标

1）总线位宽（bit）。能同时传送的数据位数。

2）总线的工作频率（MHz）。总线的工作频率是指 CPU 的外部时钟频率。

3）总线带宽（B/S）。单位时间内总线上可传送的数据量，总线带宽＝总线频率×总线位宽÷8。

随着微电子技术和计算机技术的发展，总线技术也在不断地发展和完善，总线的发展趋势是位数越来越宽（从 8 位发展到 64 位），传输速率越来越快（从 16 MB/s 发展到 1 GB/s）。

2. 接口电路

计算机的处理器和外围设备之间要不断进行信息交换，交换的数据通常是 8 位或 16 位的。交换的数据信息分为以下几种：

（1）数字信号。

（2）模拟信号，模拟量必须经过模/数转换（简称 A/D 转换），才能输入计算机；计算机输出的模拟量，要经过数/模转换（简称 D/A 转换，才能输送到执行设备。

（3）开关信息（如电机的运算与停止、开关的闭合与断开等）。

输入时，数据信息一般由外设通过接口电路传递给数据总线，再传递到微处理器。输出时，数据要从 CPU 经数据总线传递给接口电路，再传递到外设。外设与接口之间的数据传递有并行传送和串行传送两种形式。

接口电路除了传递信息的作用外，还有暂存缓冲数据的功能，以便做到高速运算的处理器和相对低速运行的外围设备之间的协同工作。

如图 2—12 所示是一个简单的外设接口结构框图，它很形象地表示了接口电路的作用。

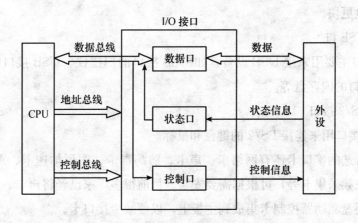

图 2—12　外设接口结构框图

3. 接口类型

目前所有主板几乎都有以下接口：IDE 接口、软驱接口、串口、并口、PS/2 口、USB 口、SATA 接口、声卡的 LINEIN、LINEOUT、SPEAKER 口、网卡的 RJ45 口、MODEM 的 RJ11 口等。

（1）IDE 接口

主板上通常有两个 IDE 接口，一个为主 IDE 接口，一个为副 IDE 接口。不同主板厂家对这两个接口标示不同：有的主板标为 Primary IDE 和 Secondary IDE，有的主板标为 IDE0 和 IDE1。

IDE 接口用于连接硬盘和光驱，一般主 IDE 接硬盘，副 IDE 接光驱。每个 IDE 口通过 IDE 数据线可接两个 IDE 设备。因而每台 PC 最多可接 4 块硬盘。

如果通过一条 IDE 数据线在一个 IDE 接口上接两块硬盘，需将其中一块硬盘设为副硬盘（硬盘上有跳线说明）。

硬盘和 IDE 数据线连接时，需注意数据线的花边线居中。

（2）串口

早期主板一般有两个串口，目前主板上一般只有一个串口。串口主要用来接鼠标，目前多闲置。有些设备的设置也可通过串口，利用超级终端来设置，如路由器等。

（3）并口

并口连接打印机和扫描仪。因为经常用于连接打印机，所以也俗称为打印口。

（4）SATA 接口

SATA 接口用来接串口硬盘，目前新的串口硬盘越来越流行，它的容量更大、传输速度也更快。

（5）USB 口

USB 口主要用来接 USB 设备，如 USB 接口的扫描仪、USB 接口的打印机以及 USB 接口的闪存盘等。

（6）PS/2 接口

PS/2 接口用来连接 PS/2 的键盘和鼠标。

其余可选的接口卡还有网络卡、声卡、防病毒卡、图形加速卡、A/D 及 D/A 转换卡、视频采集卡等，可根据需要安装。目前很多厂家已经将声卡、网卡、软盘驱动器和硬盘驱动器控制卡集成到主板上，以便减少接口卡。

4. 主板上的插槽

计算机主板上还提供了各种插槽，用于与总线的连接，交换有关数据。插槽与 I/O 接口的不同之处在于插槽上的设备是直接和总线连接的，主板上的插槽主要有以下几种：

（1）ISA 插槽

ISA 插槽用来插各种 ISA 扩展卡，目前主板上多已淘汰。

（2）PCI 插槽

PCI 插槽用来插各种 PCI 扩展卡，如网卡。

（3）AGP 插槽

AGP 插槽用来插 AGP 显卡。

（4）CPU 插槽

CPU 插槽用来插 CPU。

2.1.2　微型计算机的性能指标、配置与维护

 **学习目标**

➤掌握微型计算机性能指标的关键参数

➤掌握微型计算机配置的基本概念

➤掌握微型计算机维护的基本常识

一、微型计算机的主要性能指标

1. 运算速度

运算速度是指计算机每秒钟能执行的指令条数，单位 MIPS（百万条指令/秒），它是衡量 CPU 工作快慢的指标。计算机的运算速度与主频有很大关系，还与内存、硬盘等的工作速度及字长有关。

2. 字长

字长是 CPU 一次可以处理的二进制位数，字长主要影响计算机的精度和速度。字长有 8 位、16 位、32 位和 64 位等。字长越长，表示一次读写和处理数据的速度越快，计算精度越高。

3. 主存容量

主存容量是衡量微型计算机存储能力的一个指标。内存容量以字节为单位，分最大容量和装机容量。最大容量由 CPU 的地址总线的位数决定，而装机容量按所使用软件环境来定。外存容量是指磁盘机和光盘机等容量，应根据实际应用的需要来配置。

容量大，能存入的数据就多，能直接接纳和存储的程序就长，计算机的解题能力和规模就大。

4. 主频

主频是指微型计算机中 CPU 的时钟频率，也就是 CPU 运算时的工作频率。一般来说，主频越高，一个时钟周期里完成的指令数也越多，当然 CPU 的速度就

越快。

5. 输入/输出数据传输速率

输入/输出数据传输速率决定了可用的外设和与外设交换数据的速度。提高计算机的输入/输出传输速率可以提高计算机的整体速度。

6. 可靠性

可靠性是指计算机连续无故障运行时间的长短。可靠性好，表示无故障运行时间长。

二、微型计算机的配置

由于 PC 的各个部件是可以组合的，因此不同档次的 PC 配置也不完全一样。不过基本的要求是 CPU 速度要与内存的刷新率相匹配，外设要与主机和使用需要相匹配。

在基本配置的基础上，可根据需要配置相应的硬件和软件。例如，要求计算机具备多媒体功能时可配置光盘驱动器和声卡、音箱，要求具备联网功能时可配上网卡或调制解调器等。

软件配置情况直接影响微型计算机系统的使用和性能的发挥。通常应配置的软件有操作系统以及工具软件等。另外，还可配置数据库管理系统和各种应用软件。

总之，不同档次 PC 的配置要根据市场供给、需求和用户能力等因素综合考虑。

三、微型计算机的维护

微型计算机的维护包括日常保养、硬件维护、软件维护等几个方面。

1. 日常保养

放置微型计算机的环境很重要，应注意将计算机放置在远离强磁、强电、高温、高湿以及阳光直射之处，不要放在不稳定的场所。因为长期接近热源，机壳会变形；在阳光直射下，会影响屏幕效果；更不要将机器放在通风不良的狭窄地方，影响机器散热，机器离墙应有 10 cm 以上的距离；不要让机器淋雨或过度潮湿。

开机温度最好在 18～24℃之间，相对湿度应在 40％～60％之间；关机时温度应在 0～40℃之间，相对湿度为 10％～80％。潮湿季节以每天开机不少于 2 小时为宜，要保证干燥，防止计算机老化。

与其他电器一样，尘埃对计算机的威胁是明显的，尤其是对显示器、磁盘驱动器和光驱来说更是如此。大量的维修实践表明，在灰尘大的环境中工作，由于电路板、磁头上附着的污垢很多，易使其绝缘程度下降，漏电电流增加而烧毁元件和划伤磁头盘片，从而使计算机系统瘫痪。因此对计算机的各部件要定期清洁，特别是主板、磁头和光头。

另外，电源故障也是造成计算机故障的主要因素之一，如电压不稳或杂波干扰等问题过于严重都会对计算机的使用造成影响，因此有条件的话可考虑配置 UPS，以提供稳定的电源，保证计算机的正常运行。

2. 硬件维护

硬件是计算机正常运行的基础，任何硬件的故障，都会造成计算机系统的工作异常。随着计算机硬件生产自动化程度的不断提高，维修工作的内容也越来越少，而故障检测已成为硬件维护的主要内容。

计算机硬件故障是指造成计算机系统功能错误的物理损坏，这种损坏可能是电子故障、机械故障或是介质故障。

（1）电子故障是指电路板或元件的失效所造成的逻辑错误。

（2）机械故障是指计算机的机械部分发生故障，如键盘失灵、磁盘驱动器磁头定位不准等。

（3）介质故障是指信息的介质载体（如磁盘、软盘、硬盘等）出现故障，造成信息无法正常读出，如磁道损坏、磁粉脱落等。

计算机故障通用检测工具主要有万用表、示波器和逻辑测试笔等。专用的检测工具有逻辑分析仪、自动测试仪、逻辑示波器和维修卡等。一般用户不具备专用检测仪器，但可以使用一些通用工具，加上自己的知识和经验就可以处理相当一部分的故障。另外，工具软件也是很有效的检测工具，运行这些软件可定位或诊断出一些硬件故障。计算机故障诊断包括人工诊断法与自动诊断法。

3. 人工诊断

（1）直接观察法

利用人的感觉器官检查是否有火花、异常声响、元器件是否过热、烧焦、熔丝是否熔断以及有关插件是否有松动、接触是否良好、有无断线等明显故障。

（2）插拔法

插拔法是一种简单有效的故障诊断方法。该方法是在关机状态下，逐一将设备（或板卡）从系统中拔下，每拔下一个设备都重新开机观察故障机的进行状态，一旦拔出某个设备后，系统运行正常，则故障位置确定。插拔法也适用于集成电路芯片故障的检测。

（3）试探法

试探法是用正常的插件板或好的组件（尤其是大规模集成电路）替换有故障疑点的插件板或组件，从而判断出故障器件的方法。

（4）交换法

交换法是把相同的插件或器件互相交换，观察故障变化的情况，帮助找出故障原因的一种方法。计算机中有许多部分由完全相同的插件或器件组成，如果故障出现在这些部位，用交换法能很快地排除故障。

4. 自动诊断（程序诊断）

计算机的内部结构复杂，其可控、可观察性较差，因此对故障的直接检测比较困难，使用功能测试法能够有效地诊断出这些故障。

（1）简单功能测试

利用操作系统中的调试工具进行功能测试。调用 DEBUG 程序的各种命令，可以对系统的各个端口、内存、寄存器进行读写，以检查相应部件的功能。

（2）编制简易测试程序诊断

本方法是在简单功能测试的基础上，由用户针对具体故障专门编制的简单程序，进行机器故障的诊断。该程序有助于加快故障的定位。

（3）高级诊断程序诊断

利用高级诊断程序可以较准确地检查出计算机的工作状况，评估出整个系统的可靠性和系统的工作能力，这种诊断程序常以菜单的形式为用户提供了许多可以选择的测试项目，用户利用它可以对自己的系统工作状态进行全面的检查。

尽管高级诊断程序使用方便，功能较强，但是它必须在计算机系统基本正常的时候才能使用，而且也只能检查到部件一级。

（4）加电自检程序诊断

该程序固化在系统的 ROM 中。当电源接通后，机器自行启动自检程序并进入系统测试状态，如果自检能够正常通过，则显示正常 BIOS 版本信息，发出自检正常的声响，然后正常启动操作系统。

如果自检不能正常通过，则显示出错代码信息并发出出错声响，指出故障的部件。

5. 软件维护

随着计算机应用的不断普及，软件维护已成为保证计算机系统正常运行的重要工作。

但计算机在使用的过程中总是会有各种各样的问题，如硬盘无法启动、打印不出汉字、文件被误删除、软盘信息读不出来、查找文件的时间变长、运行速度变慢或是感染病毒等。这时的计算机并没有物理故障，而是软件故障，需要进行软件维护，软件维护是保证计算机能够正常工作的一个不可缺少的过程。每一个操作人员都应掌握一定的软件维护技术。

软件维护的目的就是利用工具软件来修改和调整计算机系统运行的软件环境，保证计算机系统能够高效率的运行。软件维护工作主要有以下几项内容：

（1）数据备份。数据备份是数据遭到破坏后，恢复数据最简单有效的方法。

（2）整理和删除无用的文件。很多系统软件在运行的过程中会产生一些无用的文件，这些文件会占用大量的磁盘空间，这类文件应该予以删除，以释放出磁盘空间。

（3）正确地配置系统。

（4）合理地安排硬盘的文件目录。

（5）恢复被破坏文件的数据。

（6）整理磁盘的文件分配。磁盘在使用过程中，如果反复生成或删除文件，或者文件经常修改，文件在磁盘上的位置就会变得不连续，出现很多小的"碎片"。这时读文件的速度就会降低，需要对磁盘文件进行整理，对磁盘性能进行优化。

6. 工具软件

工具软件是功能强大、针对性强、比较实用的各种计算机管理和维护软件的总称。

在使用计算机的过程中，时常会碰到一些问题，有些是简单的，有些是复杂的，有些是由于硬件引起的，而有些却是由于软件使用不当引起的。

据统计，绝大部分的计算机故障是由于操作不当、系统版本不兼容、系统配置错误、病毒感染等引起的，属于"软故障"。

工具软件对于"软故障"的排除有着不可忽视的作用。工具软件的种类很多，包括系统管理工具、磁盘拷贝工具、数据压缩工具、加密与解密工具、系统测试工具、编程调试工具、硬件仿真工具、多媒体工具、网络与通信工具。

2.2 多媒体技术简介

2.2.1 多媒体的概念

 **学习目标**

➤掌握媒体、多媒体、流媒体等概念
➤掌握多媒体技术的主要特点
➤掌握多媒体技术的应用和发展前景

一、多媒体概述

1. 媒体（Media）

媒体可以理解为是人与人或人与外部世界之间进行信息沟通与交流传递的载体。

（1）媒体的分类

通常媒体有以下五大类：感觉媒体、表示媒体、显示媒体、存储媒体和传输媒体，其核心是表示媒体。

1）感觉媒体（Perception Medium）。感觉媒体指能直接作用于人的感官、使人能直接产生感觉的一类媒体，如语言、音乐、自然界的各种声音、图形、图像、动画、文字、符号等都属于感觉媒体。

2）表示媒体（Representation Medium）。表示媒体是为了加工、处理和传输感觉媒体而人为研究构造出来的一种媒体。此种媒体的作用是可以更加有效地存储、加工和处理感觉媒体，以便将感觉媒体从一地传送到另一地，如语言编码、电报码和条形码等。

3）显示（表现）媒体（Presentation Medium）。显示媒体是用于通信中使电信号和感觉媒体之间产生转换所用的媒体，如键盘、鼠标器、显示器、打印机、话筒、扫描仪等。

4）存储媒体（Storage Medium）。存储媒体用于存放表示媒体（感觉媒体转换后的代码等数据），如硬盘、优盘、软盘、磁带、光盘等。

5）传输媒体（Transmission Medium）。传输媒体是用于将媒体从一处传送到另一处的物理载体，它是通信的信息载体，如同轴电缆、光纤、电话线等。

（2）计算机领域中的媒体

在计算机领域中，媒体曾被广泛译作"介质"，指的是信息的存储实体和传播实体。现在一般译为"媒体"，表示信息的载体。

媒体在计算机科学中主要包含两层含义。其一是指信息的物理载体，如磁盘、光盘、磁带、卡片等；另一种含义是指信息的存在和表现形式，如文字、声音、图像、动画等。

多媒体技术中所称的媒体是指后者，在多媒体技术中所说的媒体一般是指感觉媒体。

2. 多媒体（Multimedia）

多媒体来自英文"Multimedia"，该词由 Multimple（多）和 Media（媒体）复合而成，而对应的单媒体是"Monomedia"。简单来说，多媒体是指两个或两个以上的单媒体的有机组合，意味着"多媒介"或"多方法"。

日常生活中媒体传递信息的基本元素是声音、文字、图像、动画、视频、影像等，这些基本元素的组合就构成了人们平常接触的各种信息。

计算机中的多媒体就是指将文字、图形、图像、音频、视频和动画等基本媒体元素以不同形式组合以传递信息的有机综合。

3. 超文本与超媒体

超文本是一种应用于文本、图形或计算机的信息组织形式。它使得单一的信息元素之间可以相互交叉引用。这种引用并不是通过复制来实现的，而是通过指向被引用的地址字符串来获取相应的信息。这是一种非线性的信息组织形式。超文本与超媒体的应用使得 Internet 成为真正为大多数人所接受的交互式的网络。

利用超文本形式组织起来的文件不仅仅是文本，也可以是图、文、声、像以及视频等多媒体元素复合形式的文件，这种多媒体信息就构成了超媒体。

4. 流媒体

流媒体是应用流技术在网络上传输的多媒体文件（音频、视频、动画或者其他多媒体文件），而流技术就是把连续的影像和声音信息经过压缩处理后放到网站服务器，让用户一边下载一边观看、收听，而不需要等待整个压缩文件全部下载到计算机中后，才可以观看的网络传输技术。

二、多媒体技术的特点

早期的计算机由于受到计算机技术、通信技术的限制，只能接收和处理字符信息。字符信息被人们长期使用，其特点是处理速度快、存储空间小，但形式呆板，仅能利用视觉获取，靠人的思维进行理解，难于描述对象的形态、运动等特征，不利于完全真实地表达信息的内涵。图像、声音、动画和视频等单一媒体，比字符表达信息的能力更强，但均只能从一个侧面反映信息的某方面特征。

多媒体技术是一门综合的高新技术。它是集声音、视频、图像、动画等多种媒体于一体的信息处理技术，它可以接收外部图像、声音、影像等多种媒体信息，经过计算机加工处理后，以图片、文字、声音、动画等多种形式输出，这样就实现了输入、输出方式的多元化，改变了计算机只能处理文字、数据的局限，使人们的工作、生活更加丰富多彩。

多媒体技术主要具有以下特点：

1. 多维性

多维性是指多媒体技术具有的处理信息范围的空间扩展和放大能力。利用多媒体技术能将输入的信息加以变换加工，增加输出的信息的表现能力，丰富显示效果。

多媒体信息使人们不但能看到文字说明，观察到静止的图像，还能听到声音，使人有身临其境之感。这种信息空间的多维性，使信息的表现方式不再单调，而是有声有色，生动逼真。

2. 集成性

多媒体技术是综合文字、图形、声音、图像、动画等各种媒体的一种应用，是一个利用计算机技术来整合各种媒体的系统。媒体依其属性的不同可分成文字、音频和视频。

文字可分为字符与数字，音频可分为语言和音乐，视频又分为静止图像、动画和影像，多媒体系统将它们集成在一起，经过多媒体技术处理，使它们能综合发挥作用。

3. 交互性

所谓交互性是指人的行为与计算机的行为互为交流沟通的关系。这也是多媒体与传统媒体最大的不同。电视教学系统虽然也具有"声、图、文"并茂的多种信息媒体，但电视节目的内容是事先安排好的，人们只能被动地接受播放的节目，而不能随意选择感兴趣的内容，这个过程是单方向的，而不是双向交互性的。

　　如果用多媒体技术制作教学系统，学生可根据自己的需要选择不同的章节、难易各异的内容进行学习。对于重点的内容，一次未搞明白，还可重复播放。学生可参与练习、测验、实际操作等。如果学生出现错误，多媒体教学系统能及时评判、提示和纠正。

　　多媒体之所以能够迅速发展和广泛应用，是由于计算机技术和数字信息处理技术的突破性进展，所以，通常广义上的"多媒体"并不仅仅指多媒体本身，而是指处理和应用它的包括硬件和软件在一起的一整套技术，即多媒体技术。

三、多媒体技术的应用

1. 教育与培训

　　多媒体技术具有多维性、集成性和交互性的特点，为计算机应用开拓了广阔的前景，目前多媒体技术已经成功应用于以下领域中。

　　计算机辅助教学 CAI（Computer Assisted Instruction）是一种以学生为中心的新型教学模式，是对以教师为中心的传统教学模式的革命。在多媒体技术应用之前，CAI 只能靠文字和简单图形来进行人机对话，没有语言、影像，界面单调，缺乏生动形象，限制了 CAI 优越性的发挥。

　　多媒体技术将声、文、图集成于一体，使传递的信息更丰富、更直观，这是一种更人性化的交流环境和方式，人们在这种环境中通过多种感官来接受信息，加速了理解和接受知识信息的学习过程，并有助于接受者的联想和推理等思维活动。

　　将多媒体技术引入 CAI 中称为 MMCAI（Multimedia Computer Assisted Instruction），它是多媒体技术与 CAI 技术相结合的产物，是一种全新的现代化教学系统。随着多媒体技术的日益成熟，多媒体技术在教育与培训中的应用也越来越普遍，多媒体计算机辅助教学是当前国内外教育技术发展的新趋势。

　　多媒体作品，通过对人体多感官的刺激，更能加深人们对新鲜事物的印象，取得更好的学习和训练效果。如幼儿语言学习、中小学生课程学习、知识性光盘、实用技术培训光盘等。

2. 商业、企业形象设计

（1）企业形象设计

　　企业的形象对一个企业的成功起着不可估量的作用，现代化的知名企业十分重视形象设计，利用多媒体网站、多媒体光盘作为媒介，用生动的图、文、声、形并茂的多媒体课件，使客户了解企业的产品、服务、独特的文化等内容，树立良好的企业形象，促进企业产品的销售。

（2）商业应用

多媒体在商业上的应用具有非常广阔的前景，能够为企业带来丰厚的利润。这些应用形式包括商业广告、商场导购系统、观光旅游、多媒体网上购物系统、效果图设计等。例如，在建筑、装饰、家具和园林设计等行业，多媒体将设计方案变成完整的模型，让客户事先从各个角度观看和欣赏效果，根据客户的意见进行修改，直到效果满意后再行施工，可避免不必要的劳动和浪费。

3. 文化娱乐

（1）娱乐游戏

娱乐游戏始终是多媒体技术应用的前沿。电子游戏，以其具有真实质感的流畅动画、悦耳的声音，深受成人和儿童的喜爱。

（2）电子影集

利用电子影集可以将大量的生活照片按时间顺序一一记录下来，然后再配上优美的音乐和解说，存储在光盘中，为自己留下美好的回忆。用光盘可以长期保存电子影集数据，避免了普通彩色照片长时间保存后褪色的遗憾。

4. 多媒体通信应用

利用先进的多媒体通信技术，可以使分布在不同地理位置的人们就有关问题进行实时对话和实时讨论。

（1）视听会议

多媒体视听会议使与会者不仅可以共享图像信息，还可共享已存储的数据、图形、图像、动画和声音文件。在网上的每一会场，都可以通过窗口建立共享的工作空间，互相通报和传递各种信息，同时也可对接受的信息进行过滤，并可在会谈中动态地断开和恢复彼此的联系。

电视会议已成为当今最流行的协同工作方式，它能够节约大量财力，同时大大提高办公效率和劳动生产率。

（2）远程医疗

远程医疗是以多媒体为主体的综合医疗信息系统，医生远在千里之外就可以为病人看病。病人不仅可以接受医生的询问和诊断，还可以从计算机中及时得到处理方案。对于疑难病例，分散各处的专家们还可以联合会诊。

5. 智能办公与信息管理

（1）智能办公

采用先进的数字影像和多媒体技术，把文件扫描仪、图文传真机以及文件处理系统综合到一起，以影像代替纸张，用计算机代替人工操作，组成全新的办公自动化系统。

（2）信息管理

将多媒体技术引入管理信息系统（MIS）。其功能、效果和应用都会在原 MIS 系统基础上有进一步地提高。

信息咨询系统在引入多媒体技术后，使得人们查询信息更加方便快捷，所获得的信息更加生动、丰富。目前在旅游、交通等许多行业，这种多媒体信息咨询系统已得到了广泛应用。

四、多媒体技术的发展特点和方向

1. 多媒体技术的发展特点

多媒体技术的飞速发展导致了计算机应用领域的一场革命，把信息社会推向了一个新的历史时期，使人类生活进入了一个崭新的世界，对人类社会产生了深远的影响。多媒体技术的发展，显示出了以下几个特点：

（1）多学科交汇

多媒体技术的发展融合了计算机科学、微电子科学、声像技术、数字信号处理技术、网络与通信技术、人工智能等多门学科，而且有与更多科学联合的趋势。

（2）顺应信息时代发展的需要

现代人类文明的发展与进步，要求提供全方位的综合信息处理技术，提供信息表示和显示的全新工具。多媒体技术改善了人机之间的界面，使计算机应用更有效，更接近于人类习惯的信息交流方式。

信息空间正在走向多维化，人们思想的表达不再局限于顺序的、单调的、狭窄的范围，而是有了一个充分自由的空间，多媒体技术为这种自由提供了多维化空间的交互能力，人与信息、人与系统、信息与系统之间的交互方法发生了变革，顺应了信息时代的需要，必将推动信息社会的进一步发展。

（3）多领域应用

多媒体技术已经在人们的生活中得到了广泛地应用，用多媒体计算机进行家庭教育和个人娱乐已经成为一种时尚，多媒体技术必将渗入人们生活、工作的各个方面。

2. 多媒体技术的发展方向

未来多媒体技术将向着以下六个方向发展：

（1）高分辨化，以提高显示质量。

（2）高速度化，以缩短处理时间。

（3）简单化，以便于使用操作。

（4）高维化，向三维、四维或更高维发展。

（5）智能化，进一步提高信息识别能力。

（6）标准化，以便于信息交换和资源共享。

多媒体技术正在向自动控制系统、人机交互系统、人工智能系统、仿真系统等技术领域渗透，所有具有人机界面的技术领域都离不开多媒体技术的支持。这些相关技术在发展过程中创造出了许多新的概念，产生了许多新的观点，正在为人们所接受，并成为了重要的研究课题。

2.2.2 多媒体的关键技术和系统组成

 **学习目标**

➤ 掌握多媒体的关键技术

➤ 掌握多媒体系统的硬件组成

➤ 掌握多媒体系统开发软件

一、多媒体的关键技术

使计算机具有处理声音、文字、图像等媒体信息的能力是人们向往已久的，但这个理想直到 20 世纪 80 年代末，当人们在数据压缩技术、大规模集成电路（VLS1）制造技术、CD-ROM 大容量光盘存储器，以及实时多任务操作系统等方面取得突破性进展以后，多媒体技术的发展才成为了可能。下面就来了解一些支持多媒体的关键技术。

1. 数据压缩技术

数字化的图像包含大量的数据。例如，一帧 A4 幅面（21.6 cm×30 cm）的照片，如果用 12 点/mm（dpm）的分辨率采样，每个像素用 24 位彩色信号表示时的数据量是 25 MB。而 1 分钟的声音信号，用 11.02 kHz 的采样率，每个采样用 8 位表示时的数据量约是 660 KB。如果不经过数据压缩，实时处理数字化的声音和图像信息所需要的存储容量、传输率和计算速度都是当时的计算机难以承担的，所以说是数据压缩技术的突破打开了多媒体信息进入计算机的大门。

当前，对静止图像压缩通常采用专门的 JPEG（Joint Photographic Expert Group）算法，对视频图像采用 MPEG（Moving Picture Expert Group）、DVI

(Digital Video Interactive) 或 H. 261 算法，这些算法都是由具有相应算法标准的数字信号处理器来完成运算的。同时，针对不同用途的各种各样的压缩算法和压缩手段，又产生了实现这些算法的超大规模集成电路技术及软件技术。

2. 大规模集成电路（VLSI）制造技术

进行声音和图像信息的压缩处理要求进行大量计算，有些处理，例如视频图像的压缩还要求实时完成。这样的处理，如果能用计算机来完成，需要用中型计算机，甚至大型计算机才能胜任，高昂的成本将使多媒体技术无法推广。由于 VLSI 技术的进步使得生产低廉的数字信号处理器（DSP 芯片）成为可能。DSP 芯片是为完成某种特定信号处理任务而设计的，在通用计算机上需要多条指令才能完成的处理，在 DSP 上可用一条指令完成。DSP 的价格虽然低廉，但完成特定处理任务时的计算能力却与普通中型计算机相当。

例如，如果要以视频，即 30 帧/秒的速率，对一幅 256×256 像素分辨率的图像做一次运算，所需的计算速度约为 200 万次/秒。而做一次 3×3 窗口的卷积运算，则需要进行九次乘法和千次加法，要求每秒完成千万次运算，这样的运算速度中型机才能达到。与此相比，如采用由 INMOS 公司生产的 A110 芯片，就可以达到上述要求，而价格只需 100 多美元，所以说 VLSI 技术为多媒体技术的普及应用创造了必要条件。

3. 多媒体数据存储技术

数字化的媒体信息虽然经过压缩处理，仍然包含了大量的数据。例如，1.2 GB 容量的硬磁盘只能存储约 140 多分钟的视频图像，而且硬磁盘存储器的存储介质是不可交换的，所以不能用于多媒体信息和软件的发行，而大容量只读光盘存储器（CD-ROM）、一次写多次读光盘（CD-R）、可擦写光盘（CD-RW）、数字视频光盘（DVD）的出现，正好适应了这样的需要。

4. 实时多任务操作系统

多媒体技术需要同时处理声音、文字、图像等多种媒体信息，其中视频图像还要求实时处理。因为声音和图像的播放不能中断，视频图像要求以视频速率，即 30 帧/秒的速度更新图像数据。因此，需要能对多媒体信息进行实时处理的多任务操作系统。

5. 多媒体网络通信技术

20 世纪 90 年代以来，计算机系统以网络技术为中心得到迅速发展，要充分发挥多媒体技术对多媒体信息的处理能力，还必须与网络技术、通信技术相结合，这是因为多媒体在诸如可视电话、电视会议、视频点播、远程教育，以及需要远距离传送的以分布式多媒体系统为基础的计算机支持协同工作系统（简称 CSCW，如远程会诊、报纸共编）等方面拥有更广阔的应用前景，单用户计算机如果不借助网络，则无法获得更加丰富的、实时的多媒体信息，特别是在要求许多人共同对多媒体数据进行操作时，不依靠网络通信技术更是无法实施的。

多媒体技术和网络技术、通信技术之间的结合突破了计算机、通信、电子等传统领域的行业界限，把计算机的交互性、通信网络的分布性和多媒体信息的综合性融为一体，提供了全新的信息服务，将对人类的生活和工作方式产生深远的影响。

以上是与发展多媒体技术有关的主要技术问题。除此以外，还有许多重要的技术，例如，多媒体技术的标准化、多媒体应用软件的制作、多媒体空间组合和时间同步等。

二、多媒体系统的组成

一般的多媒体系统是由多媒体硬件系统、多媒体操作系统、媒体处理系统工具和用户应用软件构成，这 4 个部分的具体内容如下：

1. 多媒体硬件系统

多媒体硬件系统包括计算机硬件、声音/视频处理器、多种媒体输入/输出设备及信号转换装置、通信传输设备及接口装置等。其中，最重要的是根据多媒体技术标准而研制生产的多媒体信息处理芯片和板卡、光盘驱动器等。

（1）板卡类

包括音频处理卡、文/语转换卡、视频处理采集/播放卡、图形显示卡、图形加速卡、VGA/TV 转换卡、视频压缩/解码卡（MPEG 卡、JPEG 卡）、光盘接口卡、小型计算机系统接口（SCSI）和光纤连接接口（FDDI）。

（2）外设类

包括摄像机/录放机、数字照相机/头盔显示器、扫描仪、激光打印机、液晶显示器/显示终端机、光盘驱动器/光盘盘片制作机、光笔/鼠标/传感器/触摸屏、麦克风/扬声器、传真机（FAX）和可视电话机。

典型的多媒体计算机系统的硬件组成如图 2—13 所示。

2. 多媒体操作系统

多媒体操作系统或称为多媒体核心系统（Multimedia Kernel System），具有实时任务调度、多媒体数据转换和同步控制、对多媒体设备的驱动和控制，以及图形用户界面管理等功能。

多媒体操作系统一般是在已有操作系统基础上扩充和改造而来，或者重新设

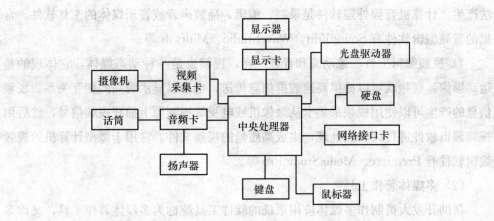

图 2—13 多媒体计算机系统的硬件组成

计。例如，Microsoft 公司在 PC 机上推出的 Windows XP 系列等。

3．媒体处理系统工具

媒体处理系统工具是多媒体系统重要组成部分。从系统工具的功能角度划分，可以分为以下几类。

（1）媒体处理工具

媒体处理工具是指对如文本、图形、图像、动画、视频、音频等多媒体信息进行处理的工具软件。下面简单介绍一些计算机上常用的图形、图像、动画、音频和视频编辑制作工具。

1）图形和图像编辑工具。图形和图像编辑是多媒体的基本处理技术。在多媒体系统的制作中，图形和图像信息一般需要进行专门处理，有时还要专门制作一些特殊的效果，这些工作需要使用图形和图像编辑工具。例如，常用于计算机图形制作的有 CorelDraw、AutoCAD 等软件，用于图像处理的有 Photoshop 等软件。

2）动画制作工具。计算机动画是利用计算机生成一系列可供实时演播的动态画面。它分为二维动画和三维动画。二维动画可以实现平面上的造型、位块移动、变形等；三维动画可以实现三维造型，模拟具有三维空间感的物质发生的变化。可以通过在三维空间中，使用虚拟摄影机、光源及物体运动和变化（形状、色彩等）的描述，逼真地模拟客观世界中真实的或虚拟的三维场景随时间而演变的过程。该过程所生成的一系列画面可在显示屏上动态演示，也可将它们记录在电影胶片上或转换成视频信息输出到录像带或光盘上。常用于微型计算机的二维动画制作软件有 AnimatorPro 等，三维动画制作软件有 3ds max 等。

3）音频编辑工具。音频包括语音和音乐，它们也是一种动态媒体。音频媒体可以描述声音及其顺序，给人们以时序的感觉。语音和音乐都可以用人工合成的方法产生。计算机音频处理软件是录制、编辑、播放声音或音乐媒体的工具软件。常见的音频编辑软件有 SoundEdit、WaveStudio、Midisofi 等。

4）视频编辑工具。像动画和音频一样，视频也是一种动态媒体，它体现的是运动影像。视频既可以提供高速数据信息传送，也可以显示瞬间的相互关系。视频信息的产生可以使用视频采集卡从录像机或电视等视频源上捕获视频信号，然后用视频编辑软件进行编辑或处理，生成高质量的视频文件。常用于微型计算机的视频编辑软件有 Premiere、MediaStudioPro 等。

（2）多媒体著作工具

帮助开发人员制作多媒体应用系统的软件工具统称为多媒体著作工具，又称多媒体制作工具。它是一种高级程序语言或命令的集合，能够方便用户编制多媒体应用程序，即使制作人员没有程序设计的基础，也能够较快地掌握并利用多媒体著作工具调用各种各样的多媒体硬件装置与多媒体文件，将文字、图形、图像、动画、音频、视频等媒体有机组合在一起，形成一个多媒体应用系统。

多媒体著作工具按素材或事件的排列和组织方式不同，可以分为基于卡片和页面、基于图符或流线、基于时间，以及程序设计语言 4 种类型。

1）卡片和页面方式。这类多媒体工具用一页或一叠卡片来组织文件与数据，最适合制作拥有一系列类似的文件、一堆卡片式的数据或百科全书之类的多媒体应用系统。该类多媒体著作工具常见的有 ToolBook、HyperCard 等。

2）图符或流线方式。这类多媒体工具以对象或事件的顺序来组织数据，并且以流程图为主干，将各种图表、声音、视频和按钮等连接在流程图中，形成完整的多媒体应用系统。使用这类多媒体工具必须先使用多媒体素材编辑工具准备各种多媒体信息，再使用该类工具的程序设计语言调用它们，然后集成或组织多媒体素材形成一个多媒体应用系统。该类多媒体著作工具常见的有 Authorware、IconAuthor 等。

3）时间方式。这类多媒体工具以时间顺序来组织数据或事件，这种顺序是以帧为单位播放的，该类著作工具常见的有 Director、Action 等。

4）程序设计语言方式。该方式适合于开发大型、复杂的多媒体应用系统。

（3）媒体播放工具

媒体播放工具可以直接在计算机上播出多媒体文件，也可以在消费类电子产品中播出多媒体文件。

（4）其他各类媒体处理工具

包括多媒体数据库管理系统、Video-CD 制作节目工具、基于多媒体板卡（如

MPEG 卡）的工具软件、多媒体出版系统工具软件、多媒体 CAI 制作工具等，还有各式 MDK（多媒体开发平台）。

4. 用户应用软件

用户应用软件是根据多媒体系统终端用户要求而定制的应用软件，如特定的专业信息管理系统、语音、Fax/数据传输调制管理应用系统、多媒体监控系统、多媒体 CAI 软件、多媒体彩印系统等。

除上述面向终端用户定制的应用软件外，另一类是面向某一领域的用户应用软件系统，如多媒体会议系统、视频点播服务（VOD）等，医用、家用、军用、工业等已成为多媒体的重要应用领域，多领域应用的特点和需求，推动了多媒体系统用户应用软件的研究和发展。

2.3　数据库基础知识

2.3.1　数据库与数据库系统

 **学习目标**

> ➤掌握数据库的概念
> ➤掌握数据管理的三个阶段
> ➤掌握数据库技术的发展趋势

一、数据库的概念

借助于集合论的概念，人们可以把数据库定义为：数据库是为满足某一组织中众多用户的许多应用系统的需要，而在计算机系统中所建立起来的相互关联的数据的集合，这些数据按照一定的数据模型来组织和存储，并能为所有的应用业务所共享。

所谓组织，是指一个独立存在的单位，可以是学校、公司、银行、工厂或机关单位等。

所谓数据的集合，是指组织运行的各种相关数据。例如，一个企业或公司的订单数据、库存数据、经营决策数据、计划数据、生产数据、销售数据和成本核算数据等，这些数据可以通过各种电子的原始单据、测试或统计分析存放在数据库中，数据的最小单位是数据项（或字段）或者记录，记录由数据项组成。

二、数据管理技术的发展历史

计算机的早期应用主要是科学计算，以解决国防、工程以及科学研究等方面的复杂数值计算问题。从 20 世纪 60 年代后期开始，计算机技术从科学计算迅速扩展到数据处理领域。

1. 计算机数据处理的特点

所谓数据处理，就是对原始数据进行科学地采集、整理、存储、加工和传送，从繁杂的数据中获取所需的资料，提取有用的数据成分作为指挥生产、优化管理的决策依据的过程。计算机对这类数据的处理也称为数据密集型应用，它具有如下几个特点：

（1）涉及的数据量大，而计算机内存中只能存放一小部分，大部分数据都将保存在磁盘等辅助存储器中。

（2）数据需长期保留在计算机系统中，并不随某个程序的执行完毕而消失。

（3）数据常常需要共享（包括供多个单位、多个应用程序共享）。

管理这种大量的、长期的和共享的数据是计算机应用面临的共同问题，随着数据处理的不断深化，数据处理的规模越来越大，数据量也越来越大，数据处理已成为数据库系统应用的基础领域。为了解决多用户、多应用共享数据的需求，使数据为尽可能多的应用服务，数据库技术应运而生，出现了统一管理数据的专门软件系统，即数据库管理系统。

应用的需求是数据库技术发展的动力。数据库管理系统的出现，使信息系统的重心发生了转移，从以加工数据的程序为中心转向以数据共享为核心。

数据库系统的显著特点是可靠的数据存储与管理（含共享）、高效的数据存取和方便的应用开发等，因而数据库系统受到了用户的欢迎，获得了广泛的应用。从小型单项事务处理系统到大型信息系统，从联机事务处理（On-Line Transaction Processing，OLTP）到联机分析处理（On-Line Analytical Processing，OLAP），从传统的企业管理到计算机辅助设计与制造（Computer-Aided Design/Computer-Aided Manufacturing，CAD/CAM）、计算机集成制造系统（Computer Integrated Manufacturing System，CIMS）、办公信息系统（Office Information System，OIS）、地理信息系统（Geographic Information System，GIS）等，都离不开数据库管理系统。正是这些不断涌现的应用要求，又不断地推动了数据库技术的更新换代。

2. 数据管理技术经历的阶段

数据管理技术经历了由低级到高级、由简单到逐步完善的发展历程。这个历程可以大体归为三个阶段：人工管理阶段、文件系统阶段和数据库管理系统阶段。

（1）人工管理阶段

计算机在其诞生初期，人们还是把它当做一种科学计算工具。不同的用户针对不同的求解问题，均要编制各自的求解程序，整理各自程序所需要的数据，数据的管理完全由用户自己负责，这就是人们所说的数据的人工管理阶段。这个阶段有如下几个显著特征：

1）计算机系统不提供对用户数据的管理功能。用户编制程序时，必须全面考虑好相关的数据，包括数据的定义、存储结构以及存取方法等。程序和数据是不可分割的整体。数据脱离了程序就无任何存在的价值，数据无独立性。

2）数据不能共享。不同的程序均有各自的数据，这些数据不可共享；即使不同的程序使用了相同的一组数据，这些数据也不能共享，程序中仍然需要各自加入这些数据。由于数据的不可共享性，必然导致程序与程序之间存在大量的重复数据，浪费了存储空间。

3）不单独保存数据。由于数据与程序是一个整体，数据只为各自的程序所使用，数据只有与相应的程序一起保存才有价值，否则就毫无用处。

（2）文件系统阶段

为了方便用户使用计算机、提高计算机系统的使用效率，产生了以操作系统为核心的系统软件，以有效地管理计算机资源。文件是操作系统管理的重要资源之一，操作系统提供了文件系统的管理功能。在文件系统中，数据以文件的形式组织与保存，文件是一组具有相同结构的记录的集合，记录是由某些相关数据项组成的。数据被组织成文件后，就可以与处理它的程序相分离而单独存在，数据按其内容、结构和用途的不同，可以组织成若干不同命名的文件，文件一般为某一用户（或用户组）所有，但也可供指定的其他用户共享。文件系统还为用户程序提供了一组对文件进行管理与维护的操作命令，包括文件的新建、打开、读/写和关闭等。用户程序可以调用文件系统提供的操作命令来建立与访问文件，文件系统就成了用户程序与文件之间的接口。用户在设计应用程序时，只要按文件系统的要求，考虑数据的逻辑结构和特征、规定的组织方式与存取方法，来新建和使用相应的数据文件，而不必关心数据的物理存储等各方面的具体实现细节，这就简化了用户程序对数据的直接管理功能，提高了系统的使用效率，对数据的管理也因此进入了所谓的文件系统阶段。这个阶段的数据管理虽然较人工管理阶段迈进了一大步，但它仍具有如下弊端：

1）文件系统提供的功能有限，不能满足应用程序对数据访问日益增长的要求。例如，数据的查询与修改是很多应用系统中都需要的功能，但文件系统却没有，用户要编写这样的应用程序，就必须清楚地了解涉及哪些文件以及这些文件的逻辑结构和物理结构。这就增加了用户编程的困难，影响了编程效率。此外，如果多个应用程序都需要查询某个文件的数据，则每个应用程序都要编写具有查询功能的程序，这就导致应用程序在功能上的重复。

2）数据的冗余和不一致性。用户针对某个应用可以编制独立的程序和相应的文件（一个或多个），这些文件可以为其他用户共享。然而，对于不同的应用程序，通常对文件内容的要求是不同的，例如，某公司人事管理系统应用程序中，人事部门需要能详细反映每个职工情况的人事档案文件，数据量较大，而保卫部门通常只需要姓名、年龄、单位等信息，数据量较小。为了兼顾不同应用的要求，在设计文件时，往往出现数据的冗余，浪费了存储空间。在存在多个文件的情况下，要实现文件的共享还可能导致数据的不一致性，例如，在银行储蓄系统中，某个储户的地址与电话号码可能出现在储蓄账户记录文件和支票账户记录文件两个文件中，如果该储户的电话号码改了，但仅修改了这两个文件中的一个，另一个没有同步修改，就会导致储蓄系统中同一数据在文件中存储的不一致性。

3）数据的无结构性。独立文件中的数据往往只表示客观世界中单一事物的相关数据，而不反映各种相关事物之间的联系。

（3）数据库管理系统阶段

为了从根本上解决数据与程序的相关性这一问题，使数据成为一种共享的资源，方便用户进行集中、统一的有效管理，为各种应用系统提供共享服务，大型的数据处理软件——数据库管理系统应运而生。

数据库管理系统的出现，把人们对数据管理的水平提高到了一个崭新的高度，是当前人们进行数据管理的主要形式。

三、数据库技术的发展趋势

自20世纪70年代埃德加·考特（E. F. Codd）提出关系数据模型和关系数据库后，数据库技术得到了蓬勃的发展，应用也越来越广泛。但是随着应用的不断深入，人们又发现了大量的实际问题，使关系数据库无能为力，甚至根本就无法解决。例如，在实际应用中，人们除了需要处理整型、数值型、字符型数据的简单应用外，还需要存储并检索复杂的嵌套数据、复合数据（如集合、数组、结构）、多媒体数据（如图像、语音、文本）、用计算机辅助设计（CAD）绘制的工程图纸和用地理信息系统（GIS）提供的空间数据等，关系数据库都无法实现对它们的管理，正是实际中涌现出这样许多的问题，促使数据库系统技术不断向前发展。

数据库系统由数据、计算机硬件、软件和应用环境构成，其中任何一方的变化和发展，都必然引起数据库系统的变化和发展，导致数据库领域的日新月异。

目前，数据库技术的研究呈现百花齐放的局面，涌现出了许多不同类型的新型数据库系统。例如，面向对象的数据库、工程数据库、分布式数据库、演绎数据库、科学数据库、主动数据库、统计数据库、多媒体数据库和并行数据库等。

1. 面向对象的数据库系统

由于基于关系数据库等数据库系统的局限性，不能很好地解决 CAD/CAM、计算机辅助软件工程 CASE 等方面的复杂应用，数据库研究人员借鉴和吸收了面向对象的方法和技术，提出了面向对象的数据模型和对象关系模型。面向对象的数据库管理系统（Obiect-Oriented DBMS，OODBMS）及其相关的工具也随之进入了市场。

面向对象模型的基础是面向对象的程序设计方法，例如，人们所熟悉的 C++，Java，Visual Basic 等程序设计语言，因此人们可以说，面向对象的模型是面向对象的程序设计方法在数据库技术中的延伸。面向对象建模的基本思想是把现实世界抽象成为对象的集合，对象与对象之间通过调用、继承和包含关系相互作用，现实世界的状态变化就是对象之间相互传递信息作用的结果。

早期的面向对象的数据库实际上是一种将面向对象编程中所建立的对象自动保存在辅助存储设备上的文件系统，一旦程序中止后，它可以自动按另一程序的要求取出已存入的对象。第二代面向对象数据库将关系模型与面向对象的程序设计语言（Object-Oriented Program Language，OOPL）中面向对象的核心概念结合了起来（包括将数据和程序封装到对象中、对象标识、多重继承和嵌套对象等），并且将传统的关系型语言（ANSI SQL）和调用级界面进行扩充，使之成为面向对象的 SQL 语言及相应的调用级界面。

2. 数据库技术与多学科技术的有机结合

数据库技术与计算机网络技术、人工智能技术、并行处理技术和面向对象的程序设计技术等相互渗透和相互结合，成为数据库技术发展的主要特征。这种渗透与结构使数据库中新的技术层出不穷，新的学科分支不断涌现，并产生了一系列数据库系统。下面简要介绍几种常用的数据库系统。

（1）分布式数据库系统

由于计算机硬件系统与通信系统的发展，产生了计算机网络与分布式（处理）系统。在现实世界中，一组有关的数据分别存放在不同地理位置的计算机上，这些计算机系统通过计算机网络相互连接成一个整体，由一个称之为分布式数据库管理系统的软件对它们进行统一的管理，这样的系统就称之为分布式数据库系统（Distributed Database System，DDBS）。分布式数据库系统具有如下的特征。

1）分布式数据库本身是分布的，可扩充性强，能很好地适应一个单位的具体需求，用户可以根据自己的实际需要与能力（如所要处理事务的性质、业务的需要等）来构建自己的分布式网络系统，如果单位经济比较紧张，开始时可少建一些结点，以后需要扩大时再增加一些结点。

2）由于数据是分布的，通常处理也是分布的，也就是说位于本地计算机上的数据通常由本地计算机处理，减轻了对网络服务器的处理要求，提高了整个系统的处理能力。

3）由于数据是相关的，要为各个用户所共享，但是异地访问的数据往往比本地访问的数据要少得多，因而减少了通信的开销，提高了系统的性能。

4）由于数据分布在不同位置的计算机上，某些计算机系统出了故障，其他结点的计算机仍可正常工作，不会导致整个数据的破坏。如果进一步采用数据冗余技术（例如对某些重要的数据，定期复制到其他结点计算机上），还可以使得整个系统具有一定的容错能力。

作为一个良好的分布式数据库系统，需要很好地解决分布式数据库的维护和数据一致性的问题，解决分布环境下的数据安全保密问题。这些都具有较大的技术难度。

（2）多媒体数据库

多媒体数据库是数据库技术与多媒体技术结合的产物。多媒体数据库不是对现有的数据进行界面上的包装，而是从多媒体数据与信息本身的特性出发，考虑将其引入到数据库中之后而带来的有关问题。多媒体数据库从本质上来说，要解决三个难题。第一是信息媒体的多样化，不仅仅是数值数据和字符数据，要扩大到多媒体数据的存储、组织、使用和管理。第二要解决多媒体数据集成或表现集成，实现多媒体数据之间的交叉调用和融合，集成粒度越细，多媒体一体化表现才越强，应用的价值也才越大。第三是多媒体数据与人之间的交互性，没有交互性就没有多媒体，要改变传统数据库查询的被动性，能以多媒体方式主动表现。

多媒体数据具有如下特点：

1）数据量大，特别是图像数据（如影视信息等）。

2）语音和影视还与时间相关，并且不像文本数据那样具有固定格式的记录形式，而是非结构化的。

关于多媒体数据库技术，在 20 世纪 80 年代就已开始研究，目前仍然是数据库界研究的热点课题。

（3）工程数据库

工程数据库是指适合于计算机辅助设计（CAD）、计算机辅助制造（CAM）、计算机集成制造系统（CIMS）、地理信息处理和军事指挥、控制、通信（C^3I 及 C^4I）等工程应用领域中所使用的数据库，也可称为 CAD 数据库、设计（自动化）数据库或技术数据库等。工程数据库的数据模型超越了传统的层次数据模型、网状数据模型和关系数据模型，它有待更深入地开展研究。

由于工程数据库管理的数据主要是在工程设计中产生的数据，包括 CAD 结构数据、图形数据以及计算数据（有限元分析、气动力计算等），这些工程数据的特点是结构复杂，相互间联系密切，数据存取量大。因此，作为工程数据库管理系统，除了与一般事务数据库管理系统一样都是为创建数据库提供支持外，在对数据库管理能力的要求上也有很大的差别。工程数据库管理系统（EDBMS）要求支持多种工程应用程序、动态模式的修改与扩充、设计和反复试探过程、在数据库中嵌入语义信息、存储和管理设计中的多个数据库版本、复杂的抽象层次表示、变长非结构数据实体的处理和工程事务的处理等。

3. 面向实际应用的数据库研究

面向实际应用的数据库研究是指为了更好地适应现实世界中丰富多彩的应用需要，结合各个实际应用中的具体情况，研究适应某个应用领域的数据库技术。例如，统计数据库、科学处理数据库、并行数据库、模糊数据库、时态数据库、GIS空间数据库、数据仓库和 Web 数据库等。

2.3.2　数据库系统的组成与结构

 **学习目标**

➢掌握数据库系统的组成
➢掌握数据库系统的分层结构

一、数据库系统的组成

数据库系统（Database System）是指一个完整的、能为用户提供信息服务的系统，它由以下三大部分组成：

1. 计算机系统和计算机网络

计算机系统和计算机网络主要包括相关的硬件和系统软件，是基本的物质基础。

2. 数据库与数据库管理系统

在数据库系统中，数据的定义与应用系统程序是分开的，对数据库的描述是独立的，从而保证了数据库可以为许多应用系统所共享。在构造数据库时，可完全地或部分地消除有关文件中的重复数据，减少数据的冗余存储。

（1）数据库管理系统是介于数据库与用户应用系统之间的一个管理软件，用来完成数据库的建立、维护和使用等。

对于数据库应用人员来说，数据库管理系统能为他们提供各种有关数据库的服务功能（包括数据库的定义、数据库的查询与记录的更新、插入与删除等），使他们不用关心这些数据库提供的服务功能是如何具体实现的。对于数据库来说，数据库管理系统要实现的功能包括：

1）对数据的存储管理，解决多用户共享数据库时可能产生的冲突。

2）保证数据的正确性、一致性和完整性。

3）提供对数据库访问的安全机制。

4）防止非法用户进入数据库管理系统，对数据进行非法窃取或非法修改。

（2）数据库管理系统是数据库系统的核心。

数据库管理系统是由专业计算机公司提供的通用软件产品，其功能随产品的不同而异，用户可根据自己的实际需要从市场上购买。市场上较流行的数据库管理系统有 Oracle，Sybase，SQL Server，FoxPro，Informix 和 Access 等。

购买了数据库管理系统后，还必须配备数据库管理人员，由他们负责对数据库系统进行管理与控制，以保证数据库系统的正常工作。他们也可以参与数据库的设计。

3. 基于数据库的应用软件系统

建立数据库和使用数据库管理系统的目的是为了管理好数据，为用户访问数据提供方便，从而简化用户应用系统的开发，更好地解决最终用户的各种各样的业务信息管理问题。

没有这些应用软件系统，数据库系统就会变得毫无价值。

二、数据库系统的分层结构

为了解决对数据的抽象认识，可将数据库系统中的数据按从底向上的顺序描述成如下的 3 层分层结构：物理层、逻辑层、视图层。

1. 物理层

物理层是数据库系统最低层对数据的描述，给出了复杂而详细的底层数据结构，具体说明数据库中的数据在存储介质上是如何存放的，以及对这些数据的相关操作。它的具体实现需要利用计算机操作系统的功能。

2. 逻辑层

逻辑层是一个中间层，是针对数据库管理系统的管理人员需要而设计的，该层描述的是数据库中应当存储哪些数据以及这些数据相互之间存在哪些关系。至于它们在物理层的实现，用户不必知道，用户只要确定数据库中应该保存哪些数据即可。

3. 视图层

视图层处于最高层，是针对广大数据库用户而设计的。

尽管处于中间层次的逻辑层使用了比较简单的设计结构，但由于数据库的规模巨大，而且多数用户并不关心数据库中的所有信息，而只需访问其中的一部分。为了降低用户使用数据库管理系统的复杂性，使用户与系统的交互变得简单，因此，在系统与用户的交互方面建立了所谓的视图层，系统可为同一数据库提供多个视图。

在视图层上，用户所看到的只是一组应用程序和若干个视图，这些视图是在视图层上定义的，它屏蔽了数据库逻辑层的实现细节，还提供了防止非法用户访问数据库某些部分的安全机制。一个视图就像是一个窗口，它从某个特定的视角来反映数据库。

2.4　信息安全技术

2.4.1　信息安全概述

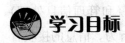 学习目标

➢ 掌握信息安全技术面临的威胁

➤掌握信息安全的内容以及操作系统和数据库安全的内容

一、信息安全面临的威胁

1. 非授权访问

非授权访问是指某些非法用户有意避开系统访问控制机制，对网络资源进行非正常使用，或擅自扩大权限，越权访问信息。

2. 信息泄漏或丢失

信息泄漏或丢失是指敏感数据在有意或无意中被泄露或丢失。如通过对信息流向、流量、通信频度和长度等参数的分析，推断出诸如用户的用户名、口令等重要信息；信息在存储介质中丢失或泄漏，通过建立隐蔽通道窃取敏感信息等。

3. 破坏数据完整性

如以非法手段窃得对数据的使用权，删除、修改、插入或重发某些重要信息，以取得有益于攻击者的响应；恶意添加、修改数据，以干扰用户的正常使用。

4. 计算机病毒传播

通过网络传播计算机病毒，往往在极短的时间内产生大范围的感染，破坏性很大。

5. 攻击网络服务系统

如对网络服务系统进行干扰，改变其正常的作业流程；执行攻击程序，使系统响应减慢甚至瘫痪，影响正常用户的使用。

6. 间谍软件

间谍软件是指未经用户同意安装于用户终端的一种实施数据窃取或远程监控的恶意程序。

二、信息安全的内涵

1. 信息安全的概念

信息安全是指信息网络的硬件、软件及其系统中的数据受到保护，不受偶然的或者恶意的原因而遭到破坏、更改、泄漏，系统连续可靠正常地运行，信息服务不中断。确保信息在产生、传输、使用、存储等过程中的保密性（即信息的内容不能泄漏）、完整性（存储在计算机上或在网络上流动的信息没有被破坏或恶意篡改）、可用性（合法用户提出访问时能及时响应）、可控性（可以监督和管理信息处理）和不可否认性（在网络环境下，信息的发送者不可否认其发送行为，信息的接收者不可否认其已经接收信息的行为）等。

2. 计算机信息安全技术的层次

计算机信息安全技术分两个层次：第一层次为计算机系统安全，第二层次为计算机数据安全。针对这两个层次，可以采取相应的安全技术。

计算机系统安全包括物理安全和网络安全。

3. 信息安全的内容

信息安全的内容包括操作系统安全、数据库安全、网络安全、存取控制、密码技术和病毒防护等几个方面的内容。

（1）操作系统安全

操作系统安全是指操作系统对计算机系统的硬件和软件资源能进行有效控制，并对所管理的信息资源提供相应的安全保护。

（2）数据库安全

数据库安全是指计算机系统中所存储的各种有用信息资源能够保持完整，并且能够随时被正确地调用。

（3）网络安全

网络安全从其本质上讲，就是网络上的信息安全，凡是涉及网络上信息的保密性、完整性、可用性、真实性、可控性的相关技术和理论都是网络安全的研究领域。

（4）存取控制

存取控制是指对数据和程序的读、写、修改、删除和执行等操作进行控制，防止信息资源被非法获取和破坏。

（5）密码技术

密码技术是指通过加密，使信息变成某一种特殊的形式，如果不懂得解密技术，得到这种信息也无法还原，使之不能使用，这是一种加密保护的措施。常用的密码技术还有身份验证，即不通过某种身份证明，无法进入信息存储路径，不能获取信息。

（6）病毒防护

病毒防护是指预防病毒侵入计算机系统。通过采取防护措施，可以准确、实时地监测病毒的传播，能够在病毒侵入系统之前发出警报，能够记录携带病毒的文件，能够清除病毒。

三、操作系统安全

操作系统是最贴近计算机硬件的软件系统，也是计算机运行和编程的基础。因此，操作系统需具备必要的安全性。操作系统提供的安全服务应包括内存保护、文件保护、存取控制和存取鉴别等，以防止由于用户程序缺陷而损害系统。操作系统采取的安全措施主要有：访问控制、存储保护、文件保护与保密等。

文件保护是为了防止由于用户误操作而对文件造成破坏，保密措施则是为了防止未经授权的用户对文件进行访问。一般为文件的存取设置两级控制：第一级是对访问者的识别，即规定哪些用户可以对文件进行操作；第二级是存取权限的识别，即访问者可对文件执行何种操作。

为实施第一级控制，通常将用户分为三类：文件创建者（即文件主）、文件主合作者和其他用户。

为实施第二级控制，可设置几种基本存取权限：R（只读）、W（可写）、E（可执行）、N（不允许任何操作）。保证文件系统安全，防止各种物理性破坏及人为破坏的常用措施是备份，即保持多个副本，并利用转储操作来完成备份工作，这样一旦文件被破坏，便可通过备份措施来进行恢复。

四、数据库安全

数据库安全性通常是指保护数据库不受恶意访问。所谓的"恶意访问"是指未经授权读取数据（窃取信息）、未经授权修改数据和未经授权消除数据等情形。

完全杜绝对数据库的恶意访问是不可能的，但可以使那些企图在没有适当授权情况下访问数据库的恶意访问者付出足够高的代价，以阻止绝大多数这样的访问企图。

1. 层次上的安全性措施

为了保护数据库，必须在以下几个层次上采取安全性措施。

（1）物理层

计算机系统所位于的结点（一个或多个）必须在物理上受到保护，以防止入侵者强行闯入或暗中潜入。

（2）人员层

对用户的授权必须格外小心，以减少授权用户因为某些利益而给入侵者提供访问机会的可能性。

（3）操作系统层

不管数据库系统有多么安全，操作系统安全性方面的弱点总是可能成为对数据库进行未授权访问的一种手段。

（4）网络层

由于几乎所有的数据库系统都允许用户通过终端或网络进行远程访问，所以，网络软件的软件层安全性和物理安全性一样重要，不管是在 Internet 上还是在企业私有的网络内。

（5）数据库系统层

数据库系统的某些用户获得的授权可能只允许其访问数据库中有限的部分。而另外一些用户获得的授权可能允许其提出查询，但不允许其修改数据。保证这样的授权限制不被违犯是数据库系统的责任。

为了保证数据库安全，必须在上述所有层次上进行安全性维护。如果较低层次（物理层或人员层）上的安全性存在缺陷，那么高层安全性措施即使再严格也有可能被绕过。

在许多实际应用中，为保持数据库的安全性而付出相当大的努力是很值得的。包含工资或其他财务数据的大型数据库对窃贼来说是颇具吸引力的目标。包含有关公司运作数据的数据库可能是不道德的竞争对手的兴趣所在。这些数据的丢失，不管是偶然的还是故意的，都会严重地破坏公司的运作能力。

2. 通过权限和授权实现安全管理

对数据库系统而言，主要通过权限和授权来实现安全管理，其中包括：

（1）read 权限

允许读取数据，但不允许修改数据。

（2）insert 权限

允许插入新数据，但不允许修改已经存在的数据。

（3）update 权限

允许修改数据，但不允许删除数据。

（4）delete 权限

允许删除数据。

（5）index 权限

允许创建和删除索引。

（6）resource 权限

允许创建关系。

（7）alteration 权限

允许添加和删除关系中的属性。

（8）drop 权限

允许删除关系。

最大的权限是给数据库管理员的。数据库管理员可以给新用户授权，可以重构数据库等。这一权限形式类似操作系统中提供给超级用户或操作员的权限。

获得了某种形式授权的用户可能被允许将此授权传递给其他用户。但是，对于授权怎样在用户间传递，必须格外小心，以保证这样的授权在未来的某个时候可以被收回。

2.4.2　计算机病毒预防

 **学习目标**

➤了解计算机病毒的定义及其特征和分类

➤熟悉常见计算机病毒的危害

➤掌握计算机病毒的预防和清除技术

➤熟悉常用查杀病毒软件

一、计算机病毒的定义及其特征

计算机病毒（Computer Virus）在《中华人民共和国计算机信息系统安全保护条例》中被明确定义为："编制或者在计算机程序中插入的破坏计算机功能或者毁坏数据，影响计算机使用，并能自我复制的一组计算机指令或者程序代码"。

1. 计算机病毒的特征

（1）传染性

计算机病毒随着正常程序的执行而繁殖，随着数据或程序代码的传送而传播。因此，它可以迅速地在程序之间、计算机之间、计算机网络之间传播。

（2）隐蔽性

病毒程序一般很短小，在发作之前人们很难发现它的存在。

（3）触发性

计算机病毒一般都有一个触发条件，具备了触发条件后病毒便会发作。

（4）潜伏性

病毒可以长期隐藏在文件中，而不表现出任何症状。只有在特定的触发条件下，病毒才开始发作。

（5）破坏性

病毒发作时会对计算机系统的工作状态或系统资源产生不同程度的破坏。

概括地说，计算机病毒是人为设计的具有自我复制能力的特制程序，它具有很强的传染性、一定的隐蔽性、特定的触发性和很大的破坏性。

2. 计算机病毒的分类

计算机病毒的发展经历了 DOS 引导阶段、DOS 可执行阶段、伴随和批次型阶段、幽灵和多形阶段、生成器和变体机阶段、网络和蠕虫阶段、视窗阶段、宏病毒阶段、互联网阶段、Java 和邮件炸弹阶段等。

根据计算机病毒的特点及其特性不同，计算机病毒的分类方法有多种。可以按照计算机病毒攻击的系统分类、按照病毒的攻击机型分类、按照计算机病毒的链接方式分类、按照计算机病毒的破坏情况分类、按照计算机病毒的寄生部位或传染对象分类、按照病毒的传播媒介分类、按照病毒寄生方式和传染途径分类。

（1）按照计算机病毒的破坏情况分类

按照计算机病毒的破坏情况不同可将病毒分为良性计算机病毒和恶性计算机病毒两类。

1）良性计算机病毒是指其不包含有立即对计算机系统产生直接破坏作用的代码。这类病毒为了表现其存在，只是不停地进行扩散，从一台计算机传染到另一台计算机，并不破坏计算机内的数据。

2）恶性计算机病毒是指在其程序代码中包含有损伤和破坏计算机系统的操作指令，在其传染或发作时会对系统产生直接的破坏作用。

（2）按照计算机病毒的传播媒介分类

按照计算机病毒的传播媒介不同，可将计算机病毒分为单机病毒和网络病毒。

1）单机病毒的载体是磁盘。

2）网络病毒的传播媒介不再是移动式载体，而是网络通道，这种病毒的传染能力更强，破坏力更大。

计算机病毒的破坏行为体现在病毒对计算机系统的杀伤能力上。病毒破坏行为的激烈程度取决于病毒制造者的主观愿望和其所具有的技术能量。数以万计、不断发展扩张的病毒，其破坏行为千奇百怪，不可能穷举，很难作出全面的描述。根据现有的病毒资料可以把病毒的破坏目标和攻击部位归纳如下：

攻击系统数据区、攻击文件、攻击内存、干扰系统运行、导致速度下降、攻击磁盘、扰乱屏幕显示、干扰键盘、攻击 CMOS、干扰打印机等。

二、常见计算机病毒的危害

计算机病毒对计算机系统的危害主要体现在以下几个方面：

（1）破坏磁盘文件的分配表或目录区，使用户磁盘上的信息丢失。

（2）删除硬盘和移动存储设备上的可执行文件或覆盖文件。

（3）修改或破坏文件和数据。

（4）影响内存常驻程序的正常执行。

（5）在磁盘上标记虚假的坏区，从而破坏有关的程序或数据。

（6）更改或重写磁盘的标记号。

（7）对可执行文件反复复制，造成磁盘存储空间减少，并影响系统运行效率。

（8）对整个磁盘进行特定的格式化，破坏整个磁盘的数据。

（9）使系统关闭，造成显示器或键盘处于被锁定状态。

（10）破坏主板上的基本输入/输出系统（BIOS），造成主板无法启动。

三、计算机病毒的预防和清除

病毒在计算机之间传播的途径主要有两种：一种是在不同计算机之间使用移动存储设备交换信息时，隐蔽的病毒伴随着有用的信息传播出去；另一种是在网络通信过程中，随着不同计算机之间的信息交换，造成病毒传播。由此可见，计算机之间信息交换的方法便是病毒传染的途径，这与人们生活中的"病从口入"的含义完全相同。

为保证计算机运行的安全有效，在使用计算机的过程中要特别注意对病毒传染的预防，如发现计算机工作异常，要及时进行病毒检测和杀毒处理。建议用户采取以下措施：

（1）要重点保护好系统盘，不要写入用户的文件。

（2）尽量不使用外来存储设备，必须使用时要先进行病毒检测。

（3）计算机上要安装对病毒进行实时检测的软件。

（4）使用网络下载软件前，应先确认其是否携带病毒，可用防病毒软件进行检查。

（5）对重要的软件和数据定时备份，以便在发生病毒感染而遭到破坏时，可以恢复系统。

（6）定期对计算机进行检测，及时清除（杀掉）隐藏的病毒。

一般的用户也可利用反病毒软件来清除病毒。反病毒软件具有对特定种类的病毒进行检测的功能，有的软件可以查出几十种甚至几百种病毒。利用反病毒软件清除病毒时，一般不会因清除病毒而破坏系统中的正常数据。

除了向软件商购买正版查（杀）病毒软件外，还要及时更新查（杀）病毒软件。现在，大多数查（杀）病毒软件的发布、版本的更新均可以通过 Internet 进行。

四、常用的杀病毒软件

目前常用的杀病毒软件有瑞星杀毒软件系列、江民杀毒软件系列、金山毒霸系列、诺顿防病毒系列、卡巴斯基反病毒软件等。

1. 瑞星（Rising）

瑞星首创"行为判断查杀未知病毒"技术，不仅可以查杀 DOS、邮件、脚本以及宏病毒等未知病毒，还可自动查杀 Windows 未知病毒，并将预防病毒能力拓展到防范 Windows 新病毒。瑞星杀毒软件支持多种压缩格式，如 ZIP，GZIP，ARJ，CAB，RAR，ZOO，ARC 等，并且支持多重压缩以及对 ZIP、RAR、ARJ、ARC、LZH 等多种压缩包内文件的杀毒。

2. 金山毒霸

金山毒霸可以查杀超过 2 万种病毒和近百种黑客程序，除传统的病毒外，还能查杀最新的 Access、PowerPoint、Word、Java、HTML、VBScript 病毒，具备完善的实时监控（病毒防火墙）功能，支持 ZIP，RAR，CAB，ARJ 等多种压缩格式，支持 e-mail、网络查毒，具有功能强大的定时自动查杀功能。

3. 诺顿

诺顿（Norton AntiVirus）是一套强有力的防毒软件，它可侦测上万种已知和未知的病毒，并且每当开机时，自动防护程序便会常驻在系统托盘，当用户从磁盘、网络、e-mail 文档中开启档案时，它便会自动侦测档案的安全性。若档案内含有病毒，便会立即发出警告，并作适当的处理。另外，它还附有自动更新功能，可自动连上赛门铁克（Symantec）的文件服务器（FTP Server），下载最新的病毒库，下载完后自动完成安装。

五、木马的概念及防治

1. 木马的概念

"特洛伊木马"（Trojan horse）简称"木马"，这个名称来源于古希腊故事"木马屠城记"，寓意"一经潜入，后患无穷"。

完整的木马程序一般由两个部分组成：一个是服务端程序，另一个是控制端程序。"中了木马"就是指安装了木马的服务端程序，若某台计算机被安装了木马的服务端程序，则拥有木马控制端程序的计算机就可以通过网络控制该计算机，这时该计算机上的各种文件、程序，以及在该计算机上使用过的账号、密码等就有可能被窃取。

木马程序不能算是一种病毒，但越来越多的杀毒软件也可以查杀木马了，所以也有不少人称木马程序为黑客病毒。计算机感染木马后主要的症状有：响应命令速度下降；未对计算机进行操作，但硬盘指示灯却闪烁不停；软驱和光驱无故读盘；计算机被莫名其妙关闭或重新启动等。

2. 木马防治

人们一般只谈"毒"色变，因为病毒一般会带来直接的破坏，比如删除数据、格式化硬盘等。对木马却重视不够，其实它们比病毒的危害更大，有些像"慢性"的毒药，当用户发现自己的账号或密码丢失时，为时已晚。实际上可以通过防火墙来防范木马，通过杀毒软件来清除木马。下面介绍几个查杀木马和防范木马的软件。

（1）绿鹰 PC 万能精灵

该软件是集系统优化、病毒清理、黑客防御、OICQ 娱乐于一体的综合软件，它将不同的功能分成不同的管理精灵，其中包括：清除各种流行木马及病毒的"守卫精灵"，实时监控木马进程及端口，防范木马侵入；防止网站恶意修改及任意脚本病毒的"IE 反修改精灵"；增强系统安全，优化系统配置的"Windows 精灵"；功能强劲的"OICQ 辅助精灵"等。

（2）木马杀星（Trojan Remover）

木马杀星是一款专门用来清除特洛伊木马和自动修复系统文件的工具，能够检查系统登录文件、扫描 Win. ini、System. ini 和系统登录文件，且扫描完成后会在目录下产生 Log 信息文件，并帮助用户自动清除特洛伊木马和修复系统文件，当怀疑系统中了木马时，单击工具栏上的"Scanning for Active Trojan"按钮，即可立刻开始扫描系统中是否有正在活动的木马。

（3）木马克星（Iparmor）

木马克星可以侦测和删除已知和未知的特洛伊木马。该软件拥有大量的病毒库，并可以每日升级。用户一旦启动计算机，该软件就开始扫描内存，寻找类似特洛伊木马的内存片，支持重启之后清除。还可以查看所有活动的进程，扫描活动端口，设置启动列表等。木马克星是一款适合网络用户的安全软件，既有面对新手的扫描内存和扫描硬盘功能，也有面对网络高手的众多调试查看系统功能。

2.5 信息系统概述

2.5.1 信息的基本概念

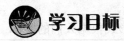 学习目标

➤掌握信息与数据的概念

➤掌握信息的特征与生命周期

一、数据与信息的关系

1. 数据

数据是计算机系统中要处理的基本对象之一，是对客观事物进行观察或观察后记载下来的一组可以识别的符号。国际标准化组织（ISO）对数据的定义为：数据是对事实、概念或指令的一种特殊表达形式，一般指那些未经加工的事实或对特定现象的描述，是事实性的数字、文本和多媒体等数据，数据最终将被转换为信息。例如，当前的气温，一个人的体重、身高等。

数据可以从两方面来理解：

（1）客观性

数据是对客观事实的描述，它反映了某一客观事实的属性。数据的表示需要使用属性名和属性值，两者缺一不可。例如，年龄18岁，年龄是属性名，18岁是属性值，只有两者相结合才能完整地反映客观事实。

（2）鉴别性

数据是对客观事实的记录，这种记录是通过一些特定的符号来表现的，而且这些特定的符号是可以鉴别的，尤其是可以由计算机来识别。常用的特定符号有：声、光、电、数字、文字、字母、图形、图表和图像等。

人们对数据进行收集，将数据输入到计算机中去，并不是原封不动地再取出来，而是要将数据进行加工处理，然后提供出新的有用的信息。

2. 信息

在信息系统领域，通常所指的信息是"数据经过加工处理后所得到的另外一种形式的数据，这种数据对信息的接收者的行为有一定的影响"。简言之，信息是一种能对其接收者的行为产生作用的数据。

可以从三方面对信息进行理解：

（1）客观性

信息来源于现实世界，它反映了某一事物的现实状态，体现了人们对事实的认识和理解程度，是人们决策或行动的依据。

（2）主观性

信息是人们对数据有目的的加工处理后的结果，它的表现形式根据人们的实际需要来决定，和人的行为密不可分。

（3）有用性

信息是人们从事某项工作或行动所需要的依据，并通过信息接收者的决策或行动来体现它具有的价值。

3. 信息与数据的关系

信息是向人们提供关于现实世界新的事实的知识，数据是载荷信息的物理符号，两者紧密相连，不可分割，但是它们之间还是有差别的。

（1）并非任何数据都表示信息，信息是消化了的数据。信息与接收者有关系，例如，发货单对于负责发货的人员来说是信息，而对于负责库存的管理人员来说则可能是一种原始数据，因为库存管理人员通常所关心的并不是某一种货物的发货量，而是货物的总库存量和库存结构。

（2）信息是更直接反映现实概念的，而数据则是信息的具体体现，所以信息不随载荷它的物理设备的改变而改变，而数据则不然，它在计算机化的信息系统中和计算机系统有关。例如，天气预报中通知今天有雨，这个信息可以从广播中收听到，也可以在电视上看到，还可以在报纸上看到，在不同的载体上，数据的表现形式是不相同的，而人们得到的信息却是相同的。

（3）信息是从数据中加工、提炼出来的，是用于帮助人们正确决策的有用数据。数据是描述客观事实、概念的一组文字、数字或符号等，它是信息，是素材，是信息的载体和表达形式。数据与信息的关系可以形象地比喻成原材料与产品的关系。如图2—14所示为数据与信息的关系。

（4）信息对决策有价值。即信息必定有人的参与，必定包含在人的决策活动中，决策活动是信息存在的必要条件。通过信息的这个属性可以很好地区分数据和

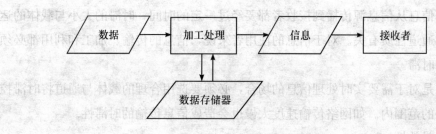

图 2—14　数据与信息的关系

信息。

4. 信息的特征

信息除了具有普遍性和无限性、可传递性、共享性、载体方式的可变性外，还具有以下属性特征：

（1）事实性

事实性是信息的首要特性，信息所反映的内容是对现实世界中客观存在的事物的运动状况或存在方式的真实描述，它是不以人的意志为转移的。不符合事实的信息不仅没有价值，而且可能有反面影响，既害别人也害自己。所以事实性是信息首要的和基本的性质。

（2）层次性

由于信息大多数是为管理服务的，而在现实世界中管理是分层次的，不同的管理层需要不同的信息，因此，信息也是分层次的。一般按管理理论来分，分为战略级信息、策略级信息和执行级信息 3 个层次。不同层次信息的特征见表 2—2。

表 2—2　　　　　　　　　　　不同层次信息的特征

属性 信息类型	信息来源	信息寿命	加工方法	使用频率	加工精度	保密要求
战略级信息	主要来自企业外部	长	灵活	低	低	高
策略级信息	来自企业内、外部	较长	较灵活	较高	较高	较高
执行级信息	主要来自企业内部	短	固定	高	高	低

（3）转换性

物资、能源和信息是人类发展的重要资源，三者紧密地联系在一起。在如今的经济社会中，信息是一种比能源和物资更重要的资源。企业依靠信息开发新的产品，依靠信息进行决策。信息、物资和能源三位一体，又是可以相互转化的。

（4）时滞性

任何信息从信息源传播到接收者都要经过一定的时间，时滞的大小与载体的运动特征和通道性质有关。对于信息的使用者来说，信息的传输、加工和利用都必须考虑这种时滞。

特别是对于需要实时处理信息的场合，必须要选用合理的载体与通道将时滞控制在允许的范围内。如网络传输速度太慢也会造成信息传输的时滞性。

（5）时效性

信息是有"寿命"的，在生命周期内，信息是有效的，超出生命周期，信息将失去效用。信息的时效性要求人们尽快地得到所需要的信息，并在其生命周期内最有效地使用它。

为了保证信息的有效性，人们需要连续收集信息，利用先进的存储设备，建立数据库、数据仓库，然后利用检索工具进行快速检索。

（6）增值性

所谓增值性，一方面是指信息在使用的过程中会产生价值，另一方面是指信息在传输和扩散的过程中会不断丰富。

信息的主要作用在于信息的持有者可以利用信息进行决策，利用信息创造机会和价值。

另外，信息在不断传输的过程中也会有所变化和增值，一个典型的例子就是教师通过授课传授信息，但是在传授信息的过程中会不断增值，即产生新的知识。

（7）不完全性

由于对事物本身认识的局限性，导致信息总是不完全的。市场经济中完全竞争理论的前提是信息对称，即交易双方有完全的信息。但是由于人们认识能力的局限性，这个假设一般是不成立的，信息的不完全性导致很多不良行为的发生，例如价格欺骗等。

现在许多信息提供组织或个人就是为了消除信息的不对称性而进行信息咨询服务，目的就是使组织或个人在进行交易或其他活动时尽可能具有完全的信息，目前信息咨询已经成为市场前景非常好的行业。

二、信息的生命周期

1. 信息生命周期的阶段

信息的生命周期包括要求、获得、服务和退出 4 个阶段。

（1）要求

要求是信息的孕育和构思阶段，人们根据所出现的问题，根据要达到的目标，根据设想可能采取的方法，构思所需要的信息类型和结构。

（2）获得

获得是得到信息的阶段，它包括信息的收集、传输以及转换成适用的形式，以达到使用的要求。

（3）服务

服务是信息的利用和发挥作用的阶段，这时的信息保持着最新的状态，随时准备供用户使用，以支持各种管理活动和决策。

（4）退出

退出是信息已经老化，失去了价值，没有再保存的必要的阶段，此时可以对信息进行更新或销毁。

2. 信息生命周期的过程

信息生命周期的过程包括信息的收集、信息的传输、信息的加工、信息的储存、信息的维护以及信息的使用。

（1）信息的收集

信息收集包括信息的识别和采集。确定信息的需求就叫做信息的识别。由于信息的不完全性，想得到关于客观情况的全部信息实际上是不可能的，所以对信息的识别是十分重要的。

确定信息的需求要从系统目标出发，要从客观情况调查出发，加上主观判断，规定识别数据的思路。信息识别以后，下一步就是信息的采集。由于目标不同，信息的采集方法也不相同，主要有三种方法：

1）自下而上的广泛收集。它服务于多种目标，一般用于统计。

2）有目的的专项收集。有时可以全面调查，有时可以抽象调查。

3）随机积累法。调查没有明确的目标，或者是很宽的目标，只要是"新鲜"的信息就把它积累下来，以备后用。

（2）信息的传输

信息传输理论最早是在通信领域中进行研究的，信息传输的一般模式如图 2—15 所示。

信息源要经过编码器变换成信道能传输的形式，这种信号通过信道传输到达目的位置，由译码器将信号还原成原信息。假如信道有干扰，则会影响信号的传输质量。如发电报，先将电报文字译成数字码，通过发报机发射信号，对方接收到信号后记下数字码，然后根据电码本译成汉字电文。

信道也称为信息通道，只要能传输信息，不管采用什么方式都可称为信道。如

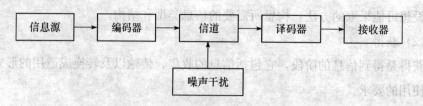

图 2—15 信息传输的一般模式

传统的人工传递、邮寄、电报电话、传真等。在人工信息通道中，信息传输的技术噪声十分严重，使用计算机网络传输后有了明显的好转。这是因为网络的信道容量大，抗干扰能力强，传输时间短，大大缩短了信息的加工时间，满足了决策者的各种需求。

（3）信息的加工

数据要经过加工以后才能成为信息，其过程如图 2—16 所示。

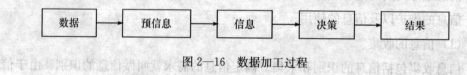

图 2—16 数据加工过程

数据加工以后成为预信息或统计信息，统计信息再经过加工才成为信息。信息使用才能产生决策，有决策才有结果。每种转换均需时间，因而不可避免地产生时间延迟。这也是信息的一个重要特征——滞后性。信息不可避免的滞后性要求人们很好地研究信息，以便满足系统的要求。

（4）信息储存

信息储存是将信息保存起来，以备将来使用。信息储存和数据储存应用的设备是相同的，数据存储的设备主要有三种：纸、胶卷和计算机存储器。纸的发明虽然已有几千年的历史，但直到现在仍然是储存数据的主要材料。胶卷起初作为纸的补充，用来存储图像，后来也用来存储文字和数字。计算机存储器主要用来存储变化的信息和控制信息。

信息存储的概念比数据存储的概念要广得多。其主要问题是确定要存哪些信息，存多长时间，以什么方式存储，如何支持目标，对失策可能产生的效果是什么等。

（5）信息的维护

保持信息处于合用状态叫做信息维护。狭义上说，它包括经常更新存储器中的数据，使数据均保持合用状态。广义上说，它包括系统建成后的全部数据管理工作。

信息维护的主要目的在于保证信息的准确性、及时性、安全性和保密性。保证信息的准确性，第一要保证数据是最新的状态，第二要使数据在合理的误差范围内。保证信息的及时性是指信息的维护应保证能及时地提供信息，常用的信息放在易取的地方，各种设备状态完好，各种操作规程健全，操作人员技术熟练，信息目录清楚，不至于要用时找不到。保证信息的安全性是指要防止信息由于各种原因而受到破坏，要采取一些安全措施，在信息万一被破坏后，能较快地恢复数据。信息的保密性是指信息不被非法盗取。

（6）信息的使用

信息的使用包括两个方面，一是技术方面，二是如何实现价值转换的问题。

技术方面主要解决的问题是如何高速度、高质量地把信息提供到使用者手上。信息价值转换的问题是信息使用概念上的深化，是信息内容使用深度上的提高。

2.5.2　系统与信息系统

 **学习目标**

> 掌握系统的定义、特征、分类
> 掌握信息系统、信息化系统等概念

一、系统的概念

系统是一组为实现共同目标而相互联系、相互作用的部件。系统可分为自然系统和人造系统两大类。自然系统包括人体、太阳系和地球生态系统等。人造系统是人们为达到某种目的而创建的系统。

从哲学的角度来看，人造系统应该为人类服务。例如，人们使用的汽车、自行车和电话等都是人造系统；政府、学校和医院等也是人造系统。

1. 系统的定义

尽管"系统"一词频繁出现在社会生活和学术领域中，但不同的人在不同的场合往往给它赋予不同的含义。长期以来，系统概念的定义和特征的描述没有统一的定论。

系统论的创始人之一——美国著名生物学家贝塔朗菲（L. V. Bartalanffy）指出，"系统是许多组成要素的综合体"。

美国国家标准协会（ANSI）对系统的定义是：各种方法、过程或技术结合到一起，按一定的规律相互作用，以构成一个有机的整体。

本书采用下述描述性定义：系统是由相互联系和相互制约的若干组成部分结合成的、具有特定功能的有机整体。

2．系统的特征

系统具有目的性（Purpose）、整体性（Integrality）、层次性（Hierarchy）、相关性（Relationship）和环境适应性（Environment Applicability）等特征。

3．系统的分类

系统有各种形态，可以从不同角度对系统进行分类。

（1）按系统的起源分类

按系统的起源不同可以把系统分为自然系统和人工系统。

（2）按系统的抽象程度分类

按系统的抽象程度不同可以把系统分为三类：概念系统、逻辑系统和物理系统。

1）概念系统是最抽象的系统，它是人们根据系统的目标和以往的知识初步构思出的系统雏形，它在各方面均不很完善，有许多地方很含糊，也有可能不能实现，但是它表述了系统的主要特征，描绘了系统的大致轮廓，它从根本上决定了以后系统的成败。

2）逻辑系统是在概念系统的基础上构造出的原理上行得通的系统，它考虑到了总体的合理性、结构的合理性和实现的可能性。它确信现在的设备一定能实现该系统所规定的要求，但它没有给出系统实现的具体条件。所以逻辑系统是摆脱了具体实现细节的合理的系统。

3）物理系统是最具体的系统。它是完全确定的系统，其组成部分是完全确定的存在物，如矿物、生物、能量、机械、人类等实体。如果是计算机系统，那么机器型号、终端数目、分布位置、配置软件、编程语言等都已完全确定。

（3）按系统服务内容的性质来分类

按照系统服务内容的性质不同可以把系统分为社会系统、经济系统、军事系统、企业管理系统等。不同的系统为不同的领域服务，有不同的特点。

（4）按系统和外界的关系分类

按系统和外界的关系可以将系统分为封闭式系统和开放式系统两种。

封闭式系统是说人们可以把系统和外界分开。例如，人们在超净车间中研究制造集成电路。

开放式系统是指不可能和外界分开的系统。如商店,若不让货物进来,不让顾客来买东西就不能称为商店;或者是可以分开,但分开后系统的重要性质将会发生变化。

封闭式系统和开放式系统有时也可能相互转化。如人们说企业是个开放式系统,但如果人们把全国甚至全球都当成系统以后,那么总的系统就转化为封闭式系统。

(5) 按系统的内部结构分类

按系统的内部结构不同可以把系统分为开环系统和闭环系统。

开环系统又可以分为一般开环系统和前馈开环系统。

闭环系统可分为单闭环和多重闭环系统。存在反馈机制的闭环系统一般是稳定的,可以自我调节的,也是管理信息系统的主要结构。

4. 系统论的基本观点

一般系统论用相互关联的综合性思维来取代分析事物的分散思维,突破了以往分析方法的局限性。而有关秩序、组织、整体性、目的性等重要问题,就是一般系统论的基本观点。目前系统工程方法已渗入到许多领域,系统的基本观点也得到广泛运用。

5. 系统分析

要对系统进行正确的分析,必须掌握系统分析的原则。系统分析的一般原则有:

(1) 明确系统的目的。

(2) 区分系统与环境。

(3) 掌握系统的处理流程。

(4) 把握系统的分与合。

(5) 自顶向下进行研究。

(6) 注意系统的应变性。

在信息系统建设中,要利用系统的分析原则,首先明确系统的目标,划分出系统和环境,然后自上而下地分析系统的每个组成部分,弄清楚各个组成部分之间的信息交换关系,最后进行系统的详细设计。在整个建设的过程中,始终要注意系统的应变性。

信息系统是一个人造系统,它和环境有着密切的关系,它随着环境的变化需要作出相应的改变。这一原则在信息系统的分析研究中是非常重要的,如果一个信息系统的应变能力差,对它的维护就会很困难,因此,它的生命周期就不可能很长。

6. 系统方法

系统方法也叫系统方法论，是研究系统工程的思考和处理问题的方法论。作为科学，它是以研究大规模复杂系统为对象、以系统概念为主线，引用其他学科的一些理论、概念和思想而形成的多元化的科学；作为工程，它又具有和一般工程技术相同的特征。除此以外，它还具有自身的特点。

系统方法的要点主要有系统的思想、数学的方法和计算机应用技术。系统的思想就是将研究对象作为一个系统，考虑系统的一般特性和被研究对象的个性。数学的方法就是用定量技术即数学方法来研究系统，通过建立系统的数学模型和运行模型，将得到的结果进行分析，再用到原来的系统中。计算机应用技术是指在计算机上用数学模型对现实系统进行模拟，以实现系统的最优化。信息系统的开发是以系统方法为基础进行的。

二、信息系统的概念与组成

1. 信息系统的定义

在人类有了生产活动的时候，就有了信息交换和简单的信息系统。信息系统（Information System，IS）是一种供一个人或多个人使用的协助完成一项任务或作业的人造系统。

信息系统的形式多种多样，规模不一，它受到人的想象力的限制。信息系统是为了支持决策和过程而建立的，实现途径几乎无穷无尽。

信息系统是一个对组织内业务数据进行收集、处理和交换，以支持和改善组织的日常运作，满足管理人员解决问题而作出决策所需各种信息的系统。

2. 信息系统的组成

信息系统是一系列相互关联的可以收集（输入）、操作和存储（处理）、传播（输出）数据和信息并提供反馈机制，以实现其目标的元素或组成部分的集合。如图 2—17 所示为信息系统的一般模型。

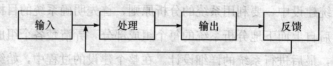

图 2—17　信息系统的一般模型

（1）输入

在信息系统中，输入是获取和收集原始资料的活动。输入的形式很多，可以手工输入，也可以自动输入。不管用哪一种方法，精确的输入是非常关键的。

（2）处理

在信息系统中，处理是将数据转换或变换成有用的输出信息。处理主要包括计算、分类汇总、排序、替换、筛选等，还包括将数据存储起来供以后使用。

（3）输出

在信息系统中，输出是指供给用户所需要的信息。信息的输出形式通常以文档和报告的形式出现。如学生成绩的排序表、各班平均分排序表、学生成绩单等。在某些情况下，一个系统的输出也可以作为另一个系统的输入。

（4）反馈

在信息系统中，反馈是一种用来改变输入、处理的输出。反馈回来的误差或问题可以用来修正输入数据，或改变某过程。如学生每科的成绩总是在 0～100 之间，假如输入是负分或大于 100 分，系统应提示输入数据超范围。这就对输入数据进行了测量，与基准值 0～100 进行比较，在此范围内确认输入，超出此范围外则拒绝接受。

反馈信息对关联和决策者来说具有很大的用途，可作为决策的依据。例如，若产品的投料数远高于最终的成品数，则应分析是在哪个环节出了问题，只要在这个环节上加以整顿和管理，就达到了反馈的作用。

三、计算机信息系统

计算机信息系统是以计算机和各种信息技术为基础，为实现某个目标，由信息资源处理模型支持的，由计算机硬件设备、通信与网络设备、计算机软件、信息资源、人员、规章制度等所组成的信息处理统一体。

（1）计算机硬件设备

计算机硬件设备是用来进行输入、处理、输出活动的计算机设备。输入设备主要有键盘、扫描仪和各类信息卡阅读机等。处理设备主要包括中央处理器、内存和外存储器等。输出设备有显示器、打印机和绘图仪等。

（2）计算机软件

计算机软件是由程序和文档组成的，包括系统软件和应用软件两部分。

（3）数据库

数据库是计算机信息系统中最核心的技术之一。对于数据库的操作需要有数据库管理系统软件，如 VFP、Access、SQLServer、Oracle 等。

（4）远程通信与网络

远程通信可以将分散在不同地理位置的计算机连接成高效的网络。相互之间可以进行信息的传输和交流，使信息达到共享和高效利用的目的。尤其是 Internet 的出现，使整个世界范围内的计算机设备都能连成一体。

（5）人员

人员是计算机信息系统中最重要的元素。计算机信息系统中的人员应包括系统分析员、企业领导、业务管理人员、程序员、计算机软硬件维护人员、数据录入人员和系统操作人员。

（6）管理制度

管理制度是确保计算机信息系统正常运转的一项非常重要的措施。计算机信息系统在运转过程中要做好日常的数据备份。备份数据的管理，还有机器的日常维护、信息的安全和保密等，要责任到人，因此必须要有严密的管理制度。

四、信息化系统的层次

因为组织内部有不同的部门和管理层次，各个层次关注的问题又有所不同，所以组织内部存在着不同的信息系统。一个单一的系统不可能为组织提供它所需要的全部信息。一个组织通常分为四个层次：操作层、知识层、管理层和战略层。不同层运行不同的系统。

通常执行（支持）系统运行在战略层，管理信息系统和决策支持系统运行在管理层，知识工作系统和办公自动化系统运行在知识层，而事务处理系统运行在操作层，表 2—3 给出了某组织内四个层次所需的六类主要的信息系统。

表 2—3　　　　　　　　　组织内四个层次所需的六类主要的信息系统

系统层次	系统类型	主要任务				
战略层系统	经理支持系统（EIS）	销售预测	生产规划	预算	收益规划	人力资源规划
管理层系统	管理信息系统（MIS）	销售管理	库存控制	年度预算	资金投资分析	新产品市场分析
	决策支持系统（DSS）	销售地区分析	成本分析	产品规划	定价分析	合约成本分析
知识层系统	知识工作系统（KWS）	工程工作站		图形工作站	经营管理工作站	
	办公自动化系统（OAS）	字处理		存储备份	电子表格	
操作层系统	事务处理系统（TPS）	订单处理	生产安排、物质供应	证券交易、现金管理	工资、应收/应付款	人力资源管理

2.5.3 管理信息系统

学习目标

➢掌握管理信息系统的概念

➢掌握管理信息系统的分类与特点

一、管理信息系统的定义

管理信息系统（Management Information System，MIS）综合运用了管理科学、数学和计算机应用的原理和方法，在符合软件工程规范的原则下，形成了自身完整的理论和方法学体系。

作为一门学科，管理信息系统的学科理论基础尚不完善。国内外学者给管理信息系统所下的定义至今尚不统一，但却反映出人们对管理信息系统的认识在逐步加深，其定义也同样在逐步发展和成熟。大体上可从广义和狭义两个方面来叙述。

1. **广义的管理信息系统**

从系统论和管理控制论的角度来看，认为管理信息系统是存在于任何组织内部，为管理决策服务的信息收集、加工、存储、传输、检索和输出的系统，即任何组织和单位都存在一个管理信息系统。

2. **狭义的管理信息系统**

狭义的管理信息系统是指按照系统思想建立起来的以计算机为工具，为管理决策服务的信息系统。它体现了信息管理中现代管理科学、系统科学、计算机技术及通信技术，通过它可以向各级管理者提供经营管理的决策支持，强调了管理信息系统的预测和决策功能，而且是一个综合的人机系统。

管理信息系统既能进行一般的事务处理工作，代替信息管理人员进行繁杂的劳动，又能为组织决策人员提供辅助决策功能，为管理决策科学化提供应用技术和基本工具。因此，管理信息系统也可以理解为一个以计算机为工具，具有数据处理、预测、控制和辅助决策功能的信息系统。可以说，管理信息系统体现了管理现代化的标志，即系统的观点、数学的方法和计算机应用这三个要素。

管理信息系统可以定义为：一个以人为主导，利用计算机硬件、软件、网络通信设备以及其他办公设备，进行信息的收集、传输、加工、存储、更新和维护，以提高企业战略竞争优势、提高效益和效率为目的，支持企业高层决策、中层控制、基层运作的集成化人机系统。

管理信息系统的概念如图 2—18 所示。管理信息系统的概念重点强调了如下 4 个基本观点。

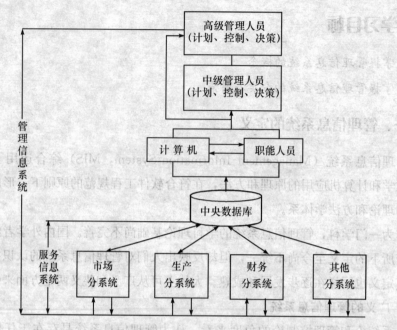

图 2—18　管理信息系统概念图

（1）人机系统

管理信息系统是集人的现代思维与管理能力和计算机强大的处理存储能力于一体的协调、高效率的人机系统。

此系统为开放式系统，在此系统中真正起到执行管理命令，对企业的人、财、物、资源及资金流动进行管理和控制的主体是人。计算机自始至终都是一个辅助管理的工具，但它是一个至关重要的工具，可以为人的管理活动指明方向。

（2）能为管理者提供信息服务（分析、计划、预测、控制）

管理信息系统处理的对象为企业生产经营全过程，通过反馈为企业管理者提供有用的信息，管理信息系统与电子数据处理系统的区别在于它更强调管理方法的作用，强调信息的进一步深加工，即利用信息来分析企业或生产经营状况，利用各种模型对企业生产经营活动的各个细节进行分析和预测，控制各种可能影响企业目标实现的因素，以科学的方法，最优地分配各种资源，如设备、任务、人、资金、原料、辅料等，合理地组织生产。

（3）集成化

利用数据库技术，通过集中统一规划中央数据库的运用，可以使系统中的数据实现一致性和共享性。

所谓集成化，是指系统内部的各种资源设备要统一规划，以确保资源的最大利用率。系统各部分要协调一致，高效、低成本地完成企业日常的信息处理业务。

（4）社会技术系统

管理信息系统的研究涉及多学科领域，不是一种理论或观点可以完成的。如图2—19所示是对信息系统研究有着重要贡献的学科。

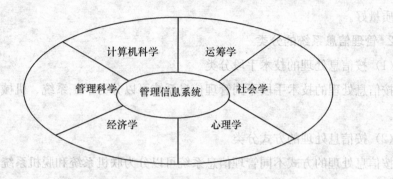

图 2—19 对信息系统研究有重要贡献的学科

二、管理信息系统的功能、分类与特点

1. 管理信息系统的功能

（1）数据处理

数据处理是管理活动的基本内容，也是管理信息系统的首要任务和基本功能。它包括数据的收集和输入、数据的转换、数据的组织、数据的传输、数据存储、检索和输出等部分。

（2）计划

管理信息系统能够对管理和生产进行合理地安排与计划，提高生产和管理工作的效率，例如安排生产计划、销售计划等。

（3）预测

预测就是运用一定的数学方法和预测模型，利用历史数据对未来进行预测。管理信息系统的预测是管理计划和管理决策工作的前提。

（4）控制

管理信息系统能对企业生产和经营的各个部门和环节的运行情况加以监测、控制，并能在发现问题后及时纠正，保证系统的正常运行。

（5）辅助决策

支持管理决策是管理信息系统一项重要的功能，也是最难完成的任务。它需要利用运筹学的方法和技术，合理地配置企业的各项资源，为科学决策提供最佳的决策依据。特别是定量化的方法，如利用数学模型、经验模型、程序化模型、运筹学模型等对信息进行加工处理，分析企业的生产状况和环节，以辅助管理者作出决策。

管理信息系统主要用来解决结构化问题，由管理信息系统解决这种问题效率高，质量好。

2. 管理信息系统的分类

（1）按信息处理的技术手段分类

按信息处理的技术手段不同管理信息系统可以分为手工系统、机械系统和电子系统。

（2）按信息处理的方式分类

按信息处理的方式不同管理信息系统可以分为联机系统和脱机系统。

（3）按信息服务对象分类

按信息服务对象不同管理信息系统可分为战略计划级系统、管理控制级系统和作业处理级系统。

（4）按管理组织的职能分类

按管理组织的职能不同管理信息系统可分为市场销售、生产、供应、人力资源、财务、信息处理和高层管理等子系统。

（5）按系统的功能和应用分类

按系统的功能和应用范围不同管理信息系统可分为国家经济信息系统、企业管理信息系统、事务型管理信息系统、行政机关办公型管理信息系统和专业型管理信息系统。

1）国家经济信息系统。国家经济信息系统是一个包含综合统计部门（如国家发展和改革委员会、国家统计局）在内的国家级信息系统。在国家经济信息系统下，纵向联系各省、市、地、县及重点企业的经济信息系统，横向联系外贸、能源、交通等各行业信息系统，形成了一个纵横交错、覆盖全国的综合经济信息系统。其主要功能是收集、处理、存储和分析与国民经济有关的各类信息，及时、准确地掌握国民经济状况，为各级经济管理部门提供统计分析和经济预测信息，也为各级经济管理部门及企业提供经济信息。

2）企业管理信息系统。企业管理信息系统面向的是工厂、企业，如制造业、商业企业、建筑企业等，主要进行管理信息的加工处理，是最复杂的一类信息系统，一般应具备对工厂生产监控、预测和决策支持的功能。大型企业的管理信息系统一般包括"人、财、物""产、供、销"以及质量、技术等方面的内容，同时该系统的技术要求也很复杂，因而常被作为典型加以研究。

3）事务型管理信息系统。事务型管理信息系统面向的是应用单位，主要进行日常事务的处理，如医院管理信息系统、饭店管理信息系统、学校管理信息系统等。由于不同应用单位处理的事务不同，管理信息系统的逻辑模型也不尽相同，但基本处理对象都是管理事务信息，要求系统具有较高的实用性和数据处理能力，决策工作相对较少，而且数学模型使用的也较少。

4）行政机关办公型管理信息系统。国家各级行政机关办公管理自动化，对提高领导机关的办公质量和效率，改进服务水平具有重要意义。办公型管理信息系统的特点是办公自动化和无纸化。在行政机关办公型管理信息系统中，主要通过局域网、打印、传真、印刷、微缩等技术的应用来提高办公事务效率。行政机关办公型管理信息系统，对下要与各部门下级行政机关信息系统相连，对上要与上级行政主管决策服务系统整合，为行政主管领导提供决策支持信息。

5）专业型管理信息系统。专业型管理信息系统是指从事特定行业或领域的管理信息系统，如人口管理信息系统、物价管理信息系统、科技人才管理信息系统、房地产开发管理信息系统等。这类系统系统性强，信息相对专业，主要功能是收集、存储、加工与预测等，技术相对简单，规模一般较大。

还有一类专业性更强的信息系统，如铁路运输管理信息系统、电力建设管理信息系统、银行管理信息系统、民航信息系统、邮电信息系统等。它们的特点是综合性强，包括上述各种管理信息系统的特点，因此被称为综合型管理信息系统。

3. 管理信息系统的特点

从管理信息系统的定义和功能可以看出，管理信息系统具有以下 5 个特点：

（1）面向管理决策

管理信息系统是为管理服务的信息系统，它能根据管理的需要，及时提供所需的信息，为组织各管理层次提供决策支持。

（2）综合性

管理信息系统是一个对组织进行全面管理的综合系统。从开发管理信息系统的角度看，在一个组织内可以根据需要先行开发个别领域的子系统，然后进行综合，最后达到应用管理信息系统进行综合管理的目标。

（3）人机系统

管理信息系统的目标是辅助决策。决策由人来做，所以管理信息系统是一个人机结合的系统。在管理信息系统的构成中，各级管理人员既是系统的使用者，又是系统的组成部分。因此，在系统开发过程中，需要正确界定人和计算机在系统中的地位和作用，充分发挥人和计算机各自的优势，使系统总体性能达到最优。

（4）现代管理方法和管理手段的结合

管理信息系统的应用不仅仅是简单地采用计算机技术提高处理速度，而且是在开发过程中融入现代化的管理思想和方法，将先进的管理方法和管理手段结合起来，真正发挥管理决策支持的作用。

（5）多学科交叉的边缘学科

管理信息系统学科作为一门新兴的学科，它的基本理论来自计算机科学、应用数学、管理学、决策学、运筹学等学科。其学科体系仍处于不断发展和完善的过程之中，是一个具有自身特色的边缘学科，同时它也是一个应用领域。

三、战略信息系统

自 20 世纪 80 年代中期以后，随着信息成为和人、财、物同等重要的战略资源，战略信息系统的概念开始出现，人们逐渐认识到信息系统技术在组织中的应用不仅能够提高工作效率、带来经济效益，更为重要的是信息技术的应用改变了产品与服务的性质，改变了组织参与竞争的方式，为企业提供了新的参与市场竞争的手段，从而大大增强了组织的竞争力。

1. 战略信息系统的概念

战略信息系统包含两个概念，一个是信息系统，一个是战略，这里的信息系统可以是服务组织内任何层次的、任何类型的信息系统。而战略描述了信息系统的功能、作用是战略性的，是指一类具有特殊功能的信息系统。

战略信息系统是能够改变组织的目标、过程、产品、服务或组织与外界环境的关系以帮助组织赢得竞争优势的计算机信息系统，它可以是组织中任何层次上所应用的信息系统。

2. 战略信息系统应满足的条件

具体来讲，一个信息系统必须满足两个条件才能被称为战略信息系统，这两个条件分别是：

（1）信息系统技术的应用应与企业的经营战略直接联系在一起，具体有两种联系方式：一是系统的应用给企业带来了经营战略实施的新方案，由此影响了企业的经营战略；二是系统的应用直接有效地支持了企业经营战略的实施。

（2）信息系统技术的应用极大地改善企业的运行状况，其实现途径也有两条：一条途径是系统的应用直接给企业带来了竞争优势；另一条途径是系统的应用削弱了竞争对手的竞争优势。

任何信息系统技术的应用只有满足上述两个条件才认为是战略应用，由此可见，战略信息系统必须影响或直接支持企业的经营战略，从而给企业带来竞争优势或削弱竞争对手的竞争优势。

战略信息系统可在组织的任何层次上应用，其应用改变了企业的经营方式，甚至改变企业的经营业务本身。

3. 企业内战略信息系统的应用

企业内战略信息系统可以具体应用在以下几个方面：

（1）实现局部功能。该系统的战略作用是在信息系统实现此局部功能的过程中发挥出来的。如计算机订票系统、CAD/CAM 系统。

（2）内部集成应用。即建立一个企业范围内的信息技术平台，使整个企业中各个孤立的信息系统有机地集成起来。集成化的信息技术平台的建立使各个子系统的信息可以共享，从而带来工作效率的极大提高和成本的降低，并可能影响企业的组织结构和经营过程。一般来说，这种全企业范围内集成化信息系统的应用对企业来说都是具有战略作用的。

（3）业务流程的重组。利用战略信息系统改变企业的业务过程，进行企业内部流程的重组，此类信息系统技术应用所能带来战略作用的大小取决于信息系统的应用和管理两个方面。

（4）经营网络的重组。即利用计算机和通信技术将客户供应商等与企业的经营相关联的实体集成到一个共同的信息系统中，这种基于电子通信网络的集成，形成了纵横交错的、集成化的协作体系。

（5）经营范围的重组。即是对企业经营范围的重新定义。

四、管理信息系统和现代管理方法

管理信息系统同现代管理方法和手段联系紧密，尤其是在企业管理信息系统中，计算机系统与现代管理方法相结合才能使系统在管理中发挥作用。

现代管理方法很多，不同企业应根据自身状况选择相应的管理方法。现代管理活动都离不开数据和信息，而且要采用数学方法对决策问题进行求解，为此，还必须进行大量的数据处理。如果只有方法而没有相应的手段，仅仅依靠人工是难以实现的，因此，现代管理方法必须以计算机的应用为基础，二者的结合可谓相辅相成，缺一不可。现代管理方法对推动我国企业管理的规范化、科学化有着重要作用。

下面对管理信息系统建设中常用的管理方法作一些简单介绍。

1. 制造资源规划（MRPⅡ）

MRPⅡ（Manufacturing Resources Planning）是 20 世纪 70 年代在发达国家制造企业中开始采用的一种先进的现代管理技术，是一种在对一个企业所有资源进行有效的计划安排的基础上，以达到最大的客户服务、最小的库存投资和高效率的工厂作业为目的的先进的管理思想和方法。

其管理目标是在保证按期供货的前提下，通过反馈库存和车间在制品信息、制订生产计划，减少在制品和库存的资金占用。

从一定意义上讲，MRPⅡ 系统实现了物流、信息流与资金流在企业管理方面的集成，并能够有效地对企业各种有限制造资源进行周密计划，合理利用，提高企业的竞争力。

2. 企业资源规划（ERP）

ERP（Enterprise Resources Planning）是 MRPⅡ的发展。ERP 突破了 MRPⅡ的局限，把供需链内的供应商等外部资源也看做是受控对象集成进来，并且把时间作为一项关键的资源来考虑。

3. 最优化生产技术（OPT）

OPT（Optiraised Production Technology）提出了一种新的均衡编制与安排生产的方法，与传统的强调生产作业优先级的确定、能力计划的编制等管理方法不同，OPT 强调物流的优化。OPT 方法正确认识到了影响制造系统产出率的瓶颈环节，通过优化瓶颈环节的物流，提高制造效率，并对所有支持瓶颈环节的排序计划的工作环节进行排序。OPT 思想主要有以下几点：

（1）追求物流平衡，而不是能力平衡。

（2）非瓶颈资源的利用水平不仅取决于自己的潜力，还由系统中其他一些约束来确定。

（3）进行生产并不总是等于有效地利用了资源。

（4）在瓶颈资源上损失了一小时，就等于整个系统损失了一小时。

（5）在非瓶颈资源上节约一小时，并没有多大的意义。

（6）瓶颈环节决定了系统的产出和库存。

（7）传输批量并不总是等于加工批量。

（8）加工批量应当是可变的，不是固定不变的。

（9）同时考虑系统的所有约束条件，才能确定优先级。

OPT 方法的运用可大幅度减少在制品的数量。

4. 敏捷制造（Agile）

Agile 是 20 世纪 90 年代兴起的一种先进制造技术和管理思想。这种方法面向现代企业集团化、虚拟化的需求，能够极大地提高企业对市场反应的敏捷性和适应能力。

敏捷制造作为一种制造哲理，目的是提高企业生产和经营上的敏捷性，及时满足市场多样化的需求；作为一种管理思想，其核心在于通过虚拟企业的形式，最大限度地提高资源利用率，充分利用转瞬即逝的市场机遇。

创新能力较强的企业可以通过 Agile 制造，作为动态联盟的盟主，专攻附加值较高的部分，其他企业也可通过参加动态联盟，发挥自身优势，形成规模效益。

5. 计算机集成制造系统（CIMS）

20 世纪 80 年代初有人提出了 CIMS（Computer Integrated Manufacturing System），它是以计算机为基础，综合生产过程中信息流和物流的运动，集市场研究、生产决策、经营管理、设计制造与销售服务等功能为一体的，使企业走向高度集成化、自动化、智能化的生产技术与组织方式。

从系统组成的角度看，CIMS 是利用计算机将计算机辅助设计系统（CAD）、计算机辅助制造系统（CAM）、计算机辅助工艺规程（CAPP）、计算机辅助工程（CAE）、计算机辅助质量控制系统（CAQ）、产品数据管理（PDM）和管理信息系统（MIS）等综合为一体，能够进行系统设计、制造和管理的自动化系统。

CIMS 是由 MIS、CAD、CAM 等现代管理方法和先进技术有机结合的产物，它应用于企业全过程的管理与控制，MIS 是 CIMS 的核心，CIMS 是在 MIS 的统一管理与控制下协调工作的。

CAD、CAM 与 MIS 等相互独立的分系统通过某种结构集成为 CIMS。CIMS 的基础与难点是集成，信息集成是最关键的。

CIMS 的不断完善和发展将是工厂自动化的新模式。

五、管理信息系统面临的挑战

如今，在信息技术高速发展的情况下，管理信息系统面临着前所未有的机遇，同时也面临多重挑战，主要的挑战可以归纳为经营战略的挑战、全球化经济的挑战、信息体系投资的挑战、信息控制和责任的挑战等。人们必须采用理性的态度，正确认识、开发和利用管理信息系统。

2.6 信息的标准化

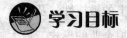 **学习目标**

➤ 掌握标准与标准化的概念

➤ 掌握我国标准的制定办法

➤ 掌握获取标准的方式

➤ 掌握国际国内主要标准化组织

➤ 掌握电子信息类的标准化组织

➤ 掌握电子信息类的有关技术标准

一、"标准"的定义

标准是对重复性事物和概念所作的统一规定。它以科学、技术和实践经验的综合成果为基础，经有关方面协商一致，由主管机构批准，以特定形式发布，作为共同遵守的准则和依据。标准化的信息是信息的重要表达方式之一。

该定义包含以下几个方面的含义。

1. 标准的本质属性是"统一规定"

制定标准的目的是为了将它作为有关各方"共同遵守的准则和依据"。我国标准分为强制性标准和推荐性标准两类。对于国家统一推行的强制性标准，有关部门必须严格执行。而对于推荐性标准，国家鼓励企业自愿采用，但它一旦经过协商并纳入经济合同，或企业向用户作出明示担保，则有关各方必须执行。

2. 标准制定的对象是重复性事物和概念

重复性是指该事物和概念反复多次出现，如批量生产的产品被重复加工，重复检验，同一类技术管理活动中反复出现同一概念的术语、符号、代号等。只有当事物或概念重复出现并处于相对稳定状态时，才有制定标准的必要，使标准作为统一的依据。

3. 标准是"科学、技术和实践经验的综合成果"

标准既是科学技术成果，又是实践经验的总结，这些经验和成果都是在经过分析、比较、综合和验证的基础上加以规范化的，因而制定出来的标准具有科学性。

4. 制定标准过程要"经有关方面协商一致"

制定标准要与有关方面协商一致。所谓"有关方面"，是指制定标准不仅要有生产部门参加，还应当有用户、科研和检验等部门参加，共同讨论研究，协商一致，这样制定出来的标准才具有权威性、科学性和适用性。

5. 标准文件具有特定的格式，制定和颁布都必须按特定的程序进行

标准的编写、印刷、幅面格式、编号和发布等要有一定的格式，按照特定的程序进行，标准必须"由主管机构批准，以特定形式发布"。标准从制定到批准发布的一整套工作程序和审批制度，是使标准本身具有法规特性的表现。

二、我国关于"国家标准"的规定

《中华人民共和国标准化法》（以下简称《标准化法》）将我国标准分为国家标准、行业标准、地方标准和企业标准 4 级。

我国的国家标准由国务院标准化行政主管部门制定；行业标准由国务院有关行政主管部门制定；地方标准由省、自治区和直辖市标准化行政主管部门制定；企业标准由企业自己制定。

我国的强制性标准具有法律属性，在一定范围内通过法律、行政法规等手段强制执行；其他标准是推荐性标准。根据《国家标准管理办法》和《行业标准管理办法》，下列标准属于强制性标准：

（1）药品、食品卫生、兽药、农药和劳动卫生标准。

（2）产品生产、储运和使用中的安全及劳动安全标准。

（3）工程建设的质量、安全、卫生等标准。

（4）环境保护和环境质量方面的标准。

（5）有关国计民生方面的重要产品标准等。

我国《标准化法》第七条规定："国家标准、行业标准分为强制性标准和推荐性标准。保障人体健康和人身、财产安全的标准和法律，行政法规规定强制执行的标准是强制性标准，其他标准是推荐性标准。"此类标准的广泛制定和强制实施对保障人体健康和人身财产安全、保护环境将起到重要作用。根据《标准化法》和《中华人民共和国产品质量法》规定，不符合强制性标准的产品应责令停止生产、销售，并处以罚款，情节严重的可以追究刑事责任。

三、标准化

1. 标准化的定义

标准化是指在经济、技术、科学及管理等社会实践中，对重复性事物和概念通过制定、发布和实施标准，达到统一，以获得最佳秩序和社会效益的过程。

该定义包括以下几方面的含义：

（1）标准化是一种活动的过程，贯彻施行的过程，实践的过程。该过程由三个关联的环节组成：制定标准、发布标准和实施标准。标准化三个环节的过程已作为标准化工作的任务列入《标准化法》的条文中。《标准化法》第三条规定："标准化工作的任务是制定标准、组织实施标准和对标准的实施进行监督。"这是对标准化定义内涵的全面而清晰的概括。

（2）这个活动过程在深度上是一个永无止境的循环上升过程。即制定标准，实施标准，在实施中随着科学技术进步对原标准适时进行总结、修订、再实施的过程。每循环一周，标准就上升到一个新的水平，充实新的内容，产生新的效果。

（3）这个活动过程在广度上是一个不断扩展的过程。如过去只制定产品标准、技术标准，现在又要制定管理标准、工作标准；过去标准化工作主要在工农业生产领域，现在已扩展到安全、卫生、教育、环境保护、交通运输、行政管理、信息代码等各方面。标准化正随着社会科学技术进步而不断地扩展和深化自己的工作领域和深度。

（4）标准化的目的是"取得最佳秩序和社会效益"。最佳秩序和社会效益可以体现在多个方面，如保证和提高产品质量，保护消费者和社会公共利益；简化设计，完善工艺，提高生产效率；扩大通用化程度，方便使用维修；消除贸易壁垒，扩大国际贸易和交流等。

定义中的"最佳"是从整个国家和整个社会利益来衡量的。在开展标准化工作过程中，可能会遇到贯彻一项具体标准时对整个国家会产生很大的经济效益或社会效益，但对某一些单位、企业在一段时间内可能会造成一定的经济损失的情况，但为了整个国家和社会的长远经济利益或社会效益，这些单位、企业也必须执行。

2. 标准化的地位和作用

标准化的地位和作用表现在以下几个方面：

（1）标准化是组织现代化生产的手段，是实施科学管理的基础。

（2）标准化是不断提高产品质量的重要保证。

（3）标准化是合理简化品种、组织专业化生产的前提。

（4）标准化有利于合理利用国家资源、节约能源、节约原材料。

（5）标准化可以有效地保障人体健康和人身、财产安全，保护环境。

（6）标准化是推广应用科研成果和新技术的桥梁。

（7）标准化可以消除贸易技术壁垒，促进国际贸易的发展，提高我国产品在国际市场上的竞争能力。

四、标准的制定

1. 制定原则

（1）对需要在全国范畴内统一的技术要求，应当制定国家标准。

（2）对没有国家标准而又需要在全国某个行业范围内统一的技术要求，可以制定行业标准。

（3）对没有国家标准和行业标准而又需要在省、自治区、直辖市范围内统一的工业产品的安全、卫生要求，可以制定地方标准。

（4）企业生产的产品没有国家标准、行业标准和地方标准的，应当制定相应的企业标准。对已有国家标准、行业标准或地方标准的，鼓励企业制定严于国家标准、行业标准或地方标准要求的企业标准。

另外，对于技术尚在发展中，需要有相应的标准文件引导其发展或具有标准化价值，尚不能制定为标准的项目，以及采用国际标准化组织、国际电工委员会及其他国际组织的技术报告的项目，可以制定国家标准化指导性技术文件。

2. 主管部门

按照国务院授权，在国家质量监督检验检疫总局管理下，国家标准化管理委员会统一管理全国标准化工作。

国务院有关行政主管部门和国务院授权的有关行业协会分工管理本部门、本行业的标准化工作。

省、自治区、直辖市标准化行政主管部门统一管理本行政区域的标准化工作。

省、自治区、直辖市政府有关行政主管部门分工管理本行政区域内本部门、本行业的标准化工作。

市、县标准化行政主管部门和有关行政部门主管，按照省、自治区、直辖市政府规定的各自的职责，管理本行政区域内的标准化工作。

3. 制定程序

我国的国家标准制定程序划分为九个阶段：预阶段、立项阶段、起草阶段、征求意见阶段、审查阶段、批准阶段、出版阶段、复审阶段、废止阶段。

对下列情况，制定国家标准可以采用快速程序。

（1）对等同采用、等效采用国际标准或国外先进标准的标准制定、修订项目，可直接由立项阶段进入征求意见阶段，省略起草阶段。

（2）对现有国家标准的修订项目或我国其他各级标准的转化项目，可直接由立项阶段进入审查阶段，省略起草阶段和征求意见阶段。

4. 企业标准的制定

企业在以下情况下可制定企业标准。

已有国家标准、行业标准和地方标准的产品，原则上企业不必再制定企业标准，一般只要贯彻上级标准即可。但在下列情况下，应制定企业标准：上级标准适用面广（指通用技术条件等，不是属于单个产品标准或技术条件），企业应针对具体产品制定企业标准名称、引言、适用范围；技术内容（包括名词术语、符号、代号、品种、规格、技术要求、试验方法、检验规则、标志、包装、运输、储存等）；补充部分（包括附录等）等。

企业制定标准的基本要求：符合国家标准 GB/T 1.1—2000《标准化工作导则》第 1 单元中的规定；标准的结构和编写规则应准确、简明；需消除一切技术错误；应与国家法规、法令和有关标准相一致；名词、术语、符号和代号等应统一。

按编写标准的有关要求和规定，对某一项标准首次起草的文稿，称为标准征求意见稿（也称标准讨论稿）。标准征求意见稿是标准编制组根据上级计划和任务书的要求，在充分调查研究和分析国内外有关技术资料的基础上编写成的。根据制定标准的难易程度和需要，标准征求意见稿可分为征求意见一稿、二稿和三稿等。征求意见稿一般应发往使用、设计、制造、科研单位及有关大专院校。

标准送审稿是在对标准征求意见稿广泛征求意见的基础上，由编制组认真汇总、研究和修改完善后形成的一种供审查用的标准草案。该草案经审查、修改后即成为标准报批稿。

上报审批的标准草案，一般称为标准报批稿。标准报批稿是标准化课题研究成果的技术文字结晶，是严格按课题计划任务书的要求对课题进行研究，经过编写规则、技术内容、文字叙述等方面的最终审查，报请上级主管部门审批发布的正式文本。

五、标准的获取

国家标准、行业标准、地方标准和企业标准可根据表 2—4～表 2—7 所列的标准代号，从图书馆或上网查询后获取。

表 2—4 　　　　　　　　　　国家标准代号

序号	代号	含义	管理部门
1	GB	中华人民共和国强制性国家标准	国家标准化管理委员会
2	GB/T	中华人民共和国推荐性国家标准	国家标准化管理委员会
3	GB/Z	中华人民共和国国家标准化指导性技术文件	国家标准化管理委员会

表 2—5 　　　　　　　　　　行业标准代号

序号	代号	含义	序号	代号	含义
1	BB	包装	24	JY	教育
2	CB	船舶	25	LB	旅游
3	CH	测绘	26	LD	劳动和劳动安全
4	CJ	城镇建设	27	LY	林业
5	CY	新闻出版	28	MH	民用航空
6	DA	档案	29	MT	煤炭
7	DB	地震	30	MZ	民政
8	DL	电力	31	NY	农业
9	DZ	地质矿产	32	QB	轻工
10	EJ	核工业	33	QC	汽车
11	FZ	纺织	34	QJ	航天
12	GA	公共安全	35	QX	气象
13	GY	广播电影电视	36	SB	商业
14	HB	航空	37	SC	水产
15	HG	化工	38	SH	石油化工
16	HJ	环境保护	39	SJ	电子
17	HS	海关	40	SL	水利
18	HY	海洋	41	SN	商检
19	JB	机械	42	SY	石油天然气
20	JC	建材	43	SY	海洋石油天然气
21	JG	建筑工业	44	TB	铁路运输
22	JR	金融	45	TD	土地管理
23	JT	交通	46	TY	体育

续表

序号	代号	含义	序号	代号	含义
47	WB	物资管理	53	YB	黑色冶金
48	WH	文化	54	YC	烟草
49	WJ	兵工民品	55	YD	通信
50	WM	外经贸	56	YS	有色冶金
51	WS	卫生	57	YY	医药
52	XB	稀土	58	YZ	邮政

表2—6　　　　　　　　　　　　地方标准代号

序号	代号	含义	管理部门
1	DB＋*	中华人民共和国强制性地方标准代号	省级质量技术监督局
2	DB＋*/T	中华人民共和国推荐性地方标准代号	省级质量技术监督局

注：*表示省级行政区划代码前两位。

表2—7　　　　　　　　　　　　企业标准代号

序号	代号	含义	管理部门
1	Q＋*	中华人民共和国企业产品标准	企业

注：*表示企业代号。

六、标准化组织

1. 我国的标准化组织 SAC

国家标准化管理委员会 SAC（Standardization Administration of the People's Republic of China）是国务院授权履行行政管理职能，统一管理全国标准化工作的主管机构。

国务院有关行政主管部门和有关行业协会也设有标准化管理机构，分工管理本部门、本行业的标准化工作。各省、自治区、直辖市及市、县质量技术监督局统一管理本行政区域的标准化工作。各省、自治区、直辖市和市、县政府部门也设有标准化管理机构。

国家标准化管理委员会对省、自治区、直辖市质量技术监督局的标准化工作实行业务领导。

2. 国际标准化组织 ISO

国际标准化组织 ISO（International Organization for Standardization），成立于1947年，其中央办事机构设在瑞士的日内瓦。中国既是发起国又是首批成员国。

国际标准化组织是一个由国家标准化机构组成的世界范围的联合会，是世界上最大的非政府性标准化专门机构，在国际标准化中占主导地位。到目前为止，ISO 有正式成员国 100 多个。根据该组织章程，每一个国家只能有一个最有代表性的标准化团体作为其成员，原国家质量技术监督局以 CSBTS 名义国参加 ISO 活动。

（1）ISO 的宗旨

在世界范围内促进标准化工作的发展，以利于国际物资交流和互助，并扩大知识、科学、技术和经济方面的合作。其主要任务是制定国际标准，协调世界范围内的标准化工作，与其他国际性组织合作研究有关标准化问题。

（2）ISO 的技术活动

制定并出版国际标准。ISO 的工作涉及除电工标准以外的各个技术领域的标准化活动。

进入 20 世纪 90 年代以后，通信技术领域的标准化工作展现出快速的发展趋势，成为国际标准化活动的重要组成部分。ISO 与国际电工委员会（IEC）和国际电信联盟（ITU）加强合作，相互协调，三大组织联合形成了全世界范围标准化工作的核心。

3. 国际电工委员会 IEC

国际电工委员会 IEC（International Electrotechnical Commission）起源于 1904 年在美国圣路易召开的一次电气大会上通过的一项决议。根据这项决议，1906 年成立了 IEC，它是世界上成立最早的一个标准化国际机构。

IEC 的宗旨是通过其成员，促进电工、电子领域的标准化和有关方面的国际合作，例如根据标准进行工作的合格评定，电气、电子和相关技术方面的合作等。

根据 IEC 的章程，IEC 的任务覆盖了包括电子、电磁、电工、电气、电信、能源生产和分配等所有电工技术的标准化。此外，在上述领域中的一些通用基础工作方面，IEC 也制定相应的国际标准，如术语和图形符号、测量方法和性能指标、可靠性、设计开发、安全和环境等。1997 年，根据来自 ISO/IEC 联合技术咨询委员会（JTAB）的建议，IEC 的所有标准、指南和技术报告的编号限定在 60000 至 79999 之内。原来的标准编号均加上 60000。如原标准 IEC34-1 改为 IEC60034-1。

IEC 标准的权威性是世界公认的。IEC 每年要在世界各地召开一百多次国际标准会议，世界各国近 10 万名专家参与了 IEC 的标准制订、修订工作。IEC 现在有技术委员会 88 个，分技术委员会 106 个。IEC 标准在迅速增加，1963 年只有 120 个，目前已经有 4 600 多个。

4. 国际电信联盟 ITU

国际电信联盟 ITU（International Telecommunication Union）是联合国的一个专门机构，也是联合国机构中历史最长的一个国际组织，简称"国际电联""电联"或"ITU"，成立于 1865 年 5 月 17 日，原名"国际电报联盟"。1932 年，70 个国家代表在西班牙马德里召开会议，决议把"国际电报联盟"改为"国际电信联盟"，这个名称一直沿用至今。

1947 年在美国大西洋城召开国际电信联盟会议，经联合国同意，国际电信联盟成为联合国一个专门机构。总部由瑞士伯尔尼迁至日内瓦。另外，还成立了国际频率登记委员会（IFRB）。

为了适应电信业发展的需要，国际电报联盟成立后，相继产生了三个咨询委员会：1924 年在巴黎成立的"国际电话咨询委员（CCIT）"；1926 年成立的国际电报咨询委员会；1927 年在华盛顿成立的"国际无线电咨询委员会（CCIR）"。这三个咨询委员会都召开了不少会议，解决了不少问题。1956 年，国际电话咨询委员会和国际电报咨询委员会合并称为"国际电报电话咨询委员会"，即 CCITT。

1972 年 12 月，国际电信联盟在日内瓦召开了全体代表大会，通过了国际电信联盟的改革方案，国际电信联盟的实质性工作由三大部门承担，它们是：国际电信联盟标准化部门（ITU-T）、国际电信联盟无线电通信部门和国际电信联盟电信发展部门。其中国际电信联盟标准化部门由原来国际电报电话咨询委员会（CCITT）和国际无线电咨询委员会（CCIR）的标准化工作部门合并而成，主要职责是完成国际电信联盟有关电信标准化的目标，使全世界的电信标准化。

我国于 1920 年加入了国际电报联盟，1972 年 5 月 30 日在国际电信联盟第 27 届行政理事会上，正式恢复了我国在国际电信联盟的合法权利和席位。

本 章 习 题

1. 简述主机的内部结构及相应的功能。
2. 计算机的输入、输出设备有哪些？
3. 简述总线和接口的类型。
4. 微型计算机有哪些性能指标？日常保养时要注意哪些事项？
5. 数据库、数据库管理系统与数据库系统三者之间有何区别？有何关系？

6. 什么是数据模型？它包含的三要素是什么？什么是数据模式？它与数据模型有何区别？概念数据模型与概念数据模式的含义是什么？

7. 多媒体技术有什么特点？它应用在哪些方面？

8. 多媒体系统由哪些部分组成？主要功能是什么？

9. 什么是计算机病毒？它有什么特点？有哪些常见的杀毒软件？

10. 简述信息与数据的概念以及信息的特征与生命周期。

11. 管理信息系统面临着哪些挑战？

12. 简述"标准"和"标准化"的定义及标准的获取方法。

13. 我国及国际上的主要标准化组织的简称是什么？

第3章
网络技术基础知识

本章主要介绍网络技术的基础知识。内容包括：通信系统的基本知识、计算机网络基础知识（计算机网络定义及分类、网络的层次结构与网络协议、计算机网络连接设备）；计算机局域网（局域网的拓扑结构、以太网的带有冲突检测的载波侦听多路访问技术、局域网的组网方式）；互联网及其应用（互联网概述、IP 地址、域名系统 DNS、路由器、因特网接入技术、因特网服务）共三个方面的知识。

3.1 通信系统的基本知识

 学习目标

➢掌握通信系统的组成

➢掌握带宽、传输速率的概念

➢掌握通信方式的概念

➢掌握传输介质的种类

➢掌握数据交换技术的概念

一、通信系统组成

通信的目的是信息传输。为了实现这一目的，通信必须具备 3 个必要条件：信

源、信息载体和信宿。信源、信息载体和信宿也称为通信的三要素。信源是发出信息的信息源，信息源可以是人，也可以是机器，例如，人通过麦克风讲话、计算机输出的信息等都可以看成是信息源。信息载体是传送信息的媒体，如空气、电缆等。信宿是信息的接收者。在数据通信中，计算机（或终端设备）起着信源和信宿的作用，通信线路和各种通信转接、中继设备构成了信息载体。

数据通信系统是指以计算机为中心，用通信线路将数据终端设备连接起来，执行数据通信的系统。如图 3—1 所示是最基本的数据通信系统。它由计算机（信源）、终端设备（信宿）、通信线路和信号变换器及反变换器组成。

图 3—1　通信系统的基本组成

变换器的作用是将信源发出的信息变换成适合在信道上传输的信号，对于不同的信源和信道，变换器有着不同的组成和功能。反变换器的功能与变换器的功能相反。反变换器将从信道上接收的信号变换成信宿可以接收的信号。

其中，信道是信息传输的通路。信道的传输媒体有电话线、双绞线、电缆、光缆等。有时传输媒体两端的设备也包括在信道中。一条实际的物理传输介质，如双绞线可包含多个逻辑信道。

在拨号上网时，通常用电话线传输信号。由于电话线只能传输模拟信号，而计算机只能处理数字信号。故计算机需通过调制解调器与电话线相连，这里调制解调器就起着变换器与反变换器的作用。

二、带宽与传输速率

1. 带宽

在信道中可传输信号的最高频率与最低频率之差称为带宽。例如，某一传输介质可接收从 5～8 kHz 的频率，那么，这一传输介质的带宽为 3 kHz。

带宽是通信系统中用来衡量信息传输容量的指标。信道的容量、传输速率都与带宽有关。一般来说带宽越大，信道的容量越大，传输速率也越高。

2. 传输速率

数据传输速率是数据通信系统的重要技术指标，用于表示单位时间内传输的信息量。在使用模拟信道进行数据传输时，要采用调制解调技术。这样，在调制器的入口和出口就分别存在两种速率术语：数据传输速率（也称信号传输率或位率）和调制速率（也称波特率或码元速率）。

数据传输速率和调制速率的关系如图 3—2 所示。

图 3—2　数据传输速率和调制速率的关系

数据传输速率是在数据信源的出口与调制器的入口、解调器的出口与数据信宿入口间的一种速率术语，指单位时间内传输的数据代码的比特数，有时又称为信号传输速率或位率。单位为比特/秒（bit/s）或 b/s（bit per second）。调制速率则是指信号被调制以后在单位时间内载波参数变化的次数，单位为波特/秒（Bps）。

三、通信方式

1. 单工、半双工、全双工

根据数据信息在传输线上的传送方向，数据通信方式分为单工通信、半双工通信和全双工通信 3 种。

（1）单工通信

单工通信是指数据信息在通信线上始终向一个方向传输，数据信息永远从发送端传输到接收端。例如，广播、电视就是单工传输方式，收音机、电视机只能分别接收来自电台、电视台的信号，不能进行相反方向的信息传输。

（2）半双工通信

半双工通信是指数据信息可以双向传输，但必须交替进行。半双工通信由于通信中要频繁地调换信道的方向，所以效率较低。如对讲机通信就是典型的半双工通信方式，在一方进行通话的时候另一方则不能进行通话，但通过开关切换可以改变通话方向。

（3）全双工通信

全双工通信能同时进行两个方向的通信，即两个信道可同时进行双向的数据传输。它相当于把两个相反方向的单工通信方式组合起来。全双工通信效率高，控制容易，适用于计算机之间的通信。普通电话是一种典型的全双工通信。

2. 串行传输与并行传输

数据通信的目的是实现计算机设备之间的信息传输。计算机中是用"0"和"1"的特定组合来表示字符的，根据组成字符的各比特在信道上是否同时传输这一特点，可将数据传输分为串行传输和并行传输两种方式。

（1）串行传输

串行传输是将组成字符的各个比特按顺序逐位地在信道上传输。其特点是传输速度慢，通信成本较低。串行传输适用于远程通信，目前计算机网络中所用的传输方式均为串行传输。

（2）并行传输

并行传输是组成字符的每个比特各占用一个信道，同时发往通信线路进行传输。并行传输速度快，一次可传输一个或多个字符，但通信成本高，每个比特需要一个单独的信道支持。目前正在研究的超高速计算机将采用并行传输的方式。

3. 基带传输与频带传输

根据数据在传输线上原样不变地传输还是调制后再传输，可将数据传输分为基带传输和频带传输两种方式。

（1）基带传输

在数字传输系统中，传输的对象通常是用"0""1"表示的数字信息。一般用一组电脉冲来表示数字信息。这些脉冲可以未经调制原封不动地在信道中传送。由于未经调制的电脉冲信号所占据的频带通常从直流和低频开始，因而称为数字基带信号。

在某些有线信道中，特别是在传输距离不太远的情况下，数字基带信号可以直接传送，利用基带信号直接传输的方式称为基带传输。基带传输时，传输信号的频率可以从 0（相当直流）到几百 MHz，甚至更高，要求信道有较宽的频率特性。一般的电话通信线不能满足这个要求，基带传输时应根据传输信号的频率范围选择专用的传输介质。

（2）频带传输

远距离通信时，一般采用电话线作传输介质，而电话线只适于传输音频范围（300～3 400 Hz）的模拟信号，不适合直接传输基带信号，故需先将数字基带信号转换为模拟信号。

例如，选取音频范围某一频率的正（余）弦模拟信号为载波，用它运载要传送的数字信号，在传输线上传送至另一端后，再将数字信号从载波上取出恢复为原来的信号，这种经调制以后的传输方式称为频带传输。

四、传输介质

1. 特性

传输介质是通信网络中发送方和接收方之间的物理通路，即通信线路。信息从发送方传输到接收方，其传输的质量与通信线路的特性有关。这些特性包括：

（1）物理特性

物理特性是指传输信号调制技术、传输容量及传输频带范围。

（2）地理范围

地理范围是指在不用中间设备的情况下，无失真传送所能达到的最大距离。

（3）抗干扰性

抗干扰性是指防止噪声对传输信息影响的能力。

（4）价格

价格是指线路安装、维护等费用。

2. 分类

网络通信中的传输介质分有线介质和无线介质两大类。用于网络通信的有线介质主要有同轴电缆、双绞线和光纤等。无线介质是指以辽阔的自由空间作为通信介质。

在无线介质中，可通过微波通信、卫星通信、蜂窝无线通信等进行信息的传输。

五．数据交换技术

数据在通信线路上传输的最简单形式，是在两个用传输介质直接连接的设备之间进行数据通信，例如点对点的通信。

如果有多个点之间进行相互通信，直接连接两个设备很不经济，也不现实，通常的做法是通过有中间结点的网络来把数据从源地发送到目的地，以此实现通信。

这些中间结点并不使用数据，其作用是提供一个交换设备，用这些设备把数据从一个结点传到另一个结点，直至到达目的地。

常用的数据交换技术有线路交换、报文交换和分组交换三种。

1. 线路交换

线路交换（Circuit Switching）是指通过网络结点在两个站之间建立一条专用的通信通道。线路一旦接通，相连接的两个站便可以直接通信，交换装置对通信双方的通信内容不进行任何干预。电话系统就是最普通的线路交换的例子。

2. 报文交换

在报文交换（Message Switching）中不需要在两个站之间建立一条专用通路。如果一个站想要发送一个报文，就把一个目的地址和源地址附加在报文上，然后把报文经网络传送到目的地。

每个结点都接收整个报文，若下一个线路忙，则暂存这个报文，等到线路空闲时再发送到下一个结点。报文交换的主要缺点是它不能满足实时通信的要求。

3. 分组交换

分组交换（Packets Switching）结合了报文交换和线路交换的优点，尽可能地克服了两者的缺点。

分组交换表面上看非常像报文交换，其主要区别在于：在分组交换中，要限制所传输的数据单位的长度，而在报文交换中数据是以整体为单位发送的。

为了区分这两种技术，分组交换系统中的数据单位通常称为分组。

3.2　计算机网络基础

3.2.1　计算机网络概述

 **学习目标**

➢掌握计算机网络的定义

➢掌握计算机网络的分类

➢掌握计算机网络的组成

➢掌握计算机网络管理的功能

➢掌握网络操作系统的作用

➢掌握计算机网络的功能和服务

一、计算机网络的定义

计算机网络是将地理上分散的多台独立自主的计算机，按照约定的通信协议，通过软硬件互连，以实现交互通信、资源共享、信息交换、协同工作以及在线处理等功能的系统。

简单地说，网络就是将若干台计算机用一定的方式连接起来所组成的系统。

二、计算机网络的分类

网络按地域范围分，可分为局域网 LAN（Local Area Network）、城域网 MAN（Metropolitan Area Network）和广域网 WAN（Wide Area Network）。

1. 局域网 LAN

局域网的规模一般较小，一个办公室里的几台计算机就可组成一个小型的局域网，一个办公大楼里的几十台计算机也可以组成局域网。

2. 城域网 MAN

在一个城市里，可以按系统组成各系统的城域网。例如，当地网通公司系统的城域网，政府系统的城域网，教育系统的城域网等。

3. 广域网 WAN

广域网覆盖的地理范围更大，少至几十千米，多到数万千米，有企业级的WAN，有省级的 WAN，还有国家级的 WAN。现在，大多数国家级的 WAN 已经连接在一起，形成了世界上最大的网络，即因特网 Internet。

总之，网络是一个系统概念，从最小的只有几台计算机组成的局域网，到一个城市的城域网，再到一片地域的广域网，直至世界上最大的网络——因特网。

三、计算机网络的组成

计算机网络在物理结构上可以分为网络硬件和网络软件两部分。计算机网络的组成如图 3—3 所示。

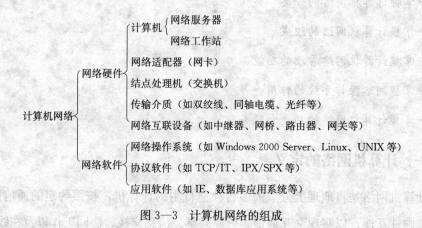

图 3—3 计算机网络的组成

有关计算机网络各部分的具体知识在本章和相应级别的培训教程中将具体介绍，此处从略。

四、计算机网络管理

1. 计算机网络管理系统的组成

现代计算机网络管理系统由四个要素组成：若干被管代理（Managed Agents）、至少一个网络管理器（Networks Manager）、一种网络管理协议（Network Management Protocol）和一个或多个管理信息库（Management Information Base，MIB）。其中，网络管理协议是最重要的部分，它定义了网络管理器与被管代理间的通信方法，规定了管理信息库的存储结构、信息库中关键字的含义以及各种事件的处理方法。

目前有影响的网络管理协议是 SNMP（Simple Network Management Protocol，简单网络管理协议）和 CMIS/CMIP（Common Management Information Service，公共信息管理服务；Common Management Information Protocol，公共信息管理协议），它们代表着目前两大网络管理解决方案。其中，SNMP 流传最广，应用最多，获得的支持也最大，已经成为事实上的工业标准。

2. 计算机网络管理功能

国际标准化组织（ISO）将计算机网络管理的功能划分为五个功能域，分别是故障管理、配置管理、计费管理、性能管理、安全管理。

（1）故障管理

故障管理是网络管理最基本的功能之一，其功能主要是使管理中心能够实时监测网络中的故障，并能对故障作出诊断和进行定位，从而能够对故障进行排除或能够对网络故障进行快速隔离，以保证网络能够连续可靠地运行。

故障管理主要包括故障的检测、定位与恢复等功能，具体有告警报告、事件报告管理、日志控制功能、测试管理功能、可信度及诊断测试分类 5 个标准。

（2）配置管理

配置管理是用来定义网络、识别初始化网络、配置网络、控制和检测网络中被管对象的功能集合，它包括客体管理、状态管理和关系管理 3 个标准。其目的是实现某个特定的功能或使网络性能达到最优，网络管理应具有随着网络变化，对网络进行再配置的功能。

（3）计费管理

计费管理主要记录用户使用网络情况，统计不同线路、不同资源的利用情况。它对一些公共商用网络尤为重要。它可以估算出用户使用网络资源可能需要的费用和代价。

网络管理员还可规定用户可使用的最大费用，从而防止用户过多占用网络资源，这也从另一个方面提高了网络的效率。

（4）性能管理

性能管理是以提高网络性能为准则，其目的是保证在使用最少的网络资源和具有最小网络时延的前提下，网络能提供可靠、连续的通信能力。

性能管理具有监视和分析被管网络及其所提供服务的性能机制的能力，其性能分析的结果可能会触发某个诊断测试过程或重新配置网络以维持网络的性能。

（5）安全管理

安全管理的目的：一是为了网络用户和网络资源不被非法使用；二是确保网络管理系统本身不被非法访问。它包括安全告警报告功能、安全审计跟踪功能以及访问控制的客体和属性3个标准。

通常一个具体的网络管理系统并不包含网络管理的全部功能，不同的系统可能会选取其中的几个功能加以实现，但几乎每个网络管理系统都会包括故障管理的功能。

在建立网络管理系统时，应首先确定自身的需求；其次根据需求确定网管的管理方式，选择合适的网管软件平台以及网管软件版本；最后考虑既支持网管软件平台，又能满足网管要求的硬件设备，最终构成高性能价格比的网管平台。

五、网络操作系统

1. 网络操作系统概述

类似于微型计算机需要 Windows XP 等操作系统一样，计算机网络也需要有相应的操作系统支持。网络操作系统（Network Operation System，NOS）是使网络上各计算机能方便而有效地共享网络资源，为网络用户提供所需各种服务的软件和有关规程的集合，是网络环境下，用户与网络资源之间的接口。对于局域网来说，人们选择其产品，很大程度上是在选择网络操作系统。

（1）网络操作系统的功能

网络操作系统除了具备单机操作系统所需的功能（如内存管理、CPU 管理、输入/输出管理、文件管理等）外，还应有下列功能。

1）提供高效可靠的网络通信能力。

2）共享资源管理。

3）提供多项网络服务功能，如远程管理、文件传输、电子邮件、远程打印等。

4）网络管理。

5）提供网络接口。

（2）网络操作系统的特点

作为网络用户和计算机网络之间的接口，一个典型的网络操作系统一般具有以下特征：

1）硬件独立。也就是说，它应当独立于具体的硬件平台，支持多平台，即系统应该可以运行于各种硬件平台之上。例如，可以运行于基于 X86 的 Intel 系统，还可以运行于基于 RISC 精简指令集的系统如 DEC Alpha、MIPS R4000 等。当用户作系统迁移时，可以直接将基于 Intel 机器的系统平滑地转移到 RISC 系列主机上，不必修改系统。

2）网络特性。具体来说就是管理计算机资源并提供良好的用户界面。网络操作系统是运行于网络上的，因此首先需要具备共享资源的管理功能，比如 Novell 公司的 NetWare 最著名的特点就是它的文件服务和打印管理。

3）可移植性和可集成性。具有良好的可移植性和可集成性也是现代网络操作系统必须具备的特征。

4）多用户、多任务。在多进程系统中，为了避免两个进程并行处理所带来的问题，可以采用多线程的处理方式。线程相对于进程而言，需要更少的系统开销，管理更容易。抢先式多任务就是指操作系统无需专门等待某一线程完成后，再将系统控制权交给其他线程，而是主动将系统控制权交给首先申请得到系统资源的线程，这样就可以使系统具有更好的操作性能。支持 SMP（对称多处理）技术等也是对现代网络操作系统的基本要求。

2. 网络操作系统简介

目前，可供选择的网络操作系统多种多样，流行的网络操作系统有 Windows、NetWare、UNIX、Linux 等，下面对它们做一简单介绍。

（1）UNIX 网络操作系统

UNIX 诞生于 1969 年。虽然当前 Windows 系列已经基本占据了桌面计算机的市场，在网络服务器领域也得到了部分用户的承认，但在高端工作站和服务器领域，UNIX 仍然具有无可替代的作用，尤其在网络服务器方面，UNIX 的高性能、高可靠性以及高度可扩展的能力仍然是其他操作系统所不能代替的。

目前，UNIX 常用的版本有 AT&T 和 SCO 公司推出的 UNIXSVR3.2、UNIXSVR4.0 以及由 Univell 推出的 UNIXSVR4.2 等。从 UNIXSVR3.2 开始，TCP/IP 协议便以模块方式运行于 UNIX 操作系统上了。从 4.0 版开始，TCP/IP 已经开始成为 UNIX 操作系统的核心组成部分。

UNIX 属于集中式处理的操作系统，它具有多任务、多用户、集中管理、安全保护性能好等许多显著的优点，因此，在讲究集成、通信能力的现在，它在市场上仍占有一定份额，在 Internet 中大型服务器上大多使用了 UNIX 操作系统。众多的 Internet 服务提供商（Internet Service Provider，ISP）的服务器也在使用 UNIX 操作系统。

由于普通用户不易掌握 UNIX 系统，因此在局域网上很少使用 UNIX 系统。

（2）Novell 公司的网络操作系统 NetWare

从 20 世纪 80 年代起，Novell 公司充分吸收 UNIX 操作系统的多用户、多任务的思想，推出了网络操作系统 NetWare。由于它的设计思想成熟、实用，并运用了开放系统的概念，如文件服务器概念、系统容错技术及开放系统体系结构（OSA），所以 NetWare 已逐渐成为世界各国局域网操作系统的标准。

NetWare 的发展主要经历了 NetWare 86、286 和 386 等阶段。每个阶段的 NetWare 都推出了不同的版本，例如，NetWare386V3.1x 和 NetWare4.x 等。其中，NetWare4.x 和 5.0 的推出，使 Novell 公司在网络操作系统市场上仍保持先进水平。NetWare 以其先进的目录服务环境，集成、方便的管理手段，简单的安装过程等特点，受到用户的好评。

但是，应当指出，随着 Windows 系列操作系统的广泛使用，NetWare 的市场份额正在逐步减少。

（3）Microsoft 公司的网络操作系统

Microsoft 公司于 1995 年 10 月推出了 Windows NT Server 3.51 网络操作系统，Server 3.51 的可靠性、安全性及较强的网络功能赢得了许多网络用户的欢迎。1996 年微软公司推出了界面和 Windows 95 基本相同而内核是以 NT Server 3.51 为基础的 Windows NT 4.0 版。Windows NT 4.0 是全 32 位的操作系统，提供了多种功能强大的网络服务功能，如文件服务器、打印服务器、远程访问服务器以及 Internet 信息服务器等。

WindowsNT Server 4.0 的系统结构是建立在最新的操作系统理论基础上的，如 WindowsNT 内置了建立 Web 服务器、FTP 服务器和 Gopher 服务器的工具。因此它的性能比 NetWare 和 UNIX 更优越，所以它已经广泛占据了市场，取代了 NetWare 和 UNIX 在网络操作系统领域的霸主地位。2000 年 3 月微软公司推出了 WindowsNT 4.0 升级版，命名为 Windows2000 Server，2003 年推出了 Windows 2003 Server，2008 年推出了最新的 Windows 2008 server，它集成了最新、最强的 Internet 应用程序和服务。

（4）Linux 网络操作系统

Linux 是一种可以运行在 PC 机上的免费的网络操作系统，诞生于 1991 年。因其源程序在 Internet 上公开，所以世界各地的编程爱好者都可以对 Linux 进行改进和编写各种应用程序，今天 Linux 已发展成一个功能强大的操作系统。

由于 Linux 具有结构清晰、功能简捷等特点，许多大专院校的学生和科研机构的研究人员纷纷把它作为学习和研究的对象。他们在更正原有 Linux 版本中错误的同时，也不断地为 Linux 增加新的功能。在众多热心者的努力下，Linux 逐渐成为一个稳定、可靠、功能完善的操作系统。一些软件公司，如 RedHat、InfoMagic 等也不失时机地推出了自己的以 Linux 为核心的操作系统版本，这大大推动了 Linux 的商品化。在一些大的计算机公司的支持下，Linux 还被移植到以 Alpha APX、PowerPC、MIPS 及 SPARC 等微处理机的系统上。Linux 的使用日益广泛，其影响力直逼 UNIX。

在相同的硬件条件下，Linux 通常比 Windows、NetWare 和大多数 UNIX 系统的性能更卓越。至今已经有上万个 ISP、许多大学实验室和商业公司选择了 Linux，因为所有人都期望拥有在各种环境中均很可靠的服务器和网络。

六、计算机网络的功能和服务

1. 计算机网络的功能

目前计算机网络的主要功能有以下几类。

（1）数据传输

计算机网络能使不同地点、不同单位的计算机之间可以方便地进行数据传输。

（2）资源共享

用户可以共享网络上其他计算机上的软件或硬件资源，而不必考虑其所在的地理位置。

（3）实现分布式的信息处理

对于单机无法解决的复杂的信息处理问题，可以借助网络中的多台计算机协同完成。

（4）提高计算机系统的可靠性和可用性

对于实时性的计算机控制系统，一台计算机出现故障，其正在执行的任务可以由网络中的其他计算机继续执行，存储的数据可以在多台计算机上同时备份。

2. 计算机网络的服务

（1）办公自动化

1）电子政务。电子政务是利用计算机网络技术有效地实现政府行政、服务及内部管理等功能，在政府和社会公众之间建立有机服务系统的集合。它包括内部管理、行政管理、对公众服务等方面的应用。对政府内部管理方面的应用包括文件的传递与交换、电子邮件、利用计算机的语音留言来完成办公自动化、电子化的人事管理、电子化的计划管理以及电子化的档案管理等。

行政管理方面的应用包括电子化的交通管理、电子化的税收管理、电子化的工商管理以及电子法规等。服务大众方面的应用包括电子化的网上办公、网上政策及办公咨询、网上政策及信息发布、电子化的人才信息管理以及网上就业市场等。应当说，利用电子政务可以大大提高政府的办公效率，为公众提供了一个可以在任何时候和任何地点都可以获得帮助的政府。不论是进行信息的查询，还是处理与政府相关的事情，都可以利用互联网或相应的通信设备进行，而不必像过去那样，办每一件事都必须与公务员面对面地处理才能完成所办的事务。由于电子政务可以不分时间和地点进行，因此使政府的工作真正处于全天候的状态，当然也使政府的办公地点不再受地理区域的限制。可以说，电子政务系统的建立，将使部门与部门之间、上级与下级之间的工作更加协调，内部办事效率大大提高，也将使得政府对城市和社会的管理工作水平上一个新台阶。

2）电子邮件服务。电子邮件（Electronic Mail，E-mail）是一种用电子手段提供信息交换的通信方式，其内容包括文字、图片、数据、软件等各种信息。

3）可视会议。可视会议又称为电视会议，是一种提供无距离的面对面会议的通信工具，与会者只需坐在自己的计算机前，不需要亲临会议地点，就可以一起讨论、解决问题，这种同时可以传输声音、图像的系统，往往通过宽带、高速的网络实现。

4）分布式数据库。随着办公现代化的发展，计算机网络的渗透力越来越强，数据库处理也由集中式发展成为分布式。分布式数据库是由分布于一个网络的若干个节点上的数据库组成，它们在物理上是分散的，而在逻辑上是完整的。分布式数据库具有可靠性高（节点发生故障时数据容易恢复）、响应时间短、扩充性强、管理方便等优点。

（2）电子商务

1）电子数据交换。电子数据交换（Electronic Data Interchange，EDI）是将金融、贸易、运输、保险、海关等行业信息，用一种国际公认的标准格式，通过计算机网络通信，实现各企事业单位之间的数据交换，并完成以贸易为中心的业务过程。EDI在发达国家已经得到广泛应用，我国的"三金"（金关、金桥、金卡）工程之一的"金关"工程就是作为 EDI 的通信平台而建的。

2）电子商务。电子商务就是以计算机网络为基础，通过网络完成产品订货、产品宣传、产品交易以及货币支付等贸易环节。目前最完整的也是最高级的电子商务是利用 Internet 网络进行全部的贸易活动，即在互联网上完整实现信息流、资金流等的传递。也就是说，从寻找客户开始，一直到洽谈、订货、在线付（收）款、开电子发票以至到电子报关、电子纳税等全部可以通过 Internet 实现。电子商务和传统的商务活动不同，它不受时间和空间的限制，大大降低了经营成本。

（3）在线服务

在线服务（Online Service）是指用户通过计算机网络得到诸如天气预报、交通状况、电子邮件、图文传真、远程教育、购物、订票等各种服务的系统。随着计算机系统的价格及通信费用的不断下降，在线服务会发展得越来越快、越来越完善。

1）远程教育。远程教育又称为电子教育，是利用计算机网络进行教育的一种新型的教学模式。美国在 20 世纪 80 年代末和 90 年代初开始开展电子教育，学员可以在家中利用自己的计算机网络读完从大学学士到博士学位的所有课程，并获得相应的学位。利用电子教育，学生可以在自己的计算机上运行计算机辅助教学（Computer Aided Instruction，CAI）软件，自由掌握课程的进度，从根本上解决了定时教育带来的弊端，给在职人员的继续学习和深造带来了方便。

2）校园网。校园网是在学校校园内实现计算机资源及其他网内资源共享的通信网络，在发达国家由于计算机网络发展较早，学校校园网已经普及。目前，我国的校园网发展也很快。

3）金融管理。在金融领域，证券交易、期货交易及信用卡等业务也离不开计算机网络。而且随着电子商务的发展，金融业和计算机网络的结合也更加紧密，许多金融业务都纷纷移植到了网络上。人们通过 Internet 就可以完成储蓄、股票买卖等。

此外，计算机网络在军事、娱乐等方面也有诸多应用，网上休闲、消遣已经逐渐成为时尚。

3.2.2 网络协议与网络的层次结构

 学习目标

➤掌握计算机网络协议的概念

> ➤ 掌握计算机网络层次的结构
>
> ➤ 掌握开放式系统互连 OSI 网络模型
>
> ➤ 掌握 TCP/IP 体系结构

由于计算机网络具有多种类型，不仅从网络的分布区域上有局域网、城域网和因特网多种类型，而且具体到一个网络，例如一个由几台计算机组成的局域网络，也是一个复杂的系统。局域网组网时要有网线，在计算机里要插入网卡，当要从一台计算机向另一台计算机传送数据时，还应当对数据进行处理等，这里有两个问题需要解决：

一是网络内部的结构如何分析，二是不同网络之间在传送数据时，由于网络彼此之间千差万别，需要制定一套彼此都能使用的网络协议，以保证数据的正确传递。下面分别叙述网络协议和网络的层次结构。

一、网络协议

协议是当事双方为了完成某一事项所制定的一套规则。就像在商品市场中签订的合同，供求双方在买卖前要先签订一份合同即协议。同样地，在通信领域，通信双方为了实现通信也需要制定对话规则。例如，在寄信时，信封必须按照一定的格式书写收信人和发信人的地址，否则，信件可能不能到达目的地，信件的内容也必须使用双方都能看得懂的语言书写，否则收信人就看不懂信件的内容。

在计算机网络中，信息的传输与交换也必须遵守一定的协议，而且传输协议的质量直接影响着对一个网络性能的评价。网络协议是网络上所有设备（如网络服务器、计算机及交换机、路由器、防火墙等）之间通信规则的集合，它定义了通信时信息必须采用的格式和这些格式的意义。

网络协议通常由语义、语法和定时关系三部分组成。语义定义做什么，语法定义怎么做，而定时关系则定义何时做。

计算机网络是一个庞大、复杂的系统。网络的通信规约也不是一个网络协议可以描述清楚的。因此，在计算机网络中存在多种协议。每一种协议都有其设计目标和需要解决的问题，同时，每一种协议也有其优点和使用限制。这样做的主要目的是使协议的设计、分析、实现和测试简单化。

为了避免重复工作，每个协议应该处理没有被其他协议处理过的那部分通信问题，同时，这些协议之间也可以共享数据和信息。例如，有些协议工作在网络的较低层次上，用来保证数据信息能够通过网卡到达通信电缆；而有些协议工作在较高层次上，用来保证数据能够到达对方主机上。这些协议相互作用，协同工作，共同完成了整个网络的信息通信。

随着网络的种类不断扩大，网络的应用也越来越广泛和深入。但是，由于不同网络使用不同的硬件和软件，结果造成大部分网络不能兼容，而且很难在不同的网络之间进行通信。

为了解决这些问题，人们迫切盼望一个标准的网络协议的出台。而要制订网络协议，首先就需要对网络内部的层次结构进行分析和研究。

二、网络的层次结构

由于计算机网络是一个庞大、复杂的系统，为了正确地分析网络的内部和外部结构，通常的方法是对网络的结构进行层次划分，将一个复杂的系统划分成若干个较小的、简单的部分，通过解决这些较小的、简单的问题，从而掌握计算机网络这个大的系统。

划分的原则是，在划分计算机网络结构的层次时，将功能相似或紧密相关的模块放置在同一层次上。每个层次向上一层提供服务，向下一层请求服务。相邻的两层之间保持松散的耦合，使相邻两层之间的信息流动减到最小。

根据这种划分网络结构的层次的思想，目前常用的网络层次结构有两种：

一种是国际标准化组织 ISO 提出的 OSI 开放式系统互连参考模型（Open System Interconnect Reference Model）。另一种是由一些大的网络公司和科研机构提出的并在因特网上得到广泛应用的 TCP/IP 体系结构。下面分别介绍这两种网络层次结构。

三、OSI 参考模型

开放式系统互连 OSI 网络模型是由国际标准化组织 ISO 提出的，用来统一网络协议的标准。开放式系统互连 OSI 模型是一个描述网络层次结构的模型，其标准保证了各种类型网络技术的兼容性和互操作性。OSI 参考模型说明了信息在网络中的传输过程，即信息如何从一台计算机的一个应用程序到达网络中另一台计算机的另一个应用程序。

开放系统互连 OSI 网络模型规定：在网络上的软硬件要以一种分层的方式来协同工作。它把网络的行为定义为 7 层（Layer），OSI 网络模型如图 3—4 所示。

按照 OSI 网络模型的基本原理，数据从节点 A 到节点 B 的通信过程是：由节点 A 高层开始，每一层将数据和控制信号传递给紧接着它的下一层，一直到最低层，在最低层通过传输线将数据传输到节点 B，实现两节点间的物理通信；在节点

133

图3—4 OSI网络模型

B将接收的数据和控制信号，再由最低层向高层传递，最终实现高层间的数据通信。

在OSI模型中，越下层的行为越接近硬件的传输行为，而越上层的行为越接近用户的操作行为。例如，第1层物理层定义的是关于网络电缆等硬件的规格，主要解决二进制信息数据流的传输问题；第2层数据链路层是定义的网卡驱动程序的行为和接入介质（如电缆、光缆等）的数据连接问题等；第3层网络层主要解决寻址和路由问题；第4层传输层主要解决网络上端到端的连接问题；第5层会话层解决互连主机的通信问题；第6层表示层解决的是数据表示问题；第7层应用层提供网络应用的服务。

1. 物理层：二进制数据传输

物理层处于OSI参考模型的最低层。利用物理传输介质为数据链路层提供物理连接，负责处理数据传输率并监控数据出错率，以便透明地传送二进制比特流。物理层的特性包括电压、频率、数据传输速率、最大传输距离、物理连接器及其相关的属性。

2. 数据链路层：接入介质

在物理层提供二进制比特流传输服务的基础上，数据链路层通过在通信的实体之间建立数据链路连接，传送以"帧"为单位的数据，使有差错的物理线路变成无差错的数据链路，保证点到点可靠的数据传输。

数据链路层主要解决的问题包括物理地址、网络拓扑、线路规划、错误通告、数据帧的有序传输和流量控制。

3. 网络层：寻址和路由

网络层的主要功能是为处在不同网络系统中的两个节点设备通信提供一条逻辑

通道，要解决的主要问题包括路由选择、拥塞控制与网络互联等。

4. 传输层：端到端连接

传输层的主要任务是向用户提供可靠的端到端服务，透明地传送报文。它是计算机通信体系结构中最关键的一层。

传输层要解决的主要问题包括建立、维护和中断虚电路、传输差错校验和恢复以及信息流量控制机制等。

5. 会话层：互联主机的通信

会话层用来建立、管理和终止应用程序进程之间的会话和数据交换。这种会话关系是由两个或多个表示层实体之间的对话构成的。

6. 表示层：数据表示

表示层用来保证一个系统的应用层所发出的信息，能被另一个系统的应用层读出。

表示层能用一种通用的数据表示格式，在多种数据表示格式之间进行转换。它包括数据格式变换、数据加密与解密、数据压缩与恢复等功能。

7. 应用层：网络应用

应用层是 OSI 参考模型中最靠近用户的一层，它为用户的应用程序提供网络服务。这些应用程序包括字处理、电子表格等。

应用层能够识别并证实目的通信方的可用性，使协同工作的应用程序之间进行同步，建立传输错误纠正和数据完整性控制方面的协定，判断是否为所需的通信过程留有足够的资源。

四、TCP/IP 体系结构

虽然 ISO/OSI 参考模型是国际标准化组织提出的计算机网络体系标准，但是 OSI 参考模型定义过分繁杂，实现比较困难。特别是随着因特网用户的飞速增长，人们越来越感到 TCP/IP 网络体系结构相比 OSI 参考模型更加适合因特网，因此 TCP/IP 体系结构已成为了目前最流行的商业化网络协议。

1. TCP/IP 体系结构对网络的划分

TCP/IP 体系结构将网络划分为应用层（Application layer）、传输层（Transport layer）、互联层（Internet layer）和网络接口层（Network interface layer）4 层，并且 TCP/IP 的分层体系结构与 ISO/OSI 参考模型具有一定的对应关系（见图 3—5）。

在图 3—5 中，TCP/IP 体系结构的应用层与 OSI 参考模型的应用层、表示层

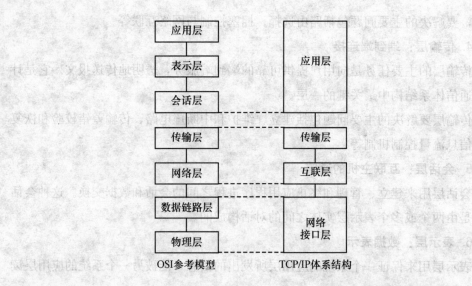

图 3—5 TCP/IP 体系结构与 OSI 参考模型的对应关系

和会话层相对应，TCP/IP 的传输层与 OSI 的传输层相对应，TCP/IP 的互联层与 OSI 的网络层相对应，TCP/IP 的网络接口层与 OSI 的数据链路层及物理层相对应。

TCP/IP 网络协议原本是因特网使用的通信协议，但目前它也成为了局域网和广域网事实上的工业标准协议，几乎所有的网络操作系统都支持 TCP/IP，在 Windows 2000/2003 Server 网络操作系统中，TCP/IP 是默认的协议。

2. TCP/IP 网络协议的特点

（1）开放的协议标准，可以免费使用，并且独立于特定的计算机硬件与操作系统，可以运行在局域网、广域网以及互联网中。

（2）统一的网络地址分配方案，使得所有互联设备在网中都具有唯一的地址。

（3）标准化的高层协议，可以提供多种可靠的用户服务。

TCP/IP 网络协议是一组协议的统称，其中以 IP（网络互联协议）和 TCP（传输控制协议）最为重要，IP 协议为各种不同的通信子网或局域网提供了一个统一的互连平台，TCP 协议为应用程序提供了端到端的通信和控制功能。因而将这些网络协议统称为 TCP/IP 网络协议。

3.2.3 计算机网络连接设备

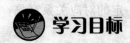 **学习目标**

➢ 掌握双绞线、RJ45 插头的结构

> ➤ 掌握网络适配器的功能和结构

> ➤ 掌握信息插座、面板、明装盒和 110 打线工具的结构和使用方法

> ➤ 掌握机柜和配线架的作用

> ➤ 掌握光缆及其连接件的种类

> ➤ 掌握集线器、网络交换机、光收发器等设备的功能

> ➤ 掌握中继器和网桥的功能

一、双绞线

双绞线是用一对或多对相互缠绕的铜芯导线构成的网络连接线（见图 3—6）。它通过导线间相互缠绕可以减少电磁波的干扰。

双绞线分为屏蔽双绞线 STP（Shielded Twisted Pair）和非屏蔽双绞线 UTP（Unshielded Twisted Pair）两种。屏蔽双绞线在缠绕的导线之外又包裹着一层可导电的铝箔或铜网，可更有效地屏蔽电磁波干扰。

现在，局域网一般都是高速 100 兆或 1 000 兆网，双绞线使用五类非屏蔽双绞线，它由四对（8 根）相互缠绕的铜芯导线构成。8 根铜芯导线的塑料外皮颜色分别用 8 种颜色标志以示区别，这 8 种颜色是：橙、白橙、绿、白绿、蓝、白蓝、棕、白棕。对应颜色的一对导线相互缠绕在一起，例如橙和白橙的导线绕在一起，绿和白绿的导线绕在一起等。所谓"白橙"，是在白色的底色上涂上橙色的色点或线条。其余类推。

按照国际标准，双绞线分为五级，见表 3—1。级数越高，表示它的单位长度上的缠绕数越多，其屏蔽性能越好。

表 3—1　　　　　　　　　　　双绞线的分类

分类	性能	主要用途
第一类	无缠绕，只能传输语音，不能传输数据	电话线
第二类	无缠绕，但可传输数据，传输速率可达 4 Mbp	传输数据和语音
第三类	每 10 cm 缠绕一次，传输速率可达 10 Mbps	10 兆（10 BaseT）网线
第四类	缠绕较密，传输速率可达 16 Mbps	令牌环网网线
第五类	缠绕紧密，传输速率可达 100 Mbps	100 兆高速网网线

注：Mbps 是速率的单位，表示 10^6 个二进制数据位/秒。

二、RJ45 插头及 RJ 夹线钳

RJ45 插头用于连接双绞线，实际连接时要使用 RJ45 夹线钳，它们的外形如图

3—6、图3—7所示。

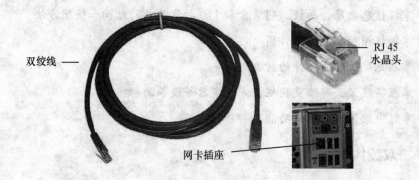

双绞线 ——
RJ 45
水晶头
网卡插座

图3—6 双绞线、RJ45水晶头、网卡插座

旋转剥线

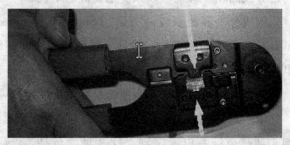

图3—7 用RJ45夹线钳制作网线的过程

连接网线时，摁下双绞线一端水晶头上的小塑料片，同时将水晶头对正墙上（或交换机上）的网口，迅速插入。然后用同样的方法将双绞线另一端水晶头上插入机箱背面网卡插座。

RJ45插头与RJ11电话线插头相似，但RJ11电话线插头只能容纳2根或4根导线，而RJ45插头可容纳8根导线。由于RJ45插头是用透明塑料和金属片制成，人们常称它为"水晶头"。

RJ45插头必须用RJ45夹线钳接到双绞线上。国产的RJ45夹线钳每把约200元左右，进口的约800元左右。购买时一定要选择质量好的夹线钳，否则，用劣质的夹线钳连接双绞线和RJ45插头，很容易造成双绞线中的8根芯线中有一根或多根与RJ45插头接触不好，给网络的使用埋下隐患，对网络调试和日后管理工作带来无穷无尽的麻烦。

三、网卡

在网络上的所有计算机都要安装网卡，并给网卡安装上相关的驱动程序，再用网线将各个计算机的网卡互相连接起来，才能连成网络。

网卡的全称是网络适配器，是计算机和网线之间的物理接口。网卡不但要接收网络上送来的数据，还要将这种数据转换成 CPU 能够理解的字节流，当 CPU 要向网络上送出数据时，网卡还要对将要发送的数据进行处理，以适应网络关于数据格式的要求，然后向网络上的另一台计算机发送数据，并在计算机和网线之间控制数据流，直到完成发送。

按接口的类型不同网卡可分为 ISA 接口网卡和 PCI 接口网卡。

目前常用的是适用于以太网的、速度为 10 M/100 M 自适应或 100 M/1 000 M 自适应的 PCI 接口的网卡。所谓自适应，是指网卡实际接入网络后，能自动识别网络上对方的传输速度是 10 M 还是 100 M，并将网卡自己的速度自动设置成 10 M 或 100 M，以适应对方的传输速度。

如图 3—8 所示是 PCI 接口，10 M/100 M 自适应的 Acton En1207 网卡。它有一个 RJ45 插座，用于连接网线插头，有 3 个 LED 发光二极管，分别指示速率 10 M、速率 100 M 和是否连通网络三种工作情况。

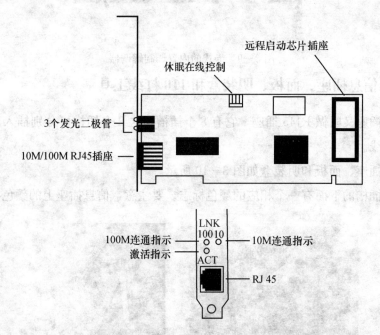

图 3—8　Acton En1207 网卡

网卡的种类，按数据总线的位数可分为 16 位、32 位和 64 位网卡，按网络类型又可分为以太网网卡、令牌环网卡、FDDI 光纤网网卡和 ATM LAN 网卡。按传输速度分可分为 10 M、100 M 和 1 000 M 网卡。

四、调制解调器

调制解调器的英文名字是 Modem，俗称"猫"，Modem 有两种产品：外接盒式和内置卡式，其功能都是对数据进行调制和解调，是计算机通过普通电话线接入因特网的必须设备。两种"猫"的安装和使用方法基本一样。卡式的内置调制解调器如图 3—9 所示。

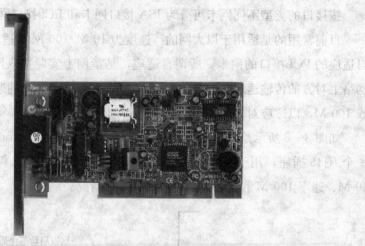

图 3—9 卡式的内置调制解调器

五、信息插座、面板、明装盒和 110 打线工具

信息插座又叫做 RJ45 插座，它有 8 个插槽，这 8 个插槽可分别插入双绞线里的 8 根芯线。

信息插座、面板和明装盒如图 3—10 所示。

每个插槽的下面有一个相应的颜色标志。要注意，信息插座上的颜色标志是按

图 3—10 信息插座、面板和明装盒

国际 EIA/TIA 标准排列的，该标准有两种，即 568A 和 568B。它们规定了双绞线的两种排序（见表 3—2）。为了获得最佳效果，普遍采用 568B 标准。

表 3—2　　　　　　　　　　双绞线的 8 根芯线的两种排序标准

引脚	1	2	3	4	5	6	7	8
标准 568A	白绿	绿	白橙	蓝	白蓝	橙	白棕	棕
标准 568B	白橙	橙	白绿	蓝	白蓝	绿	白棕	棕

这 8 种颜色即白橙、橙、白绿、绿、白蓝、蓝、白棕、棕，与双绞线的 8 根芯线的 8 种颜色是一致的。在插入时要按照颜色标志对应插入，不可插错。

信息插座要与明装盒、面板联合使用。在网络布线时，要先将明装盒用钢钉固定在墙上，把从房间外面引进来的双绞线从明装盒的后面小孔里穿入，再用一种专用工具即 110 打线工具将信息插座与双绞线连接起来，最后把信息插座插入面板，将面板用螺钉固定在明装盒上。

信息插座、面板和明装盒组件的作用相当于房间墙壁上的 220 V 电源插座：电源插座用于插入电器的电源线插头，而信息插座组件则是用于插入 RJ45 插头（该 RJ45 插头已经接在双绞线的一头，双绞线的另一头通过 RJ45 插头连接到计算机的网卡上）。

110 打线工具包括主体和手把两部分。主体可以卸下，它的两头一头是插刀，一头是剪刀。先将双绞线的 8 根线头分别塞到信息插座的对应插槽里，注意要按信息插座上的 B 挡颜色标志塞入线头。用 110 打线工具的插刀将这些线头挤入信息插座的插槽底部。再用 110 打线工具的剪刀将线头的多余部分剪掉。

六、机柜

机柜（见图 3—11）用于放置交换机、配线架和其他网络连接设备。机柜按高度不同有 0.7 m、1.1 m、1.5 m 和 2 m 等多种规格，可根据实际情况选用。

机柜里有电源插座和风扇等，在选购时应注意检查它们的质量。

七、配线架

配线架放置在机柜里，它包含 16～24 个信息插座。从机柜外引入的若干条双绞线就分别被连接到配

图 3—11　机柜

线架的各个信息插座上，再用两头夹好 RJ45 插头的双绞线，一头插入相应的信息插座里，另一头插入交换机的对应插座里，这样就把从机柜外引入的双绞线连接到了交换机。

当然也可以不用配线架而直接将从机柜外引入的双绞线用 RJ45 插头连接到交换机，但是通过配线架来引入，可以方便管理，便于检查故障。配线架的价格在几百元至一千多元之间。

八、光缆及其连接件

光缆由光纤组成，既可以由单根光纤组成，也可以由多根光纤组成。光纤也叫做光导纤维。光纤由玻璃或塑料制成，它由 3 部分组成：芯、包层和吸收外层。芯用于传递光信号，包层将光折射到芯上，吸收层用于吸收未发射到芯上的光和起保护作用。

光缆广泛应用于高速的主干网络上。这是因为它具有频带宽、衰减小、信号传输距离远的特点。

1. 光纤的种类

光纤根据材料的反射特性不同，可分为多模光纤（Multi Mode Fiber，MMF）和单模光纤（Single Mode Fiber，SMF）两种。

（1）多模光纤

在多模光纤的纤芯里，来自光源的光在圆柱形的玻璃或塑料中传播，小角度的入射光被反射并沿着光纤传播，其余光线被周围的吸收外层所吸收，这种以多个反射角进行光传播的方式叫做多模方式。多模光纤的成本低，芯线宽，聚光好，但是它的带宽窄，传输性能较差，耗散大，效率低，一般用于低速度、短距离的传输。

（2）单模光纤

单模光纤的直径很小（$2\sim8~\mu m$），只有单个角度的轴向光束能通过，它的传输频带宽，容量大，耗散小，但是它的成本高，由于芯线很窄，难于与光源耦合，将两根光纤连接在一起的技术很难掌握，一般用于邮电、数据通信的高速、长距离主干线的传输。

由于光缆的传输单向性，如要进行双向通信，就要使用两股光纤。现在多数光缆是 4 芯的，即光缆里面有 4 根光纤。例如，现在用于传输有线电视信号用的光缆，一般是 4 芯的，其中有线电视信号占用了 2 芯，剩余 2 芯可用于宽带网通信。

2. 常用光纤

目前常用的光缆有以下几种：

(1) 8.3 μm/125 μm（芯/外层，下同）单模。

(2) 9.5 μm/125 μm 多模。

(3) 50 μm/125 μm 多模。

(4) 100 μm/140 μm 多模。

两根光缆的连接要用专门的连接器。光纤的端头要磨光的像镜面一样光滑，否则会影响光波的传输效率。光缆的施工一般要找有经验的专业网络公司进行。

九、集线器

集线器（Hub）的全名是共享式集线器，习惯上叫做 Hub，如图 3—12 所示是 DFE2624 型 10/100 M 自适应智能集线器。

图 3—12　DFE2624 型 10/100 M 自适应智能集线器

集线器用于连接网络上的工作站和服务器，它可以扩展网络的长度，对在传输过程中衰减的信号进行整形和放大，隔离网段（网络的一段），使某个网段里出现的故障不至于影响到其他网段。

集线器是共享设备。集线器对传输的数据能进行传输和简单的放大，但没有处理能力。

在使用集线器的网络上，各个站点共享网络资源，在任意时刻只有一个用户能够使用该网络资源传输数据，不允许两台以上的工作站同时发送信号。当多点同时发送数据时，就会在传输线上造成信号的冲突，导致传输失败并重新发送数据，因而降低了传输效率，使网络带宽下降。例如，一个 10 Mbps 的集线器如果有 10 台工作站在工作，那么每台工作站只能分配到 1 Mbps 的带宽。

DFE2624 型 10/100 M 自适应智能集线器能自动识别工作站使用的是 10 M 网卡还是 100 M 网卡。集线器的前面板有 24 个 RJ45 插座端口，可以连接 24 台工作站或服务器。还有 1 个 up-Link 端口，叫做级联口，用于连接另一台集线器。但要注意，up-Link 端口还与第 1 号端口相连，两者不能同时使用，当第 1 号端口用于连接工作站时，就不能同时用 up-Link 端口去连接另一台集线器；反之，当 up-Link 端口用于连接另一台集线器时，就不能用第 1 号端口同时去连接某一台工作站。前面板上有 24 个发光二极管，分别显示对应端口的工作情况。另外还有一个电源指示灯，显示电源的开关状态。DFE 2624 型 10/100 M 自适应智能集线器的后面板有电源插座、电源开关等。

十、网络交换机

1. 网络交换机（Switch）的内部结构

如图 3—13 所示是 DES-1024R 型网络交换机。它有 24 个 10/100 M 自适应的端口，可连接 24 台工作站，还有一个级联口，它与 1 号端口在内部相连。

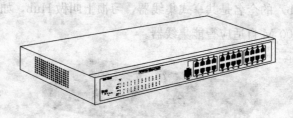

图 3—13　DES-1024R 型网络交换机

另外，还有 24 个发光二极管，对应着 24 个端口的工作情况，另有一个发光二极管做电源指示灯。

2. 网络交换机的工作原理

网络交换机的作用与集线器相同，但是和集线器工作原理不同。集线器是共享设备而网络交换机是交换设备。

网络交换机具有数据传输和处理的功能。在使用网络交换机的网络上，各个站点拥有独立的带宽，可以实现并行数据传输。平时，它的所有端口都不连通，当工作站需要通信时，它能同时连通许多对端口，使每一对相互通信的工作站都像独占网络通道一样，进行无冲突的数据传送，因而提高了线路的利用率。

可见，网络交换机不同于采用广播方式传送信号的集线器。网络交换机充分利用了网络的资源和带宽，提高了信号的传输速率。目前，网络交换机的价格不断降低，已经接近集线器的价位，因此建议组网时应优先采用网络交换机。

几款 10/100 M 自适应网络交换机的性能对照见表 3—3。

表 3—3　　　　　　几款常见 10/100 M 自适应网络交换机性能对照表

厂商	名称	端口数	扩展槽	参考价格（元）
3COM	3C16981/16980	12/24	100Base-FX	13 700/19 800
Cisco	C2924-XL-A	24		15 900
Accton	ES-2027	24	10/100M-TX，100M-FX	7 200
Intel	ES 510T	24	100Base-FX	18 000
D-Link	DES-1016R/1024R	16/24		4 000/6 000

十一、光收发器

光收发器是一种光/电转换设备。它可以将由光缆送入的光信号，转换为以太网的数据电信号，通过双绞线送入网络交换机；也可将由网络交换机送入的数据电信号，转换为光信号，经过光缆发送出去。下面介绍两种光收发器产品。

1. 100 M 以太网多模光收发器 NIF-M100

NIF-M100 多模光收发器如图 3—14 所示，它能实现 100 M 以太网 UTP 接口到光接口的转换，利用多模光纤的传输特性，将局域网距离延伸到 2 km 以上，完全符合 IEEE 802.3 100Base-TX、100Base-FX 标准，支持全双工或半双工工作模式，优质的光收发一体模块能提供良好的光特性和电气特性，保证数据的可靠传输，是宽带 IP 接入的理想产品。

图 3—14　NIF-M100 多模光收发器

NIF-M100 多模光收发器的技术指标如下：

（1）网络标准：IEEE 802.3 100Base-TX、100Base-FX 标准。

（2）多模光纤连接（波长：850 nm，1 310 nm）。

（3）光接口：SC/ST 可选。

（4）传输距离：2 km。

（5）全双工/半双工模式自适应。

（6）外观尺寸：135mm（长）×75 mm（宽）×25 mm（高）。

（7）电源：+5 V DC 外置电源。

（8）工作湿度：5％～95％（非凝结状态）。

（9）工作温度：0～50℃。

NIF-M100 多模光收发器的典型应用如图 3—15 所示。

2. 100M 以太网单模光收发器 NIF-S100

NIF-S100 单模光收发器如图 3—16 所示。它能实现 100 M 以太网 UTP 接口

145

图 3—15 NIF-M100 多模光收发器的典型应用

到光接口的转换，利用单模光纤的传输特性，将局域网距离延伸到 20～80 km 以上，完全符合 IEEE 802.3 100Base-TX、100Base-FX 标准，支持全双工或半双工工作模式，优质的光收发一体模块提供良好的光特性和电气特性，保证数据传输可靠，是宽带 IP 接入的理想产品。

图 3—16 NIF-S100 单模光收发器

NIF-S100 单模光收发器的技术指标如下：

（1）网络标准：IEEE 802.3 100Base-TX、100Base-FX 标准。

（2）单模光纤连接（波长：1 310 nm，1 550 nm）。

（3）光接口：SC。

（4）距离：20～80 km。

（5）全双工/半双工模式自适应。

（6）尺寸：135 mm（长）×75mm（宽）×25 mm（高）。

（7）电源：+5 V DC 外置电源。

（8）湿度：5%～95%（非凝结状态）。

（9）温度：0～50℃。

NIF-S100 单模光收发器的典型应用如图 3—17 所示。

图 3—17 NIF-S100 单模光收发器的典型应用

十二、中继器（Repeater）

在一个网络中，每一网段的传输媒介均有最大传输距离（如细缆最大网段长度为 185 m，粗缆的是 500 m 等），超过这个长度，传输介质中的数据信号就会衰减。

如果需要比较长的传输距离，就需要安装一种叫做"中继器"的设备。

中继器可以"延长"传输介质的长度，在网络数据传输中起到信号放大的作用。数据经过中继器，不进行数据包的转换，中继器连接的两个网络在物理上是同一个网络。

中继器的主要优点是安装简单、使用方便、价格低廉。它不仅能起到扩展网络距离的作用，还可将不同传输介质的网络连接在一起。中继器工作在物理层，对于高层协议完全透明。

十三、网桥（Bridge）

当两种类型相同但又使用不同物理层通信协议的网络互连时，就需要使用桥接器，也就是通常所说的网桥。

网桥的工作原理是：当网桥刚加电启动时，它对网络中的工作站"一无所知"，在工作站开始传送数据时，网桥会自动记下其 MAC 地址，直到建立起一张完整的 MAC 地址表为止，这被称为"学习"的过程，一旦 MAC 地址表建成，数据再通过网桥时，网桥就根据 MAC 地址表检查信息包中的目的 MAC 地址进行数据转发。

网桥对应 OSI 参考模型的第一层和第二层（物理层与数据链路层）。当两个不同类型数据链路层的网络彼此相连时，必须使用网桥。例如，LAN A 是 Token Ring，LAN B 是 Ethernet，这时就可用网桥将这两个网络连接在一起。

3.3　计算机局域网

3.3.1　局域网的拓扑结构

 学习目标

➢掌握总线型、星型、环型拓扑结构的主要特点

➢掌握以太网和令牌环网的结构特点

➢掌握以太网的信息冲突与解决技术

一、局域网的三种拓扑结构

网络的拓扑结构是指网络上站点（如计算机、网络交换机等）的连接方式。基本的网络拓扑结构有：总线型、星型和环型，如图3—18所示。

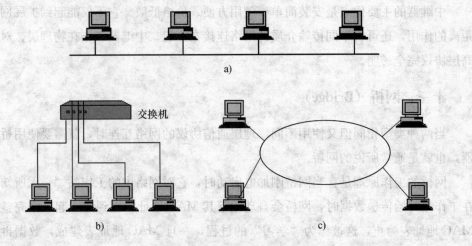

图3—18　网络的拓扑结构
a）总线型　b）星型　c）环型

1. 总线型拓扑结构

总线型结构采用一条公用的信号传输线，如图3—18a所示，网络上的所有站点都串联在这条总线上。它的成本低，费用少，但效率低，稳定性差。每个站点上的计算机发送的信号都在总线上传送，并被站点上所有的计算机接收。当这些站点都要收发信号时，就会彼此争抢总线带宽，造成总线带宽的浪费。现在网络上已经很少采用这种结构。

2. 星型拓扑结构

星型结构是最常用的网络结构。如图3—18b所示，在星型结构中，将所有的站点都连接到一个中心连接设备上去，这个中心连接设备是网络交换机。每个站点上的计算机发出的信号首先送到网络交换机，再由网络交换机将信号转发到要去的目的地。

用网络交换机建构的星型结构的优点很多。

（1）效率高，站点之间传送信号的路径最短，信号线上的数据量最少，能充分利用网络带宽。

（2）由于所有信号都必须通过中心站点，因而中心站点能够对网络上的信号通信量和网络故障进行检测和管理，随时报告错误信息，实现了对网络的集中控制和管理。

（3）可随时增加和减少网络站点，扩充性好。但星型结构的费用较高，因为它所使用的传输线数量较多。

（4）要求网络交换机的性能较高，网络交换机一旦出现故障，整个网络就会瘫痪。尽管这样，由于星型结构具有较高的工作稳定性和效率，因而得到了广泛应用。

在图 3—18b 中，如果在其中的某台计算机的位置上将该计算机改换成另一台网络交换机，这另一台网络交换机就成为了二级网络交换机，若在二级网络交换机下面再连接一些计算机，二级网络交换机与它下面的计算机之间的连接也是星型结构，这样，两级星型结构上下级连起来，就构成了所谓的"树"型结构。树型结构是实际使用中最常用的网络拓扑结构。

3. 环型拓扑结构

环型结构中的每台计算机都要先连接到一个转发器上，再将所有的转发器连接成一个闭合的环，如图 3—18c 所示。

信号从一个站点发出，依次传输到下一个站点，直到送到目的地。环型网在工作时，要求每个站点都必须开机，环上任何一点如果出现故障，整个网络就会瘫痪。所以环型网的可靠性较低，要求每个站点上的计算机性能都要很好，费用大，但环型网上的每段可以使用不同的介质，适合使用光纤组网，构成高速网。

二、以太网和令牌环网

局域网按其网络结构及网络访问方式又可分以太网和令牌环网。

1. 以太网

以太网在组网时一般采用总线型拓扑结构，即使是采用星型物理拓扑结构，虽然在形状上看是星型结构，但在逻辑上即在交换机里实际的电信号流转过程中它还是总线型的。

这种总线型的结构在信息收发过程中会产生信号之间的冲突，为此多采用一种带有冲突检测的载波侦听多路访问 CSMA/CD（Carrier Sense Multiple Access With Collision Detection）技术来解决。我们将采用了 CSMA/CD 技术的总线型局域网叫做以太网。关于以太网如何解决信号的冲突问题，将在后面专门介绍。

2. 令牌环网

在使用光纤组网的局域网里，其分布式的数据接口（Fiber Distributed Data

Interface，FDDI）采用光纤作为传输介质，网络采用环型拓扑结构。

为了解决网络中不同计算机所发出的信号在网络流转中可能产生的信号碰撞问题，这种环型网使用一个称为"令牌"的输出信号模型。当网上所有的站点都处于空闲时，令牌就沿环绕行。当某一个站点要求发送数据时，必须等待，直到捕获到经过该站的令牌为止。这时，该站点可以用改变令牌中一个特殊字段的方法把令牌标记成已被使用，并把令牌作为数据帧的帧头一起发送到环上。与此同时，环上不再有令牌，因此有发送要求的站点必须等待。环上的每个站点检测并转发环上的数据帧，比较目的地址是否与自身站点地址相符，从而决定是否拷贝该数据帧。数据帧在环上绕行一周后，由发送站点将其删除。发送站点在发完其所有信息帧（或者允许发送的时间间隔到达）后，生成一个新的令牌，并将该新令牌发送到环上。如果该站点下游的某一个站点有数据要发送，它就能捕获这个令牌，并利用该令牌发送数据。

从以上描述可以看出，FDDI 令牌环网中的数据传输过程可以分为数据帧的发送、接收和删除三个阶段。

由于环型网是使用"令牌"作为共享介质的访问控制方法，因而将 FDDI 网叫做令牌环网。

三、信息冲突与解决技术

1. 总线型网络在数据传输过程中的信息冲突问题

以太网（Ethernet）是一种最常用的局域网。以太网采用总线型拓扑结构。尽管在组建以太网过程中通常使用星型物理拓扑结构，但在逻辑上它是属于总线型的。

以太网中的一个节点如果要发送数据，它是通过"广播"方式将数据送往共享介质，连在总线上的所有节点都能"收听"到发送节点发送的数据信号。由于以太网中没有控制中心，所有节点都可以利用总线传输，因此，在同一时刻，可能有多个节点同时向总线广播自己的数据，因而造成数据混乱，发生发送数据的冲突。冲突的产生是由于在以太网中，任何节点都没有可预约的发送时间，它们的发送是随机的，网络中不存在集中的控制节点，所有节点都是平等地争用发送时间。争用一旦产生，冲突不可避免。

2. CSMA/CD 访问控制技术

为了有效地对总线这种共享信道进行控制，以太网在网络中传输数据时，采用了一种叫做"带有冲突监测的载波侦听多路访问 CSMA/CD 技术"。CSMA/CD 存取控制方式属于随机争用方式。

CSMA/CD 在发送数据时，遵循"先听后发，边听边发，冲突停止，延迟重发"的原则。即局域网中的任一节点要利用总线发送数据时，首先要侦听总线的忙、闲状态。如果总线上已经有数据信号传输，那么它就等待，直到总线空闲为止。在总线空闲时，节点便可以启动发送过程。当有两个或多个节点在同一时刻发送数据因而发生冲突时，双方立即停止发送，在随机延迟一段时间后，再次进行发送的尝试，直到发送成功。

在接收数据时，以太网中的各节点同样需要监测信道的状态，一旦发现有冲突发生，立即停止接收，并将接收到的数据废弃。如果在整个接收过程中没有发生冲突，接收节点在收到一个完整的数据后，即可对数据进行接收的有关处理。

3.3.2 局域网的组网方式

 **学习目标**

➢ 掌握客户机/服务器组网方式的主要特点
➢ 掌握工作组组网方式的主要特点
➢ 掌握无盘站组网方式的主要特点

局域网有三种组网方式：客户机/服务器组网方式、工作组组网方式和无盘站组网方式。

一、客户机/服务器组网方式

在客户机/服务器网络中，是把组成局域网的计算机分成服务器和客户机两种角色，在组网的若干台计算机中指定一台或几台专用的计算机作为服务器，在服务器里要安装网络操作系统，如 Windows NT、Windows 2000 Server、UNIX、Novell Netware 和 Linux 等网络操作系统。服务器的作用是为网上其他的计算机提供服务，并且对整个网络中的工作站和资源进行管理。而接受服务和管理的其他计算机就叫做客户机。客户机/服务器方式的网络拓扑结构如图 3—19 所示。

在客户机/服务器网络中，服务器要先对网络中的计算机划定一个或几个区域，每个区域叫做一个"域"。然后给域中的每个使用网络的用户设置一个账户（即设置一个用户名和一个密码）。当用户要使用网络中的某台计算机时，他必须输入自己的账户（用户名和密码），否则，就不能登录网络。这样就保证了网络的安

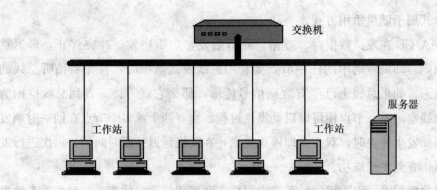

图 3—19　服务器/工作站组网配置方案

全使用和有序管理。这台管理着其他客户机的账户的服务器叫做域管理器。

在客户/服务器模型中，计算机任务分散在独立的个人计算机中，分别作为客户机，服务器在中心位置为用户存储文件，提供对访问网络资源的服务，例如，使用网络上的打印机、CD-ROM 驱动器和软件。基于服务器的网络能够提供可靠的数据管理、信息共享、网络管理以及安全功能。

二、工作组组网方式

在工作组组网方式的网络中，各台计算机的地位是平等的，每台计算机都是自己管理自己，不受别的计算机管理，因为在工作组网络中，没有管理整个网络的中心管理员——域管理器。

工作组组网方式可以任意地对计算机进行分组，例如，在一个办公大楼里的计算机可根据办公室（如有 3 台计算机）、教务处（如有 5 台计算机）和总务处（如有 4 台计算机）等，分成几个工作组，即办公室组、教务处组和总务处组。然后给每一个组起一个工作组的名字。但是，在同一个工作组里的计算机要具有相同的工作组的名字（例如，办公室里的 3 台计算机的工作组名都是“bgs”，教务处里的计算机的工作组名都叫做“jwc”）。

一个工作组里的每台计算机可以各自有自己的账户（用户名和密码），所有这些计算机彼此之间直接连接和通信，用户在自己的工作组里可以查找彼此计算机中的共享文件和共用的打印机。

在工作组网络中，每台计算机既可以为其他的计算机提供资源服务（这时它具有服务器的角色），它也可以要求网络上的其他计算机为自己提供服务（这时它是作为客户机的角色）。由此可见在工作组中的每台计算机的地位是平等的，因此，工作组网络又叫做对等网络。

在对等网中，每个用户都可以自主决定，在自己的计算机中哪些文件或文件夹能够在网络上共享，即可以让其他工作站查看和使用。通过共享资源，可以让用户访问网络中其他工作站里的共享文件夹中的信息，可以使用连接在其他计算机上的打印机进行打印，而不必再使用移动存储器进行信息的交换。

在工作组网络中，既可以有普通的计算机，也可以有服务器，例如打印服务器，只是这些服务器不具有域管理器的功能，它们中没有一台具有管理该网络中其他计算机账户的功能。

对等网的管理一般比较简单方便。管理网络的责任在于各个工作站上的用户自己。这对于那些缺乏大型网络管理经验的一般计算机用户是很合适的。

工作组组网方式适用于少量计算机所组成的网络。因为对等网在安全性的管理上，不如基于服务器的网络。另外，当网络中的工作站数量增加时，网络的效率会明显下降。

域和工作组的不同之处在于：

（1）它们的创建方式不同

工作组可以由任何一个计算机用户来创建，他在工作组中输入一个新的工作组名称，重新启动计算机后就创建了一个新组，每台计算机都可以创建一个组。而域只能由系统管理员在服务器上来创建，其他的计算机只能加入这个域。

（2）它们的安全机制不同

在域中，由系统管理员在服务器里给每台使用计算机的用户设置了一个用户名和一个密码，即设置了一个用户账号。账号只能由域的系统管理员来建立。在工作组中不存在组账号，只有本计算机的账号。

（3）登录方式不同

在工作组方式下，计算机启动后就自动进入了工作组中。在域模式下，登录域是要提交域用户名和密码的，一旦登录到域中，便被赋予了相应的权限。而且，只要用户有了域中的一个账号，就可以在域中的任何一台计算机上登录，从而也就可以以自己的身份和权限来使用这台计算机了。

三、无盘站组网方式

无盘站网实际上是服务器/客户机网络模型的一种简化形式，它是用几十台没有硬盘的计算机做工作站，用一台有硬盘的计算机做服务器，在服务器上安装了网络操作系统 Windows NT 或 Windows 2000 Server，对这些工作站进行管理。由于无盘站网只是在工作站的计算机里省略了硬盘，在网络结构上仍然属于服务器/客户机网络模型。

在早期，硬盘的价格非常昂贵，由于无盘站节省了几十个硬盘，因而无盘站组网方式的成本在当时来看较低，被不少单位采用。但它安装管理十分麻烦，工作很不稳定。在实际使用中，用户上机时经常出现死机故障，给工作造成损失。而现在，在硬盘的价格不断下降的情况下，已没有必要再用无盘站组网方式了，这样做得不偿失。

在许多实际组网中，这几种方案都存在。服务器/工作站组网模式，要求额外配置一台高性能的计算机作为服务器，因此要多增加设备费用。但这种模式的功能多，能进行安全管理，效率较高；而对等网结构简单，设备费用较低，组网时的调试工作量较少，但网络安全等性能较差，当网络上的工作站数量较多时，网络的传输速率就会下降，因此，对等网较适合于小型办公使用。

四、网络机房的硬件组成

网络机房的硬件通常由服务器、工作站、网络交换机和传输媒体等部分组成。

1. 服务器

服务器（Server）是一种高性能的计算机。在网络中，它为网络上其他的计算机提供各种服务，管理着整个网络，是网络系统的控制管理中心。而在网络中接受服务器管理的其他计算机就叫做客户机或者工作站。

服务器管理着网络中的各种信息，对信息进行汇集、处理和存储。这要求服务器的 CPU 处理能力要强，处理速度要快，服务器与外界的交流通道要通畅，磁盘的容量要大，其读写速率也要快而可靠。一般来说，服务器在处理能力、稳定性、可靠性、安全性、可扩展性、可管理性等方面比普通计算机要强。

2. 工作站

除了服务器以外，在网络机房里的其他计算机都是工作站（Workstation）。工作站是一些普通的计算机，从网络服务上看，它是客户机，即网络服务的一个用户。但有时也将工作站当做一台特殊应用的服务器使用，如带有一台打印机的工作站，通过设置，可将这台打印机当成网络打印机使用，这台连接打印机的工作站就可以叫做打印服务器。

3.4 计算机互联网及其应用

3.4.1 互联网概述

 学习目标

➤ 掌握互联网的定义
➤ 掌握路由的概念
➤ 掌握 TCP/IP 的内涵

一、互联网的定义

Internet 的标准中文译名是因特网，Internet 是由分布在世界各地的、数以万计的、各种规模的计算机网络，借助于网络互联设备——路由器，相互连接而形成的全球性的互联网。Internet 是世界范围的一个巨大的信息资源宝库，被人们称为全球信息资源网，每个 Internet 用户都可以访问网上的资源和接受各种网络服务。

Internet 建立在 TCP/IP 协议族上，它由各个子网（如 LAN、WAN 等）互连而成，在每个子网中存在着数量不等的主机，主机可以是网上的客户机、服务器或者路由器等设备。Internet 上的信息服务资源一般配置在相应的服务器上，用户通过访问服务器上所需要的资源获得相应的信息服务。

Internet 的国际管理组织是 1992 年成立的 Internet 协会。它是一个不受任何政府或个人控制的全球性的、非赢利的组织。Internet 协会用来确定资源管理、地址分配和制定标准协议等工作的原则。

目前，我国有四个国家级的骨干网络与 Internet 互联，它们是：中国公用计算机网 CHINANET、中国教育和科研计算机网 CERNET、中国科学技术计算机网 CSTNET 和中国金桥因特网 CHINAGBN。

二、网络互联与路由

由于世界上存在着各种各样的网络，不同的网络在网络结构和数据传送方式上都存在很大差异，因此需要使用专用的网络设备——路由器（Router）将两个或多个物理网络相互连接起来。在图3—20中a、b、c、d、e都是路由器，如果主机A要与主机B进行通信，就要通过这些路由器以及网络1、网络2、网络3等，建立通信的数据链路，将数据传送过去。

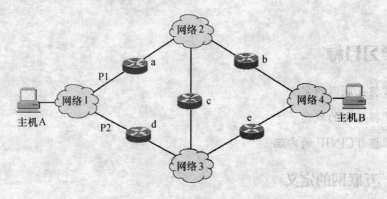

图3—20　物理网络之间使用路由器实现互联

互联网屏蔽了各个物理网络的差别，隐藏了各个物理网络内部的细节，为用户提供通用服务。为了便于理解，用户可以认为互联网就是一个虚拟网络系统，如图3—21所示。这个虚拟网络系统是对互联网结构的抽象，它提供通用的通信服务，能够将所有的主机都互联起来，实现全方位的通信。

图3—21　互联网与虚拟网的概念

三、路由的概念

所谓路由，就是在网络之间传送数据时所要选择的路径。

例如，在图 3—20 中，当位于网络 1 中的主机 A 需要发送一个数据单元 P1 到位于网络 4 中的主机 B 时，可以有多种路径的选择，例如，首先由主机 A 进行路由选择，判断 P1 到达主机 B 的最佳路径。如果它认为 P1 经过路由器 a 到达主机 B 是一条最佳路径，那么，主机 A 就将 P1 投递给路由器 a。路由器 a 收到主机 A 发送的数据单元 P1 后，根据自己掌握的路由信息为 P1 选择一条到达主机 B 的最佳路径，也就是决定将 P1 传递给路由器 b 还是 c。这样，P1 经过多个路由器的中继和转发，最终将到达目的主机 B。

如果主机 A 需要发送另一个数据单元 P2 到主机 B，那么，主机 A 同样需要对 P2 进行路由选择。由于设备对每一数据单元的路由选择独立进行，因此，数据单元 P2 到达目的主机 B 可能经过了一条与 P1 完全不同的路径。

四、TCP/IP

网络互联协议即 IP（Internet Protocol）是互联解决方案中最常使用的协议。支持 IP 协议的路由器称为 IP 路由器（IP router），IP 协议处理的数据单元叫做 IP 数据包（IP datagram）。

提示：使用 IP 的互联网，就是因特网。互联网用以小写字母"i"开头的"internet"表示，因特网用以大写字母"I"开头的 Internet 表示。

每个 IP 数据包由首部和数据部两部分组成：

首部	数据部

其中，数据包的首部包含了该数据包要送达的目的地的地址等信息。IP 协议精确定义了 IP 数据包格式，并且对数据包寻址和路由、数据包分片和重组、差错控制和处理等作出了具体规定。

发送数据的主机需要按 IP 将整个数据分装成数据包，路由器需要按 IP 协议选择路径，传送数据包。IP 数据包从源主机出发，在沿途各个路由器的控制下，就可以顺利地到达目的主机，接收数据的主机需要按 IP 协议将数据包恢复成完整的数据。

1. 网络互联协议 IP

IP 网络互联协议是 OSI 模型的第 3 层——网络层进行数据传输时所使用的协议，它的任务是将数据包从源端传送到目的端。在网络层，发送方发出的数据包的首部中包含目的地址。

在 IP 网络互联协议的控制下，数据根据这个目的地址，通过直达线路或者选择适当的路径即路由，从一台网络设备传送到另一台网络设备。

IP 传输的每个数据包都是独立的。在传输中可能出现数据包的丢失、重复或延迟，因而目的地接收到的数据包的前后顺序可能发生错乱。这些问题是由 OSI 更高层（传输层）中的协议即传输控制协议 TCP 来解决的。

2. 传输控制协议 TCP

传输控制协议 TCP 是在 OSI 模型的第 4 层——传输层中使用的数据传输协议，它提供从进程到进程的数据通信服务，以建立高可靠性的消息传输连接为目的。在 IP 数据包的传输过程中，TCP 负责把用户数据按一定的格式和长度组成多个数据包进行发送，并在接收到数据包之后按分解顺序重新组装和恢复用户数据。

首先，当 IP 数据包出现丢失、不按顺序传递、重复或延迟等错误时，TCP 通过差错控制与流量控制，纠正 IP 数据包的这些错误，按顺序传递数据包，通过计算和校验，当发现错误时，让发送方重新发送数据包。其次，当 IP 数据包传送到目的主机时，目的主机可能有若干个进程同时进行通信，TCP 能够正确区别 IP 数据包并将其传送给对应的进程。还有，TCP 是一种有连接的协议，发送方在向接收方发送数据前，通过"握手"协议来与接收端建立连接，形成一条虚拟的通信线路即逻辑连接来进行通信，通过创建多个逻辑连接以提高连接的可靠性。

在 TCP 中，为了在数据传输时区分不同的应用层协议，使用端口来标识不同的应用层协议。端口的实质是一种地址。每个端口都有一个端口号。常用的端口号是：20——FTP 服务器的数据通道；21——FTP 服务器的控制通道；23——Telnet 服务器；25——SMTP 服务器；80——Web 服务器。

3.4.2 IP 地址

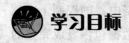 学习目标

➤ 掌握逻辑地址和物理地址的概念

➤ 掌握 IP 地址、网络地址、主机地址等概念和 IP 地址的分类

➤ 掌握子网掩码的概念

➤ 掌握默认网关的概念

一、计算机在网络中的地址

计算机在网络中有两种地址：逻辑地址和物理地址。其中逻辑地址是由因特网 Internet 通信协议即 TCP/IP 协议规定的，叫做计算机的 IP 地址；而物理地址是指计算机中所安装的网卡所具有的地址，叫做网卡地址或 MAC 地址。IP 地址是由国际网络信息中心 NIC 来分配的；而 MAC 地址是由国际网卡生产厂家管理组织来分配的。

1. 计算机的 IP 地址

为了区分连入网络的计算机和各种网络设备（如交换机、路由器等），必须给每一台计算机或者网络设备分配一个地址，这个地址叫做计算机的因特网协议地址（Internet Protocol Address），简称 IP 地址，IP 地址是网络协议 TCP/IP 用来标识网络设备（主机）的唯一标识符。

IP 地址使用机器语言的二进制数来表示，二进制的 IP 地址共有 32 位，分为 4 组，每组为 8 位二进制数，即 1 个字节，字节与字节之间用"."来分隔，叫做"二进制点分法"。例如，某个主机的 IP 地址是：

11000000.10100000.00000000.00000001

显然，上述写法很麻烦，实际应用中是使用十进制数来表示 IP 地址。例如上述地址用十进制数来表示，就是：

192.168.0.1

这种写法叫做"十进制点分法"。

为了使因特网上的每一个 IP 地址都对应唯一的一台主机，国际因特网组织规定，将因特网上的每个 IP 地址分为两个部分：网络地址和主机地址。即：

IP 地址

网络地址（net ID）	主机地址（host ID）

（1）网络地址

网络地址用于标识一个网络。网络地址表示在同一物理子网上的所有计算机和网络设备的全体。在网际网中（各个局域网互连形成的网络），每一个子网有一个唯一的网络地址。

（2）主机地址

在每个具体的网络中，要给每一台主机分配一个主机地址，用来在这个网络中区别每一台主机。

2. IP 地址的分类

为了适应不同规模网络的需求，Internet 国际组织根据 IP 地址中网络地址和主机地址所占的位数的不同，将 IP 地址分为 A、B、C、D、E 五类（见表 3—4）。每一类网络可以从 IP 地址的第一个数字中看出。

表 3—4   IP 地址的分类

地址种类	w 值	网络地址	主机地址	网络总数	每 1 个网络中的主机总数
A 类	0～127	w	x. y. z	126	16777214（超大型网络）
B 类	128～191	w. x	y. z	16384	65534（大型网络）
C 类	192～223	w. x. z	z	2097151	254（小型网络）
D 类	224～239				多址广播地址
E 类	240～255				实验地址

表 3—4 给出了 IP 地址的第 1 个字节与网络地址和主机之间的关系及总数。这里用 w. x. y. z 表示一个 IP 地址。

（1）A 类地址

A 类地址以第 1 个字节作为网络地址，后 3 个字节作为主机地址。一个 A 类地址的网络，至多可以容纳 2^{24} 个主机，即大约 1 678 万个主机地址。A 类地址所对应的网络是一种巨大型网络。

对于 A 类网络来说，第 1 个字节中的第 1 个二进制数必须是"0"。这样，A 类地址的网络地址范围，用二进制数来表示，就是从 00000000 到 01111111，用十进制数表示，就是从 0 到 127。其中 127 用于广播，这样，全世界只有 126 个可能的 A 类地址。

（2）B 类地址

B 类地址用 IP 地址中的前两个字节作为网络地址，后两个字节作为主机地址。一个 B 类地址的网络至多可以容纳 2^{16} 个主机，即 65 536 个主机地址。这类地址是为中型网络提供的。

对于 B 类网络来说，地址的前两位必须是"10"，即其 IP 地址的第 1 个字节必须是介于 10000000 和 10111111 之间，也即介于十进制数 128 和 191 之间。

（3）C 类地址

C 类地址用 IP 地址的前 3 个字节作为网络地址，最后 1 个字节作为主机地址。一个 C 类地址的网络至多可以容纳 2^8 个主机，即 256 个主机。这类地址是为小型网络提供的。

对于 C 类网络来说，地址的前三位必须是"110"。即其 IP 地址的第 1 个字节必须是介于 192 和 223 之间。全世界总共有 200 多万个可能的 C 类地址，一般局域网使用的网络大部分都是 C 类地址。

（4）D 类地址和 E 类地址

D 类地址是广播地址。E 类地址是保留给以后使用的。

（5）私有地址

为了方便没有连接到因特网的小型网络的使用，国际因特网组织又规定了一些私有地址，也叫做专用地址，以便与以上的 5 类公有地址相区别。

A 类　10.0.0.0～10.255.255.255

B 类　172.16.0.0～172.31.255.255

C 类　192.168.0.0～192.168.255.255

如果用户的网络没有连接到因特网，那么可以在自己的局域网中使用以上私有地址。例如，一般网络教室中使用的私有地址是 192.168.0.1，192.168.0.2、192.168.0.3，……

3. IP 地址的管理

管理 A 类地址分配的机构是国际网络信息中心 NIC，管理 B 类地址分配的是 Inter NIC（北美）、APNIC（亚太）和 ENIC（欧洲）。

我国的 IP 地址是由中国互联网信息管理中心 CNNIC 管理的。各地区的 IP 地址是由这些组织决定的，都有一定的分配规律。

二、子网掩码

子网掩码用来区分 IP 地址中的网络地址和主机地址，还可以将一个大的网络划分为一些小的子网，以提高 IP 地址的利用率。

子网掩码也是一个 32 位的二进制数，用"."分成 4 个字节。为了方便使用，一般也是用十进制数表示，例如 255.255.255.0。

表 3—5 中给出了标准 IP 地址类的子网掩码的值。

表 3—5　　　　　　　　　　标准 IP 地址类的子网掩码

分类	子网掩码	子网掩码位
A 类	255.0.0.0	11111111.00000000.00000000.00000000
B 类	255.255.0.0	11111111.11111111.00000000.00000000
C 类	255.255.255.0	11111111.11111111.11111111.00000000

1. 利用子网掩码区分 IP 地址中的网络地址和主机地址

子网掩码可以界定网络地址和主机地址的边界，使用连续的都是"1"的位组来标识网络地址，都是"0"的位组来标识主机地址。

例如，IP 地址 192.168.0.1，这是一个 C 类地址，用二进制数位表示是：

11000000.10100000.00000000.00000001

根据表 3—5 的规定，它的子网掩码应当是 255.255.255.0，用二进制数位表示是：

11111111.11111111.11111111.00000000

IP 地址 192.168.0.1 与子网掩码 255.255.255.0 按它们的二进制数位做逻辑"与"运算后，所得出的数值中，非 0 的字节就是网络地址，剩余部分就是主机地址。在此例中网络地址是 11000000.10100000.00000000，即十进制数 192.168.0，主机地址是 00000001 即十进制数 1。

2. 利用子网掩码划分子网

子网掩码是一种应用广泛的地址复用技术，利用它可以将一个大的网络细分为一些小的网络即子网，以充分利用给定的 IP 地址。

例如，有一个 B 类网络，其网络地址是 191.0，即 2 个字节，其主机地址也是 2 个字节，主机地址可以从 0.0 一直延续到 255.255，它具有 2^{16} 个即 65 536 个主机地址。这个网络显得太大了，能够拥有几万台主机，显然，常用的网络不可能拥有这么多主机，如果这样划分势必造成主机地址的极大浪费。子网掩码就可以解决这个问题，它是在主机地址这一部分再划出一部分位数供子网使用，将主机地址进行分割，进一步划分成子网地址和主机地址，因而能够起到充分利用主机地址的作用。

利用子网掩码划分子网，可以使原来 IP 地址的两个基本组成扩充为 3 个组成，即网络地址、子网地址、主机地址。这实际上就是将原来 IP 地址中的主机地址又进一步细分为子网地址和主机地址，每个子网用来标识内部的不同网络。

例如，有一个 IP 地址为 197.198.199.200，其二进制数表示是：

11000101.11000110.11000111.11001000

它的子网掩码规定是 255.255.255.224，其二进制数表示是：

11111111.11111111.11111111.11100000

将以上两者做逻辑"与"运算后，所得到的数值中，非 0 的字节就是网络地址与子网地址，IP 地址剩余的地址就是主机地址。

在此例中，网络地址与子网地址是 197.198.199.6，主机地址是 8。又因为此地址是 C 类地址，所以网络地址是 197.198.199，子网地址是 6。

三、默认网关

默认网关是一个通向远程网络的接口地址。它就像是国家的海关一样，如果要把货物出口，或者进口货物，都要通过海关办理。在计算机网络中，担任"海关"角色的是路由器。在这个网络里给路由器设置一个本网络的 IP 地址（即它的网络号必须与本网络的网络号相同），那么，在这个网络中的任何一台计算机，要想同另一个远程网络进行通信，就必须在这台计算机中设置默认网关地址为那台路由器的 IP 地址。这样，当你的计算机要访问远程网络时，就会首先将请求信号发送到路由器，路由器经过判断，得知你的 IP 请求是指向另一个网络的，就将 IP 请求转送到另一个网络中去。如果你没有在你的计算机中指定默认网关，就只能在本网络中通信。

综上所述，在局域网中的计算机要上因特网，一定要给它设置好 IP 地址、子网掩码和默认网关。例如，在某个局域网中，网络管理员给一台计算机分配的地址如下：

IP 地址：　　　192.168.0.68

子网掩码：　　255.255.255.0

默认网关：　　192.168.0.253

3.4.3　域名系统 DNS

 **学习目标**

➤ 掌握域名的概念和域名系统 DNS 的作用

➤ 掌握首选 DNS 和备用 DNS 的含义

一、域名的概念

域名（Domain Name）实际上就是在 Internet 上分配给主机的名称。我们之所以可以使用域名访问 Internet 上的计算机，得益于域名系统，域名系统通常被简称为 DNS（Domain Name System 的缩写），该系统建立并维护主机的域名与 IP 地址的映射关系，当用户在 Internet 上使用域名表示某主机时，DNS 系统会立即将其转换为 IP 地址。

域名由小数点分隔的几组字符组成，每个字符串被称为一个子域，子域个数不定。域名常用 4 个子域，也有用 3 个的，但不超过 5 个。位于最右边的子域级别最高，被称做顶级域，越往左，子域级别越低，表示范围越具体，位于最左边的子域就是 Internet 上的主机名字。

根据 Internet 国际特别委员会（IAHC）的最新报告，将顶级域定义为 3 类：

（1）第一类是通用顶级域（或称机构域），由 3 或 4 个字母组成，如 com 表示商业机构、net 表示网络机构、edu 表示教育机构、org 表示非赢利组织、firm 表示公司企业。

（2）第二类是国家顶级域（地理域），由两个字母构成。如 cn 表示中国、us 表示美国、jp 表示日本。

（3）第三类是国际联盟、国际组织专用的顶级域。如 int 表示国际联盟、国际组织。

例如，原劳动和社会保障部职业技能鉴定中心的 WWW 服务器的域名是：

http：// www. osta. org. cn

在这个域名中，顶级域名是 cn，表示中国，第二级域名是 org，表示非赢利组织，第三级域名是 osta，表示原劳动和社会保障部职业技能鉴定中心。

二、域名系统 DNS

当使用 TCP/IP 在网上通信时，用户愿意使用计算机的域名，因为它比使用这台计算机的 IP 地址更方便。但是因特网上的 TCP/IP 通信协议只能使用 IP 地址建立通信，而不认识计算机的域名。为此，要对一台计算机的全称域名和它的 IP 地址之间建立一套翻译系统，这就是域名系统 DNS。

域名系统 DNS 用来在因特网上解析域名和 IP 地址。所谓解析，即是如果已经知道了一台计算机的域名，利用 DNS 解析，就可以得到它在因特网上的 IP 地址；反之，如果已经知道了它的 IP 地址，也可以通过 DNS 解析，立即得到它的域名。总之，DNS 可以处理域名和 IP 地址之间的双向转换。

域名系统 DNS 是一个分布式数据库，为因特网上的名字识别提供了一个分层的名字系统。DNS 数据库是一个树形结构，叫做域名空间，这个空间中的每一个节点或域，可被命名并可包含子域。在数据库中，域名表示域的位置。

域名系统 DNS 所需要的计算机名的信息存储在域名服务器 DNS 上。DNS 服务器的地址可从当地的因特网服务商 ISP 那里得到。

例如，在图 3—22 中，在"使用下面的 DNS 服务器地址"栏目里要填写的

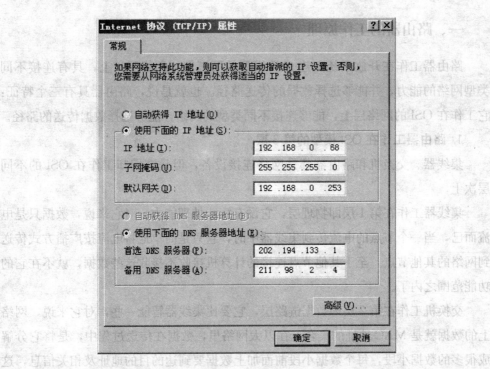

图 3—22 "Internet 协议（TCP/IP）属性"窗口

DNS 地址，应向所在的因特网服务商或网络系统管理员询问后填写。

对于一个内部网络，没有必要建立自己的域名服务器。但对于一个较大的网络，如一个城市里的教育城域网管理中心，有必要设置专门的域名服务器，为网内的用户提供 DNS 服务。

3.4.4 路由器

 学习目标

➤掌握路由器的工作原理

➤掌握路由器的种类

路由器（Router）是连接多个网络或网段的网络设备，它能将不同网络或网段之间的 IP 地址进行"翻译"，以使数据能够从一个网络传递到另一个网络中。路由器有两大功能，即数据通道功能和控制功能，数据通道功能一般由硬件来完成，控制功能一般由软件来实现。

一、路由器的工作原理

路由器工作在开放系统互连 OSI 模型的第三层（网络层）上，具有连接不同类型网络的能力，并能够选择数据的传送路径。也就是说，路由器具有三个特征：它工作在 OSI 的网络层上，能够连接不同类型的网络，能够选择数据传送的路径。

1. 路由器工作在 OSI 模型的第 3 层

集线器、交换机和路由器都是网络连接设备，但是它们却工作在 OSI 的不同层次上。

集线器工作在第 1 层即物理层，它没有智能处理能力。对它来说，数据只是电流而已，当一个节点的电流传到集线器中时，它只是简单地将电流按广播方式传送到网络的其他节点，至于其他节点连接的计算机接收不接收这些数据，就不在它的功能范围之内了。

交换机工作在第 2 层即数据链路层，它要比集线器智能一些，对它来说，网络上的数据就是 MAC 地址的集合。在以太网络里，数据在传送过程中，是将它分解成很多的数据小段，每个数据小段前面加上数据要到达的目的地址及相关信息，这样一个数据小段叫做数据包。交换机能分辨出数据包中的 MAC 源地址和目的地址，因此可以在任意两个节点间建立通信，但是交换机并不懂得 IP 地址，它只知道 MAC 地址。这就像是一个居民楼里的值班员只认识本居民楼里的人，当他接到一封信是寄给本楼里的人时，他知道应该将信送给谁，而如果这封信是寄给别的居民楼甚至是别的街道时，他就无能为力了。

路由器工作在第 3 层即网络层，它比交换机还要智能一些，它能理解数据中的 IP 地址，如果它接收到一个数据包，就检查其中的 IP 地址，如果目标地址是本地网络的就不理会，如果是其他网络的，就将数据包转发出本地网络。因此，路由器能够识别并能选择数据传输的路径，它具有判断能力，即逻辑思维能力。正是由于路由器具有逻辑思维能力，它才具有强大的网络管理能力，例如，它能拒绝有害信息的侵入，即具有防火墙功能。

2. 路由器能连接不同类型的网络

集线器和交换机都是用于连接以太网的网络连接设备，但是它们不能将两种不同类型的网络连接起来。而路由器能够连接不同类型的局域网和广域网，如以太网、ATM 网、FDDI 网、令牌环网等。不同类型的网络，其传送的数据单元——数据包的格式和大小是不同的，就像公路运输是汽车为单位装载货物，而铁路运输是以车皮为单位装载货物一样，从汽车运输改为铁路运输，必须把货物从汽车上放到火车车皮上，网络中的数据也是如此，数据从一种类型的网络传输至另一种类型的网络，必须进行帧格式转换。路由器就有这种能力，而交换机和集线器都没有。因特网上存在着各种不同类型的网络，只有通过路由器才能将这些不同类型的网络连接起来，没有路由器就没有因特网。因特网是由各种路由器连接起来的网络集合，集线器和交换机是不能胜任这个任务的。

3. 路由器具有路由功能——路径选择能力

在因特网中，从一个节点到另一个节点，可能有许多路径，路由器能够选择一条最近的路径，大大提高通信速度，减轻网络负荷，节约网络资源。

路由器的路由选择，是指找到一条从网络的源节点到达目的节点的最佳路径。路径可以看做是从网络的源节点到目的节点所经过的所有中间节点的连线。中间节点和终端节点是相对而言的，终端节点在网络中是没有数据转发能力的网络设备，如网络上的服务器、工作站等，而中间节点在网络中有数据转发能力。路由器就是一种中间节点设备。路由器在做路由选择时，要根据一定的路由算法形成一张路由表，当路由器接收到一个数据包时，它首先检查数据包的目的地址，并根据这个地址到路由表里去寻找到达目的地址的下一个路由器，并根据路由算法选择出一条最好的数据传送路径。

在校园网中，网卡、集线器、交换机、路由器是组建网络中经常使用的网络产品，其中路由器的作用最为重要。在局域网中双绞线的传输距离为 100 m，光纤的传输距离最长约 80 km，如果需要传输的距离再远，就需要租用电信线路，但电信线路是利用广域网技术进行传输的，要将局域网上的数据传输到电信线路，就必须进行数据格式的转换，就要采用路由器。可见，路由器是转换广域网和局域网数据格式的专用设备。

二、路由器的种类

1. 接入路由器

接入路由器是指局域网用户接入广域网所使用的路由器设备。如果是通过局域网共享线路上网，就一定要使用接入路由器。

有的局域网是通过代理服务器上网的，其实代理服务器也是一种路由器，一台计算机上网，再安装上代理服务器软件，事实上就已经构成了路由器，只不过代理服务器是用软件实现路由功能，而路由器是用硬件实现路由功能，就像 VCD 解压软件和 VCD 机的关系一样，结构不同，但是功能却是相同的。

2. 系统级路由器

系统级的路由器用于连接大型网络系统内成千上万的计算机，普通的局域网用户接触不到。与接入路由器相比，系统级路由器支持的网络协议多、速度快，能处理各种局域网类型，支持多种协议，包括 IP、IPX 和 Vine，还支持防火墙、包过滤以及大量的管理和安全策略以及 VLAN（虚拟局域网）。

3. 骨干级路由器

骨干级路由器用在电信部门。因特网由几十个超大型骨干网构成，骨干级路由器能实现系统级网络的互联。对它的要求是速度和可靠性，而价格则处于次要地位。为了保证硬件的可靠性，骨干级路由器采用了电话交换网中使用的技术，如热备份、双电源和双数据通路等。终端系统通常是不能直接访问骨干网上的路由器，后者连接着长距离骨干网上的 ISP 和系统网络。

世界上最早生产路由器的公司是美国的 CISCO（思科）公司，其产品已成为了市场上的主流产品。其次，朗讯、北电、英特尔等国外公司的产品也占有很大的市场份额。

3.4.5　因特网接入技术

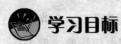 **学习目标**

> 掌握我国信息化骨干网络的现状

> 掌握骨干网的概念

> 掌握宽带接入网的主要接入技术

> 掌握计算机单机接入因特网的方式

> 掌握计算机单机经局域网接入因特网的方式

> 掌握计算机局域网接入因特网的方式

无论是家庭接入因特网，还是单位的众多计算机接入因特网，都有两种模式，一种是单机接入因特网，一种是单机先接入局域网，再将该局域网接入因特网。而局域网接入因特网也有两种方法：其一是将其中的一台计算机先接入因特网，然后给这台计算机里安装上一种叫做代理服务器的应用软件，成为一台代理服务器计算机，然后局域网里的其他计算机通过这台代理服务器转接，进入因特网；其二是用一台路由器接入因特网，而局域网上的所有计算机通过这台路由器上网。

本节将首先介绍用一台计算机单机上网的方法，然后介绍通过路由器使局域网接入因特网的方法。

一、我国信息化骨干网络的现状

我国现有三种信息化网络，即有线电视网、电信网和计算机网。我国明确提出了"促进电信、电视、计算机三网融合"的方针。所谓"三网融合"，是指三大网络通过技术改造，向社会提供包括话音、数据、图像等综合多媒体信息业务，彼此在国家法律、法规和政策的框架内，进行公平竞争，以便充分发挥我国现有信息通信基础设施的作用，改善面向全体社会成员的信息通信服务。

有关部门认为，近年的实践表明，电信网和计算机网在技术、网络、业务和市场方面的融合已经成为现实。而现在的关键是，如何实现电信网和有线电视网的融合。目前我国有线电视用户已达亿万户，与我国固定电话用户总数相差无几，我国有线电视网已成为世界规模最大、技术先进的综合信息通信网之一。

按照现代企业制度，在实现政企分开、网台分设的基础上，有线电视网络单位实行公司化改造后，可以依照《中华人民共和国电信条例》进入基础电信市场开展业务经营。同时，让中国电信、中国联通等电信企业进入广播电视节目传输市场，促进我国电信市场和广播电视市场的有效竞争与共同繁荣，向广大用户提供更为质优价廉的服务，对推动电信网、有线电视网和计算机网的三网融合，对破除"最后 1 km"的垄断、促进电信竞争，有着重要的意义，有利于充分发挥国家信息通信基础设施的作用。

二、宽带互联骨干网和宽带互联接入网

宽带互联网是指能使用户实现传输速率超过 1 Mbps、24 小时连接的非拨号接入而存在的网络基础设施及其服务。

宽带互联网分为宽带骨干网和接入网，建设宽带网络的两个关键技术是骨干网技术和接入网技术。

1. 宽带骨干网

宽带骨干网是核心网络，它供所有用户共享，负责传输骨干数据流。骨干网通常是基于光纤的，能实现大范围（在城市之间和国家之间）的数据流传送。这些网络通常采用高速传输网络传输数据，使用高速包交换设备（如 ATM 和基于 IP 的交换），提供网络路由。宽带骨干网的传输速率至少应达到 2 Gbps。

2. 宽带接入网

宽带接入网提供宽带网最后 1 km 的连接——即用户和骨干网络之间的连接。在宽带接入网方面，目前国际上主流的成熟技术包括 xDSL 技术、HomePNA 技术、光纤接入技术、Cable 技术以及无线宽带接入网技术等。由于使用的硬件环境不同，它们的性能特点也有较大差异。

三、各种宽带接入技术

1. xDSL（数字用户线环路）技术

（1）ADSL 技术

ADSL 意为非对称数字用户线环路，所谓非对称是指用户线的上行速率与下行速率不同，上行速率 512 Kbps～1 Mbps，下行速率 1～8 Mbps，有效传输距离在 3～5 km。

ADSL 是目前众多数字接入技术中较为成熟的一种，发展很快，各地电信部门先后推出了 ADSL 宽带接入服务；而区域性应用更是发展快速，但从办公用户和技术角度看，ADSL 对宽带业务来说只能作为一种过渡性方法。ADSL 所支持的主要业务是：Internet 高速接入服务，多种宽带多媒体服务，如视频点播 VOD、网上音乐厅、网上剧场、网上游戏、网络电视等；提供点对点的远地可视会议、远程医疗、远程教学等服务。如图 3—23 所示是 ADSL 接入 Internet 的示意图。

图 3—23　ADSL 接入 Internet

（2）HDSL 技术

HDSL 是一种对称的高速数字用户环路技术，上行和下行速率相等，采用回波抑制、自适应滤波和高速数字处理技术，一般采用两对电话线进行全双工通信。HDSL 无中继传输距离为 3～5 km。每对电话线传输速率为 1 168 Kbps，两对线传输速率可达到 T1/E1（1.544 Mbps/2.048 Mbps）。HDSL 提供的传输速率是对称的，即为上行和下行通信提供相等的带宽。其典型的应用是代替光缆将远程办公室或办公楼连接起来，为企事业网络用户提供低成本的 E1 通路。与一般的基带调制解调器相比，HDSL 是各种 DSL 技术中最成熟的一种，互连性好，传输距离较远，设备价格较低，故 HDSL 技术适用于企业网络系统中部分边远结点的连接。

（3）VDSL（甚高速数字用户环路）技术

VDSL（甚高速数字用户环路）技术是鉴于现有 ADSL 技术在提供图像业务方面的带宽十分有限以及经济上成本偏高的弱点而开发的。VDSL 是 xDSL 技术中发展最快的一种，采用 DMT 线路码。下行速率为 13～52 Mbps，上行速率为 1.5～2.3 Mbps。VDSL 的传输距离较短，一般只有几百米。

总的说来，xDSL 技术允许多种格式的数据、话音和视频信号通过铜芯电缆从局端传给远端用户，可以支持高速 Internet 访问、在线业务、视频点播、电视信号传送、交互式娱乐等，适用于企事业单位、小公司、家庭和校园等。其主要优点是能在现有 90% 的铜芯电缆资源上实现高速数据传输，解决了光纤不能完全取代铜芯电缆最后几千米的问题。

DSL 技术也有其不足之处。它们的覆盖面有限（只能在短距离内提供高速数据传输），并且高速传输数据不多是非对称的，仅仅能单向高速传输数据（通常是网络的下行方向）。因此，这些技术只适用于部分场合。此外，这些技术对铜芯电缆的质量也有一定要求，因此实践中实施起来有一定难度。

2. HomePNA（家庭电话网络联盟）技术

HomePNA（Home Phoneline Networking Alliance），是多家世界知名的电信公司为了推广基于传统电话网络的数据传输技术的应用而成立的非盈利性组织，他们于 1998 年制定了《HomePNA 技术白皮书》，利用传统电话网络提供宽带数据接入服务，从而适应市场对宽带接入的需求。

HomePNA 技术为对称式数据传输，其双向传输带宽均为 1 Mbps（HomeP-NA V1.0 标准）或 10 Mbps（HomePNA V2.0 标准），其传输距离一般为 100～300 m。

HomePNA 技术运用现有电话线高速接入互联网，不需改变原有电话设置，而且上网速度快，上网时间也没有限制，具有良好的性价比；它支持电话线上语音与数据同时传输，即可以边打电话边上网；提供 RJ-11 的以太网接口形式，可用电话线构建网络，方便地组建 1 Mbps/10 Mbps 的局域网连接。

HomePNA 技术使用方便，还可与 ADSL、Cable Modem、以太网技术等结合，拓展其使用形式，适用于住宅小区、旅馆等的 Internet 访问或网络互连，支持多媒体系统和多媒体应用，如 IP 电话、VOD 视频点播、电视会议等。但其传输速度、传输距离决定了它的应用范围比较有限，是家庭宽带接入较好的选择。

3. DDN 专线接入

数字数据网 DDN（Digital Data Network）是利用数字信道传输数据信号的数据传输网，它是随着数据通信业务的发展而迅速发展起来的一种新型网络。它的传输媒介有光纤、数字微波、卫星信道以及用户端可用的普通电缆和双绞线。数字信道传输数据信号与传统的模拟信道相比，具有传输质量高、速度快、带宽利用率高等一系列优点。

DDN 专线将数字通信技术、计算机技术、光纤通信技术及数字交叉连接技术等有机地结合在一起，提供了一种高速度、高质量、高可靠性的通信环境，为用户规划、建立自己安全、高效的专用数据网络提供了条件，因此，在多种 Internet 的接入方式中深受广大客户的青睐。

DDN 专线向用户提供的是半永久性的数字连接，沿途不进行复杂的软件处理，因此延时较短，避免了传统的分组网中传输协议复杂、传输延时大且不固定的缺点；通信信道容量的分配和连接均在计算机控制下进行，具有极大的灵活性和可靠性，可以方便用户开通各种的信息业务，传输任何合适的资料信息。

如图 3—24 所示是 DDN 接入 Internet 示意图。

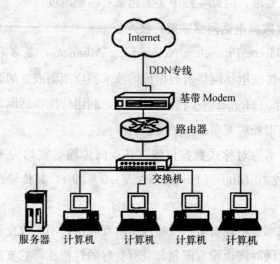

图 3—24　DDN 专线接入 Internet 网络结构图

4. ISDN 接入技术

综合业务数字网 ISDN（Integrated Service Digital Network）是通过对电话网进行数字化改造而发展起来的，提供端到端的数字连接，以支持一系列业务，包括语音、数据、传真、可视图文等。ISDN 能够提供标准的网络接口，通过标准接口将各种不同的终端接入到 ISDN 网络中，使一对普通的用户线最多可连接 8 个终端，并为多个终端提供多种通信的综合服务。通过 ISDN 接入 Internet 既可用于局域网，也可用于独立的计算机。ISDN 专线接入技术有如下特点：

(1) 多种业务兼容

利用一对用户线可以提供电话、传真、可视图文、数据通信等多种业务。

(2) 数字传输

ISDN 能够提供端到端的数字连接，即终端到终端之间的通道已完全数字化，具有优良的传输性能，而且信息传送速度快。

(3) 标准化的接口

ISDN 能够提供多种业务的关键在于使用标准化的用户接口。该接口有基本速率接口和一次群速率接口。基本速率接口有两条 64 Kbps 的信息通路和一条 16 Kbps 的信令通路，简称 2B+D；一次群接口有 30 条 64 Kbps 的信息通路和一条 64 Kbps 的信令通路，简称 30B+D。标准化的接口能保证终端间的互通，一个 ISDN 的基本速率用户接口最多可连接 8 个终端。

(4) 使用方便

用户可以根据需要，在一对用户线上任意组合不同类型的终端，例如可以将电话机、传真机和 PC 机连接在一起，可以同时打电话、发传真或传送数据。

5. 基于有线电视网的接入技术

(1) CATV 和 HFC

CATV 和 HFC 是一种电视电缆技术。CATV（Cable Television）即有线电视网，是由广电部门规划设计的用来传输电视信号的网络，其覆盖面广，用户多。但有线电视网是单向的，只有下行信道，因为它的用户只需要接收电视信号，而并不上传信息。如果要将有线电视网应用到 Internet 业务，则必须对其改造，使之具有双向功能。

HFC（Hybrid Fiber Coax）即混合光纤同轴电缆网是在 CATV 网的基础上发展起来的，除可以提供原 CATV 网的业务外，还能提供数据和其他交互型业务。HFC 是对 CATV 的一种改造，在干线部分用光纤代替同轴电缆作为传输介质。CATV 和 HFC 的一个根本区别是 CATV 只传送单向电视信号，而 HFC 提供双向的宽带传输。

(2) 利用 Cable Modem 接入 Internet

Cable Modem（电缆调制解调器）是一种通过有线电视网络进行高速数据接入的装置，传输速度为 500 Kbps～10 Mbps，甚至更高。它一般有两个接口，一个用来接室内墙上的有线电视端口，另一个与计算机或交换机相连。如图 3—25 所示是

PC 机和 LAN 通过 Cable Modem 接入 Internet 的示意图。

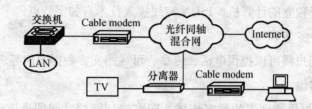

图 3—25　PC 机和 LAN 通过 Cable Modem 接入 Internet

Cable Modem 与普通的 Modem 在原理上都是将数据进行调制后在 Cable（电缆）的一个频率范围内传输，接收时进行解调，传输机理与普通 Modem 相同，不同之处在于它是通过有线电视 HFC 的某个传输频段进行调制解调的，而普通 Modem 的传输介质在用户与交换机之间是独立的，即用户独享通信介质。Cable Modem 属于共享介质系统，其他空闲的频段仍然可用于有线电视信号的传输。

迅速发展的 Cable Modem 接入技术是一项稳定而实用的技术。从宽带网络服务的发展过程来看，基于有线电视网络 CATV 的 Cable Modem 技术已经成为与传统电信部门提供的宽带服务竞争的强劲对手。

6. 光纤接入技术

光纤接入网是指局端与用户之间完全以光纤作为传输媒体的接入网。用户网光纤化有很多方案，有光纤到路边（FTTC）、光纤到小区（FTTZ）、光纤到办公室（FTTO）、光纤到楼面（FTTF）和光纤到家庭（FTTH）等。

光纤接入网具有带宽宽、传输速度快、传输距离远、抗干扰能力强等特点，适于多种综合数据业务的传输，是未来宽带网络的发展方向。它采用的主要技术是光波传输技术，目前常用的光纤传输的复用技术有时分复用（TDM）、波分复用（WDM）、频分复用（FDM）和码分复用（CDM）等。光纤接入网具有以下特点：

（1）带宽宽

由于光纤接入网本身的特点，可以提供高速接入 Internet、ATM 以及电信宽带 IP 网的各种应用系统，从而享用宽带网提供的各种宽带业务。

（2）网络的可升级性好

光纤网易于通过技术升级成倍扩大带宽，因此，光纤接入网可以满足远期的各种信息的传送需求。以这一网络为基础，可以构建面向各种业务和应用的信息传送系统。

（3）双向传输

电信网本身的特点决定了这种接入技术的交互性好，特别是在向用户提供双向实时业务方面具有明显优势。

（4）接入简单、费用少

用户端只需要一块网卡，投资百元左右，就可高速接入 Internet，实现 10 Mbps 的接入。

7. 以太网接入技术

基于以太网技术的宽带接入网由局侧设备和用户侧设备组成。局侧设备一般位于小区内，用户侧设备一般位于居民楼内。局侧设备提供与 IP 骨干网的接口，用户侧设备提供与用户终端计算机相接的 10/100 BASE-T 接口。局侧设备具有汇聚用户侧设备网管信息的功能。

将来的接入网应该是一个以 FTTH（光纤到户）形式实现的宽带接入网。但是要建设这样一个宽带接入网目前还有许多困难，首先光纤直接到户投资大，其次对于普通用户的业务需求，使用巨大的宽带光纤接入还为时过早。因此，可根据社会的发展、用户的需求，分阶段逐渐建设我国的光纤宽带接入网。FTTx＋LAN 就是一个过渡性的产品。

FTTx＋LAN 方案是以以太网技术为基础来建设智能化的园区网络，其示意图如图 3—26 所示。在用户的家中添加以太网 RJ45 信息插座作为接入网络的接口，可提供 10 Mbps 或 100 Mbps 的网络速度。通过 FTTx＋LAN 接入技术能够实现"千兆到小区、百兆到居民大楼、十兆到桌面"，为用户提供信息网络的高速接入。

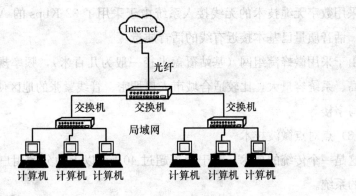

图 3—26　FTTx＋LAN 接入 Internet 示意图

光节点汇接点通过单模或多模光纤连接居民楼、学校、公司等，其距离在几百米以内。在居民楼内设置以太网交换机和交换集线器，通过双绞线（五类、超五类）连接终端用户，目前从光节点汇接点到居民楼的传输速率是 10/100 Mbps，将来可以发展到 1/10 Gbps 甚至更高。在光节点处，设置一台路由交换机，然后再通过居民楼的交换机连接终端用户，每一个用户独享 10/100 Mbps 信道。

8. 无线接入技术

多年来，无论是核心骨干网，还是接入网，网络线路基本是有线网络占主导地位。然而，近几年，随着蜂窝移动通信系统和固定无线接入系统的出现和飞速发展，以及无线通信方式的任何时间、任何地点的接入特性，使得无线网络具有广阔的应用前景。

无线接入技术是指在终端用户和交换端局间的接入网，全部或部分采用无线传输方式，为用户提供固定或移动接入服务的技术。作为有线接入网的有效补充，它有系统容量大、话音质量与有线一样、覆盖范围广、系统规划简单、扩容方便、可加密或用 CDMA 增强保密性等技术特点，可解决边远地区、难于架线地区的信息传输问题，是当前发展最快的接入网之一。

无线接入的实现主要基于以下几种类型的技术：蜂窝技术、数字无绳技术、点对点微波技术、卫星技术、蓝牙技术。

（1）蜂窝技术

采用蜂窝技术的无线接入系统技术成熟且覆盖范围比较大，适合于农村等地理位置偏远的地区使用。采用蜂窝技术比较典型的无线接入系统有 450 MHz 系统、基于 GSM 和 CDMA 的系统等。

（2）数字无绳技术

采用数字无绳技术的无线接入系统由于采用了 32 Kbps 的 ADPCM 话音编码技术，话音质量已基本接近有线的话音质量。

由于采用微蜂窝组网（基站覆盖半径一般为几百米），频率规划简单、频率复用率高、系统容量大，比较适合城市人口稠密、管线紧张的地区使用，如宾馆、饭店、写字楼等。

（3）点对点微波技术

这是一个传统的技术，对于距离超过 40 km 以上的分散用户可以采用基于该技术的系统。

（4）卫星技术

对于特别偏远的地区以及偏远的山区，卫星技术的优越性是前面介绍的几种技术所无法比拟的。对于山区分散的用户，如采用微波技术可能需要经过多个中继站才能进行覆盖，会出现工程费用高、施工困难以及日常维护困难等问题。而采用卫星覆盖的方式，只需在地面建立与固定网连接的关口站，即可在卫星辽阔的覆盖区通过架设卫星信息接收站提供话音业务。

（5）蓝牙技术

蓝牙技术是由瑞典爱立信等 5 家公司联合起来开发的传输范围约为 10 m 的短距离无线通信标准，用于便携式计算机、移动电话以及其他的移动设备之间建立起一种小型、经济、短距离的无线链路。蓝牙技术能使蜂窝电话、掌上电脑、便携式计算机和相关外设等众多设备之间进行信息交换。蓝牙技术应用于手机与计算机的相连，可节省手机费用，实现数据共享、Internet 接入、无线免提、同步资料、影像传递等。

利用蓝牙技术，能够有效地简化掌上电脑、便携式计算机和移动电话、手机等移动通信终端之间的通信，也能够简化以上设备与 Internet 之间的通信，从而使这些设备与 Internet 之间的数据传输变得更加迅速高效，为无线通信拓宽了道路。

四、计算机单机接入因特网

计算机单机接入因特网的方法很多，即可以通过调制解调器经普通电话线上网，也可通过 ISDN、ADSL、DDN 等专线上网。

五、计算机局域网接入因特网

局域网上的计算机要接入因特网，一般有两种方法，一是用软件方法，如使用代理服务器软件的方法接入因特网；二是用硬件方法，如使用路由器，或者是使用路由器的简化设备——远程访问服务器，接入因特网。

局域网经路由器接入因特网这里不再作介绍，详情请参见 3.3.1 节的"二、网络互联与路由"。

3.4.6　因特网服务概述

 学习目标

➤ 掌握因特网的服务内容

➤ 掌握浏览器、万维网、网页、首页、超级链接、URL 等概念

➤ 掌握电子邮件的收发原理

➤ 掌握 SMTP 服务器、POP3 服务器的功能

➤ 掌握 SMTP、IMAP

一、因特网服务概述

Internet 为用户提供了各种服务，主要包括：网络信息服务、电子邮件（E-Mail）、远程登录（Telnet）、文件传输（FTP）、电子公告板（BBS）、讨论组（Usenet）和虚拟环境（MUDS）等。

（1）网络信息服务

网络信息服务包含信息查询服务和建立信息资源的服务，如利用 WWW 浏览器进行信息查询等。WWW 浏览器是在因特网上搜索和查阅网上资源的常用工具，它不仅可用于信息查询，也可用于建立信息资源，如建立各种网站。

（2）电子邮件

电子邮件是一种使用方便、用户众多的网络通信工具，人们可以通过 Internet 发送或接收邮件。邮件的内容可以是文本消息，也可以是图片、程序、声音甚至电子杂志等信息。

（3）使用远程登录

可通过 Internet 进入远方的计算机系统，使用该计算机的资源和功能，而远程主机可能是在网络上的任何地方。

二、万维网与浏览器

1. 万维网

WWW（World Wide Web 的缩写），中文的意思为环球信息网，又称为万维网，是作为 Internet 的一种查询工具出现在 Internet 上的，WWW 采用超文本和超链接的方式为人们提供信息服务。通过 WWW 浏览器，用户可以查找 Internet 上的各种资源。

2. 网页浏览器

网页浏览器的发展是随着万维网的发展而发展的。它是安装在计算机上的一种网络应用软件，通过它才能方便地享受到因特网提供的各种服务。

在浏览器的发展历程中，曾经有以下几个主流浏览器：Mosaic 浏览器、网景浏览器（Netscape Navigator）、IE 浏览器（Internet Explorer）、Opera 浏览器、Mozilla Firefox 浏览器等。目前，应用最多的浏览器是 IE 浏览器，其版本越高支持的功能就越多。

Internet Explorer 支持以下的技术标准：

（1）HTTP（超文本传输协议）和 HTTPS（HTTP 安全版）。

（2）HTML（超文本链接标记语言）、XHTML（可扩展的超文本标记语言）及 XML（可扩展标记语言）。

（3）各类图形文件格式，如 GIF、PNG、JPEG、SVG 等。

（4）CSS（层叠样式表）。

（5）JavaScript（动态网页 DHTML）。

（6）Cookie（通过它网站可以追踪浏览者）。

（7）电子证书。

（8）Macromedia Flash。

（9）Java applet。

（10）Favicons。

3. 网页、首页、超级链接、URL

在万维网中网站（Web Site）是由许多网页（Web Page）构成的，每个网站的第一个网页被称为首页（Home Page）。网页包含了文字、图像、声音、动画等信息，并且可以通过超级链接从一个网页随时跳转到其他网页中去。在网页上经常可以看到一些文字下方有下划线或被突出显示，这就是超级链接，单击该超级链接就可以实现网页的跳转。

为了便于访问网站，Internet 为每一个站页设置了唯一 URL（Uniform Resource Locator，统一资源定位器），其格式是：

通信协议：//服务器地址［：通讯端口］/路径/文件名

其中，"：通讯端口"可以省略，按照计算机中的习惯表示，加上"［］"来表示，"［］"并不是格式中要求的字符。

三、电子邮件收发

1. 电子邮件的主要特点

（1）发送速度快

电子邮件通常在数秒钟内即可送达全球任意位置的收件人信箱中。

（2）信息多样化

电子邮件发送的信件内容除普通文字内容外，还可以附加各种形式的文件，如软件、数据、录音、动画、电视或各类多媒体信息。

（3）收发方便

与电话通信或邮政信件发送不同，电子邮件采取的是异步工作方式，它在高速传输的同时允许收信人自由决定在什么时候、什么地点接收和回复，发送电子邮件时不会因"占线"或接收方不在而耽误时间，收件人无须固定守候在线路另一端，可以在用户方便的任意时间、任意地点，甚至是在旅途中收取电子邮件，从而跨越了时间和空间的限制。

此外，电子邮件还具有成本低、交流对象广泛、安全可靠等优点。

2. 电子邮件工作原理

电子邮件的工作流程：发送方通过邮件客户程序，将编辑好的电子邮件向"邮局"服务器（SMTP 服务器）发送，"邮局"服务器识别接收者的地址，并向管理该地址的邮件服务器（POP3 服务器）发送，邮件服务器将消息存放在接收者的电子信箱内，并告知接收者有新邮件到来，接收者通过邮件客户程序连接到服务器后，就可以看到服务器的通知，进而打开邮箱进行邮件处理；个人用户通常需要在因特网服务提供商（ISP）主机上申请一个电子信箱号，由 ISP 主机负责电子邮件收发，ISP 主机起着"邮局"的作用，管理着众多用户的电子信箱。

在邮件发送和接收过程中都遵循 SMTP、POP3 等协议，以保证电子邮件在不同系统之间的传输。其中 SMTP 负责电子邮件的发送，而 POP3 用于接收电子邮件。SMTP（Simple Mail Transfer Protocol，简单邮件传输协议）是 Internet 上基于 TCP/IP 的应用层协议，适用于主机与主机之间的电子邮件交换。Internet 上几乎所有的主机都运行着遵循 SMTP 协议的电子邮件软件。POP3（Post Office Protocol Version 3）是电子邮件系统的基本协议之一，是最常采用的服务协议。另外还有一类邮件服务器采用 IMAP（Internet Message Access Protocol）协议，与POP3 不同之处在于它将邮件驻留在邮件服务器的机器里，用户下载的是副本。每一个 Internet 用户都可以注册一个或多个电子邮箱，它的格式如下：

用户名@域名

其中：用户名是所注册的电子邮箱名，通常由人名组成，是自己在申请电子邮箱时起的名字，并经审核无重复而确定的；"@"是分隔符，用于分隔用户名和域名；域名是所注册邮箱的地址。

例如，在网易的网站（http：//www.163.com）上申请了一个电子邮箱，用户名称为 abc，则有关数据如下：

用户名：abc

电子邮件地址：abc@163.com

接收邮件（POP3）服务器：pop3.163.com

发送邮件（SMTP）服务器：smtp.163.com

3.5　计算机网络安全技术简介

3.5.1　网络安全技术概述

 **学习目标**

➢ 掌握网络安全的基本特征

➢ 掌握网络安全的措施

➢ 掌握主要加解密技术

➢ 掌握数字证书与数字签名技术

一、网络安全概述

在信息技术高速发展的今天，人们在感受网络给社会文明带来巨大贡献的同时，计算机网络安全保密问题也越来越突出，目前对计算机网络安全的研究已成为一项极为重要的任务。

网络上的信息安全问题直接关系到社会的稳定和国家的安全。现在世界上每年因利用计算机网络进行犯罪所造成的直接经济损失之大令人吃惊。近几年，国内外很多著名站点的主页被黑客恶意修改，在社会上造成了许多不良的影响，也给这些站点的 Internet 服务提供商（ISP）带来了巨大的经济损失，另外利用计算机通过 Internet 窃取军事机密的事例在国外也是屡见不鲜。我国的信息化进程虽然起步较晚，但近几年发展迅速，网络已经渗透到国民经济的各个领域，渗透到了工作和生活的方方面面，我国也多次发生影响较大的针对和利用计算机网络进行犯罪的案件，给国家、企业和个人造成了重大的经济损失和危害。特别是具有行业特性（例如金融部门等）的犯罪，其危害性更是十分巨大。因此，各国政府无不重视信息安全。

网络安全从其本质上来讲就是网络上的信息安全，它涉及的领域相当广泛。从广义上来说，凡是涉及网络上信息的保密性、完整性、可用性、真实性和可控性的相关技术和理论，都是网络安全所要研究的领域。

网络安全的一个通用定义为：网络安全是指网络系统的硬件、软件及其系统中的数据受到保护，不因偶然的或者恶意的原因而遭到破坏、更改、泄露，系统能够连续可靠正常地运行，网络服务不中断。从用户（个人、企业等）的角度来说，他们希望涉及个人隐私或商业利益的信息在网络上传输时受到机密性、完整性和真实性的保护，避免其他人或对手利用窃听、冒充、篡改、抵赖等手段对用户的利益和隐私造成损害和侵犯，同时也希望当用户的信息保存在某个计算机系统上时，不受其他非法用户的非授权访问和破坏。

1. 网络安全的特征

（1）保密性

保密性指网络信息的内容不会被未授权的第三方所知。

（2）完整性

完整性指网络信息在存储或传输时不被修改、破坏，不出现信息包的丢失、乱序等。

（3）可用性

可用性包括对静态信息的可得到和可操作性及对动态信息内容的可见性，网络环境下拒绝服务、破坏网络和有关系统的正常运行等都属于对可用性的攻击。

（4）真实性

真实性指网络信息的可信度，主要是指对信息所有者或发送者的身份的确认。

（5）可控性

可控性是指对信息的传播及内容具有控制能力，包括信息加密密钥不可丢失（不是泄密），存储信息的节点、磁盘等信息载体不被盗用等。

2. 网络的安全措施

网络的安全措施一般分为3类：逻辑上的、物理上的和政策上的。面对越来越严重危害计算机网络安全的种种威胁，仅仅利用物理上和政策（法律）上的手段来有效地防止计算机犯罪是很困难的。

由于目前 Internet 上使用的 TCP/IP 在制定之初就没有考虑安全问题，所以其安全性较差。开放性和资源共享是计算机网络安全问题的主要根源，它的安全性主要依赖于加密、网络用户身份鉴别、存取控制策略等技术手段。

因此，必须采用逻辑上的措施，即研究与发展有效的网络安全技术，如安全协议、密码技术、数字签名、防火墙、安全管理、安全审计等，以防止网络传输的信息被非法窃取、篡改和伪造，确保网络系统和数据的真实性和完整性。

二、认证与加密

1. 加密的基本概念

计算机网络安全加密具有广泛的内容，涉及计算机硬件、软件以及所处理的数据等的保密和安全，密码技术是计算机网络安全的核心技术。

在密码学中，需要变换的原信息称为明文信息（Plaintext），明文经过变换成为另一种隐蔽的形式，称为密文信息（Ciphertext）。完成变换的过程称做加密（Encryption），其逆过程（即由密文恢复出明文的过程）称做解密（Decryption）。

对明文进行加密时所采用的一组规则称做加密算法（algorithm），对密文进行解密时所采用的一组规则称做解密算法。具体的加密手段有两种：一是硬件加密，其效率和安全性高，但硬件设备具有专用性，成本较高；二是软件加密，其优点是灵活、方便、实用、成本低，但安全性一般不如硬件高。

在计算机网络中，加密可分为"通信加密"（即传输过程中的数据加密，对动态数据加密）和"文件加密"（即存储数据加密，对静态数据加密）。数据加密技术要求在指定的用户或网络下，才能解除密码而获得原来的数据，这就需要给数据发送方和接收方一些特殊的信息用于加解密，这就是所谓的密钥（key），密钥的值是从大量的随机数中选取的。

加密的基本功能，一是实现身份认证，从而确保实体的安全；二是保证可信性和完整性，从而保护数据。加密和解密操作通常在密钥的控制下进行，并有加密密钥（Encryption Key）和解密密钥（Decryption Key）之分。

2. 主要加解密技术

（1）不可还原的编码函数

要避免在传输过程中泄密，最好将信息经过编码处理，产生另一段编码过的信息。

新一代的编码函数所产生的编码数据的关联性非常低，很难借此推算出原始数据。这类编码函数会打散数据之间的关联性，原始数据上只要有一位不同，所产生的编码数据就会有天壤之别，即使知道了编码函数的运算规则以及编码数据，还是未必能倒推出原始数据。由于这类编码函数具备了强大的"不可还原"功能，其所派生出的散列函数、对称密钥加解密函数与非对称密钥加解密函数就成了当今数据安全机制运作上的重要基石。

（2）对称密钥加解密函数

采用"对称密钥加解密函数"的数据加解密系统称为对称式加解密系统，又称为密钥（Secret Key）加解密系统，即利用相同的密钥与加解密函数，以执行加密与解密的操作。

在对称式加解密系统中，若没有密钥，即使知道加密函数与解密函数的内容，仍无法根据"密文数据"推算出"明文数据"，这个缺乏密钥即具备的不可还原特性也就成了对称式加解密系统的安全屏障。

对称式加解密系统最主要的功能当然是数据加密，另外也可应用在验证身份上。

（3）非对称密钥加解密函数

采用"非对称密钥加解密函数"的数据加解密系统称为非对称式加解密系统，又称为公钥（Public Key）加解密系统，即利用一对不同的公钥与私钥（Private Key）搭配加解密函数，以执行加密和解密的操作。

以公钥加密成的密文，只有用私钥才能解译出明文；以私钥加密成的密文，只有用公钥才能解译成明文，这就是非对称式加解密系统的奇特之处。

在非对称式加解密系统中，加密与解密时各自使用不同的密钥。用户先自行产生一对密钥：一只公钥，一只私钥。然后将公钥公布私钥自己保留。若用户想传送文件，只需将自己的文件通过私钥加密，再传送出去，对方收到这份密文后，发现可以用其所公布的公钥解译出明文，便可确认这份明文是该用户发出的。同样，若有人想发送秘密文件给该用户，只需以该用户的公钥将文件加密成密文，再传送出去，如此一来，这份密文就只有持有相对应私钥的这位用户才有办法解译出来。若两人之间想进行秘密数据传输，只需将数据先以己方的私钥加密，然后以对方的公钥再加密一次，经过两道加密程序后才传送出去。这样一来，不但可以确保数据在传送途中不会被窃取，也可以确认数据发送者的真实身份。简而言之，用私钥加密是为了确认身份；用公钥加密则是为了保密。

（4）散列函数

散列函数的用途极为广泛，在此仅介绍散列函数的特性及其在数据安全方面的应用。散列函数主要用来产生散列值。利用散列函数产生的散列值具有以下特性：输入散列函数的数据没有长度的限制；散列值的长度固定；散列函数的运算不太复杂；散列函数具有单向特性；即使输入的数据仅有一位不同，产生的散列值也会有很大的差异。利用散列函数可建立对称式加解密系统的密钥。密钥其实是一组数字，任何人只要取得密钥即可执行加解密操作，故用户必须对密钥妥善保护。保护密钥最理想的方法是用户把密钥背下来。但密钥通常都很长，对任何用户而言，都很难记住那么长的数据，所以在实际应用上，用户通常只要记一个很短的密码，然后通过散列函数，即可产生 64 位或 129 位的散列值，再将它作为密钥。

3. 数字证书与数字签名

计算机网络安全认证技术主要包括数字签名技术、身份验证技术以及数字证明技术。其中，数字签名机制提供了一种鉴别方法；身份验证机制提供了判明和确认通信双方真实身份的方法，作为访问控制的基础；数字证明机制提供对密钥进行验证的方法。

数字签名是公开密钥加密技术的一种应用。其使用方式是：报文的发送方从报文文本中生成一个 129 位的散列值（或报文摘要）。发送方用自己的专用密钥对这个散列值进行加密来形成发送方的数字签名。然后，这个数字签名将作为报文的附件和报文一起发送给报文的接收方。报文的接收方首先从接收到的原始报文中计算出 129 位的散列值，接着再用发送方的公开密钥来对报文附加的数字签名进行解密。如果两个散列值相同，那么接收方就能确认该数字签名是发送方的。数字签名机制提供了一种鉴别方法，普遍应用于银行、电子贸易等，以解决如下问题：

（1）伪造：接收者伪造一份文件，声称是对方发送的。

（2）抵赖：发送者或接收者事后不承认自己发送或接收过文件。

（3）冒充：网上的某个用户冒充另一个用户发送或接收文件。

（4）篡改：接收者对收到的文件进行局部的篡改。

（5）身份识别和身份认证：身份识别是指用户向系统出示自己的身份证明过程，身份认证是系统查核用户的身份证明的过程，实质上是查明用户是否具有其所请求资源的存储和使用权。身份识别和身份认证是判明和确认通信双方真实身份的重要环节。

3.5.2　有关网络安全技术

 **学习目标**

➤ 掌握 VPN 技术

➤ 掌握防火墙技术

➤ 掌握入侵检测技术

一、VPN 技术简介

虚拟专用网 VPN（Virtual Private Networking）是一种新的网络技术，为我

们提供了一种通过公用网络安全的对企业内部网络进行访问的连接方式。一般网络连接通常由三个部分组成：客户机、传输介质和服务器。VPN 同样也由这三部分组成，不同的是 VPN 连接使用隧道作为传输通道，这个隧道是建立在公共网络或专用网络基础之上的，如 Internet 或 Intranet。

要实现 VPN 连接，企业内部必须有一台 VPN 服务器，VPN 服务器一方面连接到企业内部网络，一方面连接到 Internet。当客户机通过 VPN 与专用网络中的计算机通信时，先由 ISP（Internet 服务提供商）将所有的数据传给 VPN 服务器，然后由服务器将数据传给目标计算机。VPN 依靠三项技术保证通信的安全性：隧道协议、身份认证和数据加密。

客户机响应服务器发出的请求，VPN 服务器响应请求并向客户机发出身份质询，客户机将加密的响应信息发送到 VPN 服务器，VPN 服务器根据用户数据库检查该响应，如果账户有效，VPN 服务器将检查该用户是否有远程访问的权限，如果有则接受该请求。

在身份认证过程中产生的客户机和服务器公用密钥将用来对数据进行加密。

二、防火墙技术简介

防火墙的目的就是在内部网络和外部网络之间，建立一道防卫的"城墙"，以防止他人从外部网络侵入。

设计防火墙就是不要让那些来自不受保护的网络，如 Internet 上多余的未授权的信息进入专用网络，如 LAN 或 WAN，而仍能允许本地网络上的用户访问 Internet 服务。所以防火墙必须能"判断"与"筛选"内外网络之间传输的信息，放行特定的信息包，阻挡掉用意不良的信息包，而这一切的运作，并非依赖防火墙本身，而是依赖于系统管理员适当的设置，才能有效地抵挡黑客的攻击。

从网际角度，防火墙可以看成是安装在两个网络之间的一道栅栏，根据安全计划和安全策略中的定义来保护其后面的网络。从理论上讲，由软件和硬件组成的防火墙可以做到：所有进出网络的通信流都应该通过防火墙；所有穿过防火墙的通信流都必须有安全策略和计划的确认和授权；防火墙是穿不透的。防火墙还能建立跟踪工具，帮助总结并记录有关正在进行的连接来源、服务器提供的通信量以及试图闯入者的一些信息。但是，单靠防火墙不能防止所有可能的威胁，因此，防火墙并不是绝对有效的，它的目的是增强安全性，而不是保证安全。

大多数防火墙就是一些路由器，它们根据数据包的源地址、目的地址、更高级的应用层协议，或根据由专用网络安全管理员制定的标准，或安全策略，过滤进入网络的数据包。

防火墙采用的机制有许多种，如根据 IP 地址与 TCP/UDP 传输端口来过滤信息包等，不同机制的防火墙，提供的安全性会有差异。

防火墙的设计类型有好几种，但大体可分为两类：网络级防火墙和应用级防火墙，它们采用不同的方式提供相同的功能，任何一种都能满足站点防火墙的要求。

三、入侵检测技术简介

入侵检测系统位于防火墙之后，用于对网络活动进行实时检测。在许多情况下，由于能够记录和禁止网络活动，所以可以说入侵检测系统是防火墙的延续。入侵检测系统与系统扫描器不同，系统扫描器是根据攻击特征数据库来扫描系统漏洞的，它更关注配置上的漏洞而不是当前进出主机的流量。在遭受攻击的主机上，即使正在运行着系统扫描程序，也无法识别这种攻击。而入侵检测技术主要扫描当前网络的活动，监视和记录网络的流量，根据定义好的规则来过滤从主机网卡到网线上的流量，提供实时报警功能。

入侵检测技术是主动保护自己免受攻击的一种网络安全技术。作为防火墙的合理补充，入侵检测技术能够帮助系统对付网络攻击，扩展了系统管理员的安全管理能力（包括安全审计、监视、攻击识别和响应），提高了信息安全基础结构的完整性。它从计算机网络系统中的若干关键点收集信息，并分析这些信息。入侵检测被认为是防火墙之后的第二道安全闸门，它在不影响网络性能的情况下能对网络进行监测，可以有效防止或减轻网络威胁。

本 章 习 题

1. 什么是计算机网络？它是如何分类的？

2. 目前网络操作系统有哪些？

3. 计算机网络有什么功能？它能提供哪些服务？

4. OSI 模型分为哪几层？各层的主要功能是什么？

5. TCP/IP 体系结构如何与 OSI 模型对应？

6. 计算机网络有哪些连接设备？

7. 局域网有哪些拓扑结构？

8. 局域网有哪些组网方式？

9. 什么是互联网？

10. 理解并掌握 IP 地址和 DNS 的概念。

11. 有哪些宽带接入技术？

12. 计算机单机接入因特网有哪些方法？

13. 简述电子邮件的收发过程。

14. 网络安全具有哪几方面的特征？

15. 网络主要的加密技术有哪些？

16. 非对称密钥加解密函数的基本工作原理是什么？

17. 简述 VPN 的工作原理。

第4章

职业道德与法律法规

计算机网络管理员必须加强职业道德修养，讲究职业道德，遵守职业行为规范，才能胜任本工作。此外，计算机网络管理员还必须掌握相关法律知识，尤其是我国有关信息化的法律法规、劳动法、商标法、专利法等。本章就道德与职业道德的基本要求和行为规范、有关法律法规知识等内容进行讲述。

4.1 职业道德基本知识

4.1.1 职业道德及其特点

 学习目标

➢ 掌握道德、职业道德、道德评价的概念
➢ 掌握职业道德的构成要素、特征、作用

一、道德的概念

马克思主义伦理学认为，道德是人类社会特有的，由社会经济关系决定的，依靠内心信念和社会舆论、风俗习惯等方式调整人与人之间、个人与社会之间以及人

与自然之间的关系的特殊行为规范的总和。根据道德的表现形式，我们把道德分为家庭美德、社会公德、职业道德这三大领域。

在现实生活中，一些人对道德与法律关系缺乏正确认识，认为与法律的强制性相比，道德的约束是"软性"的，作用不大，可有可无，即使违背道德，至多被人议论一番，并不会造成什么大的损失，因此可不必遵守。这种想法是错误的，与法律法规相比，道德在调节范围与调节方式上，以其自身独有的特点，弥补着法律的不足，其应用范围甚至宽于法律，比法律更基本。

道德评价是人们依据一定的道德原则和规范，对自己或者他人的行为进行是非、善恶判断，表明自己的态度和价值倾向的活动。道德评价具有扩散性质和持久性的特点。国外传播学的研究表明，当一个人对其他人或者事物产生不良评价时，一般会把自己的意见传播给大约 250 人，并且在长时间内难以改变人们的评价，以及由此评价形成的态度。

西方许多企业十分重视职业道德评价，应聘者到某些企业谋职时，首先要接受职业道德素质测评。企业会发放给求职人员一份具有多种指标的量表，从多种角度进行测评，并且设置多种职业情境，实地观测求职人员的道德水平。

近年来，我国的企业在录用员工时，也明显加强了职业道德素质的测评工作，一些企业开始尝试用量化指标的方法对求职人员开展测评。我国的《公民道德建设实施纲要》中规定："要把道德特别是职业道德作为岗位前和岗位培训的重要内容，帮助从业人员熟悉和了解与本职工作相关的道德规范，培养敬业精神。要把遵守职业道德的情况作为考核、奖惩的重要指标，促使从业人员养成良好的职业习惯，树立行业新风。"

二、职业道德的概念

职业道德是从事一定职业的人们在职业活动中应该遵循的，依靠社会舆论、传统习惯和内心信念来维持的行为规范的总和。它能调节从业人员与服务对象、从业人员之间、从业人员与职业之间的关系。它是职业或行业范围内的特殊要求，是社会道德在职业领域的具体表现。

职业道德内涵丰富，由多种要素构成。加强职业道德建设，提高从业人员的职业道德素养，就要把握职业道德的要素。研究表明，最基本的职业道德要素包括职业力量、职业态度、职业义务、职业纪律、职业良心、职业荣誉、职业作风。

1. 职业理想

职业理想即人们对职业活动目标的追求和向往，是人们的世界观、人生观、价值观在职业活动中的集中体现。它是形成职业态度的基础，是追求职业目标的精神动力。

2. 职业态度

职业态度即人们在一定的社会环境影响下，通过职业活动和自身体验所形成的对岗位工作的一种相对稳定的劳动态度和心理倾向。它是从业者职业精神境界、职业道德素质和劳动态度的重要体现。

3. 职业义务

职业义务即人们在职业活动中自觉地履行对他人、社会应尽的职业责任。我国的每一个从业者都有维护国家利益、集体利益，为人民服务的职业义务。

4. 职业纪律

职业纪律即从业者在岗位工作中必须遵守的规章、制度、条例等职业行为规范。如国家公务员必须廉洁奉公、甘当公仆，公安、司法人员必须秉公执法、铁面无私等。这些规定和纪律要求是从业者做好本职工作的必要条件。

5. 职业良心

职业良心即从业者在履行职业义务中所形成的对职业责任的自觉意识和自我评价活动。人们所从事的职业和岗位不同，其职业良心的表现形式也不尽相同。例如商业人员的职业良心是"童叟无欺"，医务人员的职业良心是"治病救人"。

6. 职业荣誉

职业荣誉即社会对从业者的职业道德活动的价值所作出的褒奖和肯定评价，以及从业者在主观上对自己职业道德活动的一种自尊、自爱的融入倾向。当一个从业者职业行为的社会价值得到社会公认时，就会由此产生荣誉感；反之，产生耻辱感。

7. 职业作风

职业作风即在职业活动中表现出来的相对稳定的工作态度和职业风范。例如，尽职尽责、诚实守信、奋力拼搏、艰苦奋斗等都属于职业作风。职业作风是一种无形的精神力量，对其所从事的事业成功具有重要作用。

三、职业道德的特征

职业道德是一种职业行为准则，与其他的职业行为准则相比，职业道德具有以下特征：鲜明的职业性、适用范围上的局限性、表现形式的多样性、相对稳定性和连续性、一定的强制性、利益相关性。

1. 鲜明的职业性

由于职业上存在的差异，各职业都有自己特殊的职业道德要求。职业道德总是要鲜明地表达职业义务、职业责任以及职业行为上的道德准则。它不是一般地反映社会道德和阶级道德的要求，而是要反映职业、行业至产业特殊利益的要求；它不是在一般意义上的社会实践基础上形成的，而是在特定的职业实践的基础上形成的，因而它往往表现为某一职业特有的道德传统和道德习惯，表现为从事某一职业的人们所特有道德心理和道德品质。甚至造成从事不同职业的人们在道德品貌上的差异。

2. 适用范围上的局限性

从调节的范围来看，职业道德主要用来调节从业人员内部关系，加强职业、行业内部人员的凝聚力，所以职业道德只适用于从业人员的岗位活动。尽管不同的职业道德之间存在着共同的特征要求，例如敬业、诚信等要求，但是在某一具体职业岗位上，必须有与该职业岗位相适应的职业道德规范。这些特定的职业道德规范职能对该职业的从业人员具有指导和规范作用，而不能对其他职业从业人员起作用。

此外，职业道德也可以用来调节从业人员与其服务对象之间的关系，用来塑造本职业从业人员的形象。

3. 表现形式的多样性

职业领域的多样性决定了职业道德表现形式往往比较具体、灵活、多样。各个行业为了较好地规范和约束从业人员的职业行为，都往往从本行业的活动、要求以及交往的内容和方式出发，根据本行业的客观环境、职业特点及从业人员的接受能力，采用一些简便易行的、能为本行业人员所接受的形式（如规章制度、工作守则、服务公约、条例、誓词、须知、保证等），来体现职业道德的要求，把职业道德规范具体化和条理化，这样既易记易懂，易于为人们所接受，又易于实践，有利于人们养成良好的职业道德习惯，促使他们改进工作态度，提高工作效率和服务质量。

4. 相对稳定性和连续性

在同一个社会发展阶段中，职业一般处于稳定状态，职业道德也往往表现为世代相袭的职业传统，使人们形成比较稳定的职业心理和职业习惯，养成比较特殊的职业品质和职业风格。

虽然在不同的历史阶段里，职业活动会随着科学技术的进步和社会的发展而不断变化，对作为社会意识形态的职业道德起决定作用的社会经济关系也在不断地发生变化，但是由于职业分工具有相对的稳定性，各种职业活动在总的发展方向上是一致的，这就决定了职业道德在内容上必然具有相对的稳定性和连续性。

5. 一定的强制性

职业道德除了通过社会舆论和从业人员的内心信念来对其职业行为进行调节外，它与职业责任和职业纪律也密切相关。职业纪律属于职业道德的范畴，当从业者违反了具有一定约束力的职业规章、职业合同、操作规程，给企业和社会带来损失或危害时，职业道德就将通过具体的评价标准对违规者进行处罚，轻者可以进行经济或纪律上的处罚，重者移交司法机关，由法律来制裁。

这就是职业道德具有一定强制性的体现。这里需要指出的是，职业道德本身并不存在强制性，而是职业道德的总体要求与职业纪律、职业法规、行业规章具有重叠的内容，一旦从业人员违背了这些纪律和法规，除了受到谴责外，还要受到纪律、法规的处罚。

6. 利益相关性

职业道德与物质利益具有一定的关联性。利益是道德的基础，各种职业道德规范及表现状况，关系到从业人员的利益。

对于爱岗敬业的员工，单位不仅应该给予精神方面的鼓励，也应该给予物质方面的褒奖；相反，违背职业道德、漠视工作的员工会受到批评，严重者还会受到纪律处罚。

现代企业在一般情况下，会将职业道德规范，如爱岗敬业、诚实守信、团结互助、勤劳节俭等纳入企业管理，将其与自身的职业特点要求紧密结合在一起，变成更加具体、明确、严格的岗位责任或岗位要求，并制定相应的奖励或处罚措施，与从业人员的物质利益挂钩，强调责、权、利的有机统一，以促进从业人员更好的履行自己的职业责任和义务。

四、职业道德的功能

1. 社会功能

职业道德对社会生活的作用主要有以下几点：

（1）有利于调整职业利益关系，维护社会生产和生活秩序。

（2）有利于提高人们的社会道德水平，促进良好社会风尚的形成。

（3）有利于完善人格，促进人的全面发展。

2. 具体功能

职业道德的具体功能是指职业道德在职业活动中所具有的具体效用。它对职业活动具有导向、规范、整合和激励等具体作用，引导职业活动沿着健康、有序、和谐的方向发展。

五、国内外职业道德的精华

1. 我国传统职业道德精华

中华民族在长期的历史发展中形成了具有民族特色的职业道德精神和准则规范，这些职业道德精华至今仍然有着重要的借鉴价值。归纳起来主要有以下几点：

（1）公忠为国的社会责任感。

（2）恪尽职守的敬业精神。

（3）自强不息，勇于革新的拼搏精神。

（4）以礼待人的和谐精神。

（5）诚实守信的基本要求。

（6）见利思义、以义取利的价值取向。

2. 西方发达国家职业道德精华

世界各国在社会发展中形成了许多职业道德要求和规范，是人类文明的重要组成部分，尤其是近现代以来西方社会发展中积累起来的、适应市场经济发展要求的职业道德内容，其中有许多合理成分值得我们在批判的基础上加以借鉴、利用。主要可以归纳为以下几点：社会责任至上；敬业；诚信；创新。

当代西方发达国家还在职业道德建设上积累了许多经验做法，主要表现在：

（1）加强职业道德的立法工作。

（2）注重信用档案体系的建立。

（3）严格的岗前和岗位培训。

六、社会主义职业道德的基本规范

社会主义职业道德继承了我国传统职业道德的精华，吸收了西方发达国家职业道德中的合理成分，其核心是"为人民服务"，主体部分包括三个层次：

（1）最高层次是社会主义职业道德的核心——为人民服务。

（2）第二层次是各行各业都应当遵守的基本规范。

（3）第三层次是各行各业自己的具体职业规范。

社会主义的职业道德是社会主义道德体系的重要组成部分。中共十四届六中全会在关于加强社会主义精神文明建设的决议中提出，要"大力倡导爱岗敬业、诚实守信、办事公道、服务群众、奉献社会的职业道德"，这既是我国未来职业道德建设的具体方向，也是我国现阶段职业道德的主要内容和要求。

4.1.2　计算机网络管理员职业道德基本要求与职业守则

🏫 学习目标

➢ 掌握计算机网络管理员职业道德的特点

➢ 掌握计算机网络管理员职业道德的基本要求

➢ 掌握加强职业道德教育与修养的内容与做法

一、信息技术类职业道德及规范

在信息技术类职业领域，应遵守的道德规范主要有以下内容。

1. 维护知识产权

计算机软件是享有著作权保护的作品，是个人或者团体的智力产品，同专利、著作一样受法律的保护，任何未经授权的使用、复制都是非法的，按规定要受到法律的制裁。

因此，在使用计算机软件或数据时，应遵照国家有关法律规定，尊重其作品的版权，这是使用计算机的基本道德规范。具体要求是：

（1）使用正版软件，坚决抵制盗版，尊重软件作者的知识产权。

（2）不对软件进行非法复制。

（3）不能为了保护自己的软件资源而制造病毒保护程序。

（4）不能擅自篡改他人计算机内的系统信息资源。

2. 维护计算机安全

计算机安全是指计算机信息系统的安全。计算机信息系统是由计算机及其相关的和配套的设备、设施（包括网络）构成的，为维护计算机系统的安全，防止病毒的入侵，应做到以下几点：

（1）不蓄意破坏和损伤他人的计算机系统设备及资源。

（2）不制造病毒程序，不使用带病毒的软件，更不会有意传播病毒或传播带有病毒的软件。

（3）积极采取病毒预防措施，在计算机内安装防病毒软件；定期检查计算机系统内的文件是否被病毒感染，如发现病毒，应及时用杀毒软件清除。

（4）维护计算机的正常运行，保护计算机系统数据的安全。

（5）被授权者对自己享用的资源有保护责任，口令密码不得泄露给外人。

3. 遵守网络行为规范

计算机网络正在改变着人们的行为方式、思维方式乃至社会结构，它对于信息资源的共享起到了巨大作用，并且蕴藏着无尽的潜能。但是网络的作用不是单一的，在它广泛的积极作用背后，也有使人堕落的陷阱，这些陷阱产生着巨大的反作用。其主要表现在：网络文化的误导，传播暴力、色情内容；网络诱发的不道德和犯罪行为；网络的神秘性"培养"了计算机"黑客"等。因此，人们必须约束自己的行为，努力做到以下几点：

（1）不得利用国际互联网制作、复制、查阅和传播下列信息：

1）煽动抗拒、破坏宪法和法律、行政法规实施的信息。

2）煽动颠覆国家政权，推翻社会主义制度的信息。

3）煽动分裂国家、破坏国家统一的信息。

4）煽动民族仇恨、破坏国家统一的信息。

5）捏造或者歪曲事实，散布谣言，扰乱社会秩序的信息。

6）宣扬封建迷信、淫秽、色情、赌博、暴力、凶杀、恐怖，教唆犯罪的信息。

7）公然侮辱他人或者捏造事实诽谤他人的信息。

8）损害国家机关信誉的信息。

9）其他违反宪法和法律、行政法规的信息。

（2）在使用网络时，不侵犯知识产权，主要包括以下内容：

1）不侵犯版权。

2）不做不正当竞争。

3）不侵犯商标权。

4）不恶意注册域名。

（3）其他有关行为规范

1）不利用电子邮件作广播型的宣传，这种强加于人的做法会造成别人的信箱充斥无用的信息而影响正常工作。

2）不使用他人的计算机资源，除非得到了准许。

3）不利用计算机去伤害别人。

4）不私自阅读他人的通信文件（如电子邮件等），不私自拷贝不属于自己的软件资源。

5）不应到他人的计算机里去窥探，不蓄意破译别人口令。

4. 保护商业秘密

（1）侵犯商业秘密行为的危害

法律禁止侵犯他人的商业秘密。侵犯商业秘密的行为的危害性是很大的。

首先，侵犯商业秘密行为严重损害了权利人的合法权益。商业秘密一般都是权利人投入了相当的时间、资金和精力而获取的，而且为了维持其秘密性，权利人还要花费一定的财力、物力。商业秘密为其权利人带来的经济价值自然是十分可观的。一旦商业秘密被他人以非法手段获取、披露和使用，权利人不可避免地将遭受巨大的损失。

其次，侵犯商业秘密行为的大量发生，扭曲了诚实守信的商业道德，破坏了公平竞争的市场环境，也扰乱了正常的市场秩序。

从一定意义上讲，侵犯他人商业秘密的人往往是市场中品位低下的竞争者，他们无视商业道德，无视公平竞争的市场规则。非法获取商业秘密的较低代价和一旦获取商业秘密后的巨大的经济价值，使这些不法的经营者铤而走险，置正常的市场秩序于不顾，置国家法律、法规于不顾，其社会危害性是不可低估的。因此，法律禁止侵犯他人商业秘密不仅是权利人的要求，也是维持公平竞争的市场秩序的需要。

(2) 侵权人获取、使用他人的商业秘密的方式

目前，侵权人获取、使用他人的商业秘密的方式有以下几种：

1) 采用盗窃手段，获取商业秘密。

2) 通过贿赂手段，获取商业秘密。

3) 使用窃听器，获取商业秘密。

4) 采用胁迫手段，获取商业秘密。

5) 搞假联营，骗取商业秘密。

6) 违反保密协议，擅自使用商业秘密。

7) 明知违法所得，仍使用商业秘密。

8) 从废公文纸中收集商业秘密。

9) 招聘离退休人员，获取商业秘密。

10) 擅自对他人加密的软件解密，获取商业秘密。

(3) 保护商业秘密的措施

保护商业秘密，要做到"十要"和"十不要"。

1) "十要"

①商业洽谈，涉及商业秘密的要约定承担保密义务。

②尽量使用非描述性的和非明显昭示的项目名称和代码。

③电子邮件和语音信箱密码要进行防护，发出信息时要多加小心。

④所有的商业秘密文件要放置在安全场所。

⑤要妥善处置废弃和欲销毁的商业秘密文件。

⑥对装有商业秘密文件的信封和包装要给予足够的重视。

⑦离开会议室时带走所有文件并消除可能泄露商业秘密的痕迹。

⑧客户和其他人在企业的任何指定区域，除会议室外，都要有人陪同。

⑨面对家人、亲戚、朋友时也要保守商业秘密。

⑩对员工要经常进行保密教育。

2）"十不要"

①不要用移动电话和无绳电话讨论商业秘密。

②不要在公共场所谈论商业秘密或者审阅文件。

③不要将商业秘密文件放在别人容易看得到的地方。

④不要通过酒店或会议中心的人员收发或复印商业秘密文件。

⑤不要在无人值守的情况下，将商业秘密文件放在会议室、复印室和传真室。

⑥不要把文件中使用的代码和项目名称换成真实的名称。

⑦非因公务目的，在没有防护措施的情况下，不要把商业秘密文件带出办公室。

⑧在讨论商业秘密的时候，不要敞开房门。

⑨不要与正在洽谈生意的重要客户一道出现在公众场合。

⑩不要对商业秘密漫不经心、麻痹大意。

5. 保护个人信息

在信息技术领域，个人信息是指将个人数据进行信息化处理后的结果，它包（隐）含了有关个人资料、个人空间、个人活动方面的情况。个人资料包括肖像、身高、体重、指纹、声音、经历、个人爱好、医疗记录、财务资料、一般人事资料、家庭电话号码等。个人空间，也称私人领域。个人空间隐私是指个人的隐秘范围，涉及属于个人的物理空间和心理空间。个人活动是指一切个人的、与公共利益无关的活动。

目前世界上已有 50 多个国家制定了有关个人信息保护的法律法规，欧洲各国也缔结了与个人信息保护有关的国际公约。例如，美国的《请勿打我电话法》（Do-Not-Call law）是目前国际上最成功、最受欢迎的隐私法之一。其基本内容是：不想接到推销电话的消费者可以在联邦贸易委员会登记其电话号码，联邦贸易委员会持有这些电话号码的记录，并对消费者和商家就其权利和义务给予指导。在这部法律制定时，美国的电话推销是一个庞大的行业，很多消费者对无休止的电话推销产生了强烈不满。这一法规施行的前四天，就有 1 000 万个电话在联邦贸易委员会进行了登记。到 2005 年 9 月，登记号码已经超过 1 亿个。调查显示，92％的已登记消费者受电话推销的"骚扰"明显减少，25％的人说他们几乎再没接到过推销电话。

　　我国还没有个人信息保护法，许多人大代表政协委员已经提出议案，呼吁国家尽快制定《个人信息保护法》。在由中国社会科学院法学研究所课题组起草的《中华人民共和国个人信息保护法》专家建议稿中，个人的手机号码、家庭住址、医药档案、职业情况等都属于受保护的范围。目前情况下，在我国除了在日常生活中要增强个人信息的保护意识外，在信息技术条件下，保护个人信息还要做到以下几点：

　　(1) 要防范用做传播、交流或存储资料的光盘、硬盘、软盘等计算机媒体泄露个人信息。

　　(2) 要防范联网（局域网、因特网）泄密，例如不要在即时通信工具中泄露个人的银行账号、电子邮箱的密码等，不要在没有安全认证的网站上进行电子商务交易、银行资金交易等。网络上的一些"间谍"病毒，不仅可以收集用户访问过的网站等信息，甚至还可以盗取用户银行账户密码，所以一定要做好计算机的防毒、查毒、杀毒工作。对设备密码做好保密工作，不得向无关人员泄露，定期更改系统密码，以增加系统的安全性。

　　(3) 要防范、杜绝计算机工作人员在管理、操作、修理过程中造成的个人信息泄露。

　　(4) 作为信息技术领域的工作人员，由于职业需要，可能会接触到大量个人信息，对于这些信息应该严格保密，不得向无关人员提供或者出售个人信息，不在没有保密措施的情况下传送这些信息的电子档案。不得利用自己掌握的个人信息，通过信息技术手段进行手机短信的滥发、电子邮件宣传广告、传真群发、电话骚扰等。

二、计算机网络管理员职业道德的基本要求

　　(1) 遵纪守法，服从领导，爱岗敬业，尊重知识产权。

　　(2) 实事求是，杜绝做假，诚实守信，严守秘密。

　　(3) 工作认真，尽职尽责，一丝不苟，精益求精。

　　(4) 刻苦学习，用于创新，钻研业务，提高技能。

三、计算机网络管理员职业道德的特点

计算机网络管理员是近年来产生的一个新兴职业，其职业道德的特点主要表现为：

（1）异乎寻常的重要性

社会对计算机技术的依赖越来越大，由计算机产生的破坏性影响也越来越大。由于计算机技术的特点，许多的破坏行为都是在一瞬间造成，缘于一念之差，并且无法挽回。所以，对于计算机网络管理员的行为规范，法律、行政手段作用十分有限，并且多数为事后查处，因此，职业道德的约束作用就显得十分重要，可以对计算机网络管理员的工作过程和操作行为进行规范和约束，起到事前干预、预防行为失范的作用。

（2）与其他职业道德联系广泛

由于计算机技术已经广泛应用于各个行业，因此计算机网络管理员这一职业与其他职业有着千丝万缕的联系，计算机网络管理员的职业道德也与其他有关职业的职业道德互相渗透、融合。例如，与文秘人员相关的"保守商业秘密"职业道德，与财务人员相关的"不做假账"的职业道德，在与计算机网络管理员结合后，就产生了"不协助他人通过网络系统传播商业秘密""不协助他人利用计算机财务系统出具虚假报表"等职业道德要求。

四、加强职业道德教育与修养

职业道德教育与修养是形成高尚职业道德的两个途径。

1. 职业道德教育

职业道德教育实质上是一项对被教育者施加系统的职业道德影响，使其形成一定的职业道德品质的活动，一般有以下内容：

（1）确立对职业道德的认识。

（2）培养职业道德情感。

（3）锻炼职业道德意志。

（4）树立职业道德信念。

（5）养成职业道德习惯。

2. 职业道德修养

职业道德修养是指人们在形成职业道德品质的过程中进行的自我改造、自我陶冶、自我锻炼和自我培养的过程。加强职业道德修养十分重要，简单而言，其重要

性表现在以下几个方面：

一是有利于职业生涯的发展。职业生涯是指一个人一生的职业经历和发展过程，良好的职业道德修养是职业人取得成功的重要前提，它决定了你的职业生涯是否顺利及发展程度如何。二是加强职业道德修养有利于职业境界的提高。三是加强职业道德修养有利于个人成长、成才。

（1）职业道德修养的内容

1）端正职业态度。

2）强化职业情感。

3）历练职业意志。

（2）加强职业道德修养采取的做法

1）在日常生活中培养。从小事做起，严格遵守行为规范；从自我做起，自觉养成良好习惯。

2）在专业学习中训练。增强职业意识，遵守职业规范；重视技能训练，提高职业素养。

3）在社会实践中体验。参加社会实践，培养职业情感；学做结合，知行统一。

4）在自我学习中提高。体验生活，经常进行"内省"；学习榜样，努力做到"慎独"，做到在无人监督的情况下，坚持自己的道德信念。

五、计算机网络管理员职业守则

（1）遵守法律、法规和有关规定。

（2）爱岗敬业、忠于职守，自觉履行各项职责。

（3）严格执行工作程序、工作规范和安全操作规程。

（4）工作认真负责，严于律己。

（5）谦虚谨慎，团结协作，主动配合。

（6）爱护设备及软件、工具和仪器仪表等。

（7）刻苦学习，钻研业务，努力提高科学文化素质。

（8）诚实守信、办事公道。

（9）服务群众、奉献社会。

（10）着装整洁，保持工作环境清洁有序，文明生产。

4.2 有关法律法规

4.2.1 信息化法律法规

 **学习目标**

➤掌握法的概念和分类

➤掌握信息立法的必要性和作用

➤掌握我国的信息化法律法规体系

一、法的概念

法是一种特殊的社会规范，具有规范性和概括性的特点，其规定是严格、具体、明确的。法是由国家制定或认可的，具有国家意志的属性。法律对所有社会成员都具有普遍约束力，并且是依靠国家强制力来保证实施的。

我国的法，根据立法机关和制定程序的不同，可以分为以下几种：

（1）宪法

这是国家根本大法，在法律体系中居于最高的核心地位，具有最高的法律地位和法律效力。

（2）法律

这是国家立法机关依法制定和颁布的一种法，其地位和效力低于宪法，高于其他法。

（3）行政法规

在我国，行政法规是由最高行政机关为执行宪法和法律而制定的具有普遍约束力的规范性文件的总称。

（4）地方性法规

由特定的地方国家机关依法制定和颁行，效力限于本行政区域范围内的规范性文件。

（5）行政规章

行政规章是有关行政机关制定的事关行政管理的规范性文件的总称。

（6）国际法

两个或两个以上国家或国际组织缔结的确定其相互关系中权利和义务的各种协议。

二、信息立法

1. 信息立法的必要性

随着信息社会的到来和社会信息化的发展，人类社会发生了深刻变革，信息网络技术深刻的影响了人类社会的政治、经济、军事、科技、文化等领域。随着信息活动内容越来越丰富，与其有关的社会关系、社会矛盾也越来越复杂，其主要表现在以下几个方面：

（1）数字鸿沟

信息全球化给世界各个国家带来了新的发展机遇，也带来了信息技术的掌握和使用及信息占有不平等而导致的信息鸿沟。面对国际和国内的信息鸿沟，各级政府应该应用政策和法律手段，推动与保障信息化建设，缩小并跨越数字鸿沟，解决好信息鸿沟带来的各种问题。

（2）信息犯罪

由于信息的采集、传输、存储、加工、处理、利用完全依赖信息技术与网络，而信息技术还远没有发展到完美无缺、无懈可击的程度，极有可能被不正当的利用，导致各种信息犯罪大量出现。信息犯罪的主要形式有：

1）计算机病毒犯罪。

2）侵入、破坏计算机系统，威胁国家安全、社会安全。

3）信息欺诈。

4）传播不良或非法信息。

打击信息犯罪，必须通过有关立法加以解决。

（3）信息产业与信息服务业发展中的矛盾

信息产业包括电子信息产品制造业、通信业、软件业、信息服务业。信息服务业又包括传统信息服务业，如广播电视、新闻出版、文献情报、图书档案等传统信息服务业和新兴的信息服务业，如信息咨询、电子商务等。

对新兴产业新的服务方式进行规范管理和监督，必须有配套的法律法规和政策，伴随着新的生产力出现的新的生产关系，已经强烈要求新的法律给予支持保护，信息产业活动的不规范必将影响整个信息社会的健康、快速发展。

（4）信息自由与信息共享的不协调发展

信息已经成为社会发展的重要资源。信息资源对社会发展的贡献，就在于它可以共享。对于信息资源的建设和共享，发达国家建立了信息公开和信息自由的法律与政策，以保证社会有充分的信息可供利用以实现共享。

在我国，信息公开的制度不是很完善，信息自由流动、获取的途径也不通畅，对信息公开的监督也很不利。关于信息公开的法律法规还有待健全。

2. 信息化法律法规的社会价值

在信息社会里，每一个参与信息的活动主体，在享有信息权利的同时，也负有信息义务。权利和义务的正确行使，要靠信息化法律法规来提供支持。因此，信息化法律法规具有促进社会信息化水平提高和信息社会健康发展的社会价值，其具体作用体现在以下几个方面：

（1）规范信息活动，推进信息化进程与社会信息化发展。

（2）保护知识产权，保证信息的合理使用，推动知识创新。

（3）解决信息矛盾，协调信息交流。

（4）保障信息安全，防范信息犯罪。

（5）维护国家信息主权，促进民族文化发展。

三、我国的信息化法律法规

1. 我国的信息法制建设概况

现代信息社会的信息法制建设兴起于 20 世纪，主要是由一些发达国家发起。其立法集中在关于信息自由、信息交流、信息安全、知识产权保护等方面，由于这些法律在最初建立时是从各国的自身国情出发，因而对同一问题各个不同国家的法制建设带有明显的本国特色，而且相对来讲，由于发达国家对信息的重要性的认识更深入，对信息更加重视，因此，越是发达国家其信息法制建设越健全，信息立法越成熟。

在党中央和社会各界对信息立法的重视下，我国从 20 世纪 80 年代初开始逐渐建立了有关信息技术、信息网络、信息社会的知识产权保护等方面的法律法规，在国家、部门、地方行政机构等各种层次上已经制定和颁布了各种涉及信息活动方面的法律。这些法律中有许多是针对传统的信息技术和信息工具所制定的法律，如《中华人民共和国统计法》《中华人民共和国商标法》《中华人民共和国专利法》《中华人民共和国著作权法》《中华人民共和国档案法》《中华人民共和国测绘法》《中华人民共和国会计法》《中华人民共和国审计法》《中华人民共和国公司法》《中华人民共和国广告法》《中华人民共和国反不正当竞争法》等。这些法律对信息的采集、公开、传播等作出了明确的规定。

20 世纪 90 年代以后，我国政府部门和地方行政机构又相继制定了一些针对新的信息技术和信息活动、信息化的法规。其中，有代表性的法规有：

(1) 1991 年通过的《计算机软件保护条例》，这是我国颁布的第一个关于计算机的法律。

(2) 1994 年通过的《中华人民共和国计算机信息系统安全保护条例》，这是我国第一个关于计算机信息安全的法规。

(3) 1996 年通过的《中华人民共和国计算机信息网络国际联网管理暂行规定》《中国公用计算机互联网国际联网管理办法》。

(4) 1997 年通过的《电子出版物管理规定》《中国公众多媒体通信管理办法》《中国互联网络域名注册暂行管理办法》《计算机信息网络国际联网安全保护管理办法》。

(5) 1998 年通过的《中华人民共和国计算机信息网络国际联网管理暂行规定实施办法》《计算机信息系统保密管理暂行规定》《金融机构计算机信息系统安全保护工作暂行规定》。

(6) 1999 年通过的《关于制作数字化制品的著作权规定》《电信网间互联管理暂行规定》《关于加强通过信息网络向公众传播广播电影电视类节目管理的通告》《中国人民银行关于采取有效措施防范金融计算机犯罪的通知》《商用密码管理条例》。

(7) 2000 年通过的《计算机病毒防治管理办法》《中华人民共和国电信条例》《互联网信息服务管理办法》《互联网电子公告服务管理暂行规定》《全国人民代表大会常务委员会关于维护互联网安全的决定》《中国电子商务发展政策框架》《电子商务认证体系》《电子商务认证机构管理办法》。

(8) 2001 年通过的《集成电路布图设计保护条例》。

(9) 2002 年通过的《电信建设管理办法》《互联网上网服务营业场所管理条例》等。

(10) 2004 年通过的《中华人民共和国电子签名法》等。

2. 信息化标准类法律法规

信息化标准类法律法规主要有《国家信息化指标构成方案》《国民经济行业分类与代码》《软件开发规范》《国家行政区划代码》《人事信息代码》《统一编码字符集》《中文信息处理编码》等。

3. 信息安全与保密类法律法规

与信息保密密切相关的法律可以从两个方面予以划分，一是针对国家秘密，二是针对商业秘密。

国家秘密是关系国家的安全和利益，依照法定的程序确定，在一定时间内只限一定范围的人员知悉的事项。对国家秘密方面，我国的立法相对比较健全。1982年12月第五届全国人民代表大会通过的《中华人民共和国宪法》提出了"国家秘密"的概念，并要求中华人民共和国公民必须保守国家秘密。

《中华人民共和国宪法》对国家秘密概念的提出和对中华人民共和国公民必须保守国家秘密的要求，既为保守国家秘密的一系列法律法规的出台奠定了基础，又为制定保守国家秘密的法律法规提供了立法依据。1988年9月七届人大常委会第三次会议，通过了《中华人民共和国保守国家秘密法》，1989年5月1日起施行，以法律形式确定了我国保密工作的根本宗旨，保密的范围，明确了泄密的法律责任，并确定了我国保密工作的管理体制。1997年3月修订的《中华人民共和国刑法》明显加大了对国家秘密进行保护的力度。1993年2月通过了《中华人民共和国国家安全法》，1994年5月通过了《中华人民共和国国家安全法实施细则》，规定了泄露国家秘密的法律责任。

改革开放以来，市场竞争日益加剧，商业秘密的纠纷日益增多，企业对商业秘密重要性的认识逐步深化，开始寻求国家法律法规的保护。在立法方面我国最早触及的，用法律、法规形式予以保护的是技术秘密。1980年财政部公布了《中外合资经营业所得税实施细则》、1983年国务院发布了《中华人民共和国中外合资企业法实施条例》，1985年国务院发布《中华人民共和国技术引进合同管理条例》，但这些法规中涉及的专有技术只是狭义的工业技术。

《中华人民共和国刑法》第219条以及《中华人民共和国民法通则》对侵犯商业秘密行为进行了法律界定。1993年施行的《中华人民共和国反不正当竞争法》第10条对商业秘密的范围和构成商业秘密的法律条件作出了比较完整的界定。

与信息安全与保密有关的法律法规还有：《中华人民共和国计算机信息系统安全保护条例》《计算机信息网络国际联网安全保护管理办法》《计算机信息系统安全专用产品检测和销售许可证管理办法》《计算机信息系统安全专用产品分类原则CA163—1997》《计算机信息网络国际联网保密管理规定》《商用密码管理条例》《互联网站从事登载新闻业务管理暂行规定》《计算机信息系统保密管理暂行规定》《涉及国家秘密的通信》等。

1994年2月颁布的《中华人民共和国计算机信息系统安全保护条例》共分为5

章 31 条，对计算机信息系统进行了定义，对涉及计算机信息系统安全方面的有关问题进行了规定，如进行信息系统建设时对机房、设备及施工提出了保障设备与信息安全的要求，并对违反该规定的行为进行了法律责任方面的规定。该条例的特点是既有安全保护管理制度，又有安全监察的条文，以管理和监察相结合的办法保护计算机信息资产。但是由于该条例内容只涉及计算机信息系统（主要是网络数据库、运行系统）的安全保护，并不能引用到对整个互联网络的安全进行规范。

1997 年 12 月发布的《计算机信息网络国际联网安全保护管理办法》对网络安全管理规范得比较完备，主要表现在以下几个方面：对个人行为的禁止作了具体而详尽的规定，使安全管理更具可操作性（主要见于第一章第五、六条）；对互联单位、接入单位等的责任都作了明确规定，使之形成双层管理，加强了安全保护的力度（主要见于第二章、第四章第二十一条）；对网络安全管理行政机关的权限作了明确规定。

2004 年颁布的《中华人民共和国电子签名法》确定了电子签名的法律效力，它是信息安全、电子商务领域的一部重要法律法规。电子签名就是通过密码技术对电子文档的电子形式的签名。该法包括总则、数据电文、电子签名与认证、法律责任、附则等几章。该法规定了电子签名是指数据电文中以电子形式所含、所附的用于识别签名人身份并表明签名人认可其中内容的数据。电文是指以电子、光学、磁或者类似手段生成、发送、接收或者储存的信息。另外，该法还明确了民事活动中的合同或者其他文件、单证等文书，当事人可以约定使用或者不使用电子签名、数据电文。当事人约定使用电子签名、数据电文的文书，不得仅因为其采用电子签名、数据电文的形式而否定其法律效力。也规定了电子签名不适用于涉及婚姻、收养、继承等人身关系的文书；不适用于涉及土地、房屋等不动产权益转让的文书；不适用于涉及停止供水、供热、供气、供电等公用事业服务的文书；不适用于法律、行政法规规定的不适用电子文书的其他情形。

4. 信息化领域中关于知识产权保护的法律法规

信息化领域中关于知识产权保护的法律主要包括《中华人民共和国专利权》《中华人民共和国商标权》《中华人民共和国著作权》以及有关网络环境下的知识产权的法律保护。

我国于 1985 年正式施行《中华人民共和国专利法》，并于 1992 年和 2000 年分别对《中华人民共和国专利法》进行了修订，保护了专利所有者的合法权利，并对侵犯专利权行为作出了法律界定。

《中华人民共和国著作权法》及《著作权法实施条例》对著作权的法律主体、

著作权人的权利以及侵权人的法律责任分别规定了保护措施和惩罚办法，但 1991 年实施的《著作权法》中没有规定刑罚条款，并且当时的刑法中也无侵犯著作权犯罪的规定。

1997 年修改颁布的《中华人民共和国刑法》在第三章第七节的侵犯知识产权罪中规定了著作权侵权的刑事责任，完善了著作权法律保护的体系。《中华人民共和国著作权法》特别规定了对计算机软件的法律保护，针对计算机软件自身的特点，1991 年国务院制定了《计算机软件保护条例》，规定了计算机软件著作权人享有的发表权、开发者身份权、使用权、使用许可和获取报酬权、转让权等权利，规定了对计算机软件的法律保护。

随着互联网的不断发展，以数字化形式传播的作品经常遭到侵权。为此我国于 2001 年 10 月修改的《中华人民共和国著作权法》中第十条增加了对著作权的信息网络传播权的条款，规定作品可以以有线或无线方式向公众提供；而且规定被许可人复制、发行、通过信息网络向公众传播录音录像制品，应当取得著作权人、表演者许可，并支付报酬。

此外，与信息化领域的知识产权保护的法律法规还有：最高人民法院颁布的《关于审理计算机网络著作权纠纷案件适用法律若干问题的解释》（它对网络著作权适用的法律作出了解释，并规定了侵权人应承担的法律责任和赔偿方式）《中华人民共和国著作权法实施条例》《最高人民法院关于深入贯彻执行〈中华人民共和国著作权法〉几个问题的通知》《国务院关于进一步加强知识产权保护工作的决定》《计算机软件保护条例》《计算机软件著作权登记办法》《国家版权局关于计算机软件著作权管理的通知》《实施国际著作权条约的规定》等。

5. 预防、打击信息犯罪的法律法规

随着信息网络逐渐深入到社会生活中，以网络为载体的信息犯罪数量呈上升趋势。主要表现在黑客攻击导致网络安全难以保证，病毒传播范围广泛，个人隐私得不到保护。由于网络特有的松散性，导致信息网络自身存在很大的脆弱性，而且对于信息安全的技术保护落后于计算机生产、制造及应用的技术，社会领域内对信息安全等问题的管理手段及重视程度不够，相应的法律、法规不健全，因此，现有网络中信息犯罪日益猖獗。

针对这种局面，目前除了从技术角度加以管理之外，最重要的是从法律角度严格对信息犯罪的约束，有效识别信息犯罪分子并对其加以严厉制裁。如我国 1997 年修订的《中华人民共和国刑法》中增加了对非法侵入重要领域计算机信息系统行为刑事处罚的明确规定；1997 年公安部发布的《计算机网络国际联网安全保护管

理办法》中也规定，禁止任何单位和个人未经允许进入或破坏计算机信息网络；1997 年 5 月实施的《中华人民共和国计算机信息网络国际联网管理暂行规定》中规定了从事国际联网业务的单位和个人，不得利用国际联网从事危害国家安全、泄露国家秘密等违法犯罪活动，不得制作、查阅、复制和传播妨碍社会治安的信息和淫秽色情信息等。

针对信息犯罪的法律法规还有《全国人大常委会关于维护互联网安全的决定》《公安部关于严厉打击利用计算机技术制作、贩卖、传播淫秽物品违法犯罪活动的通知》等。

6. 互联网管理的法律法规

为了加强对计算机网络国际联网的管理，保障国际计算机信息交流的健康发展，1996 年 2 月国务院颁布了《中华人民共和国计算机信息网络国际联网管理暂行规定》，对我国国内计算机信息网络进行国际联网作出了规定。1997 年 5 月 20 日又对上述《暂行规定》进行了修正，设立了国际互联网的主管部门，增加了经营许可证制度，并将其重新发布。

为了保护合法域名，防止恶意抢注，我国于 1997 年 6 月发布了《中国互联网络域名注册暂行管理办法》和《中国互联网络域名注册实施细则》，规定国务院信息化工作领导小组办公室是我国互联网络域名系统的管理机构，负责制定我国互联网络域名的设置、分配和管理的政策及办法，选择、授权或者撤销顶级和二级域名的管理单位，监督、检查各级域名注册服务情况。

我国的域名体系也遵照国际惯例，包括类别域名和行政域名两套。类别域名有 7 个：com（代表商业机构）、net（表示网络服务机构）、gov（意思是政府机构）、mil（军事机构）、org（非营利性组织）、edu（教育部门）、int（国际机构）。行政区域名是按照中国的各个行政区划分而成的，其划分标准按照原国家技术监督局发布的国家标准而定，包括行政区域 34 个，适用于我国的各省、自治区、直辖市和特别行政区。

此外，2000 年 9 月国务院通过了《互联网信息服务管理办法》，规定了网络服务提供者的法律责任，并对违反规定者提出了处罚措施。与此有关的法律法规还有《中华人民共和国电信条例》（2000 年颁布）《互联网信息服务管理办法》《互联网站从事登载新闻业务管理暂行规定》《互联网电子公告服务管理规定》《电信网间互联管理暂行规定》《中华人民共和国计算机信息网络国际联网管理暂行规定实施办法》《中国公用计算机互联网国际联网管理办法》《计算机信息网络国际联网出入口信道管理办法》等。

4.2.2 知识产权法律法规

 学习目标

➤ 掌握知识产权的概念
➤ 掌握著作权法、专利法、商标法的主要内容
➤ 掌握《计算机软件保护条例》的主要内容

一、知识产权

知识产权是人们对其通过脑力劳动创造出来的智力成果所享有的权利。包括著作权与工业产权两部分。知识产权具有专有性、地域性、时间性等特点。

二、中华人民共和国著作权法

《中华人民共和国著作权法》（以下简称《著作权法》）于1990年9月7日在第七届全国人民代表大会常务委员会第十五次会议上通过，自1991年6月1日起正式施行，2001年10月27日修改后继续施行。

1. 著作权的概念

著作权也称版权，是指著作权人对其作品享有的专有权利。或者说，著作权是指作者及其他著作权人对其文学、艺术、科学作品所享有的人身权利和财产权利的总称。

2. 著作权的主体

著作权的主体也叫做著作权人，是指依法对文学、艺术和科学作品享有著作权的人。著作权人包括：作者；其他依照《著作权法》享有著作权的公民、法人或者其他组织。

创作作品的公民是作者。由法人或者其他组织主持，代表法人或者其他组织意志创作，并由法人或者其他组织承担责任的作品，法人或者其他组织视为作者。如无相反的证据，在作品上署名的公民、法人或其他组织为作者。

3. 著作权的归属

一般情况下著作权属于作者，但在特殊情况下著作权的归属也有例外。

（1）演绎作品著作权的归属

演绎作品是指改编、翻译、注释、整理已有作品而产生的作品，其著作权由改

编、翻译、注释、整理人享有，但他们行使著作权时不得侵犯原作品的著作权。

（2）合作作品著作权的归属

两人以上合作创作的作品，著作权由合作作者共同享有。没有参加创作的人，不能成为合作作者。合作作品是可以分割使用的，作者对各自创作的部分可以单独享有著作权，但行使著作权时不得侵犯合作作品整体的著作权。

（3）汇编作品著作权的归属

汇编若干作品、作品的片段或者不构成作品的数据或者其他材料，对其内容的选择或者编排体现独创性的作品，为汇编作品，其著作权由汇编人享有，但汇编人员行使著作权时，不得侵犯原作品的著作权。

（4）视听作品的著作权归属

电影作品和以类似摄制电影的方法创作的作品的著作权由制片者享有，但编剧、导演、摄影、作词、作曲等作者享有署名权，并有权按照与制片者签订的合同获得报酬。电影作品和以类似摄制电影的方法创作的作品中的剧本、音乐等可以单独使用的作品的作者有权单独行使其著作权。

（5）职务作品著作权的归属

公民为完成法人或者其他组织工作任务所创作的作品是职务作品。职务作品的归属有两种情况：

1）著作权由作者享有，但法人或其他组织有权在其业务范围内优先使用。作品完成两年内，未经单位同意，作者不得许可第三人以与单位使用的相同方式使用该作品。

2）有下列情形之一的职务作品，作者享有署名权，著作权的其他权利由法人或其组织享有，法人或者其他组织可以给予作者奖励。一是主要利用法人或者其他组织的物质技术条件创作，并由法人或者其他组织承担责任的工程设计图、产品设计图、地图、计算机软件等职务作品；二是法律、行政法规规定或者合同约定的著作权由法人或者其他组织享有的职务作品。

（6）受委托作品著作权的归属

受委托创作的作品，著作权的归属由委托人和受托人通过合同约定。合同未作明确约定或者没有订立合同的，著作权属于受托人。

4. 著作权的客体

著作权的客体是作品。

（1）作品的范围

《著作权法》中所称的作品，包括以下列形式创作的文学、艺术和自然科学、社会科学、工程技术等作品：文字作品；口述作品；音乐、戏剧、曲艺、舞蹈、杂技艺术作品；美术、建筑作品；摄影作品；电影作品和以类似摄制电影的方法创作的作品；工程设计图、产品设计图、地图、示意图等图形作品和模型作品；计算机软件；法律、行政法规规定的其他作品。

（2）关于作品的其他几个问题

依法禁止出版、传播的作品，不受本法保护；民间文学艺术作品的著作权保护办法由国务院另行规定。

（3）《著作权法》不适用的范围

法律、法规，国家机关的决议、决定、命令和其他具有立法、行政、司法性质的文件，以及其官方正式译文；时事新闻；历法、通用数表、通用表格和公式。

5. 著作权的内容

（1）著作人身权

1）发表权，即决定作品是否公之于众的权利。

2）署名权，即表明作者身份，在作品上署名的权利。

3）修改权，即修改或者授权他人修改作品的权利。

4）保护作品完整权，即保护作品不受歪曲、篡改的权利。

（2）著作财产权

1）复制权，即以印刷、复印、拓印、录音、录像、翻录、翻拍的方式将作品制作一份或者多份的权利。

2）发行权，即以出售或者赠与方式向公众提供作品的原件或者复制件的权利。

3）出租权，即有偿许可他人临时使用电影作品和以类似摄制电影的方法创作的作品、计算机软件的权利，计算机软件不是出租的主要标的的除外。

4）展览权，即公开陈列美术作品、摄制作品的原件或者复制件的权利。

5）表演权，即公开表演作品，以及用各种手段公开播送作品的表演的权利。

6）放映权，即通过放映机、幻灯机等技术设备公开再现美术、摄影、电影和以类似摄制电影的方法创作的作品等的权利。

7）广播权，即以无线方式公开广播或者传播作品，以有线传播或者转播的方式向公众传播广播的作品，以及通过扩音器或者其他传送符号、声音、图像的类似工具向公众传播广播的作品的权利。

8）信息网络传播权，即以有线或者无线方式向公众提供作品，使公众可以在其个人选定的时间和地点获得作品的权利。

9）摄制权，即以摄制电影或者以类似摄制电影的方法，将作品固定在载体上的权利。

10）改编权，即改变作品，创作出具有独创性的新作品的权利。

11）翻译权，即将作品从一种语言文字转换成另一种语言文字的权利。

12）汇编权，即将作品或者作品的片段通过选择或者编排，汇集成新的作品的权利。

13）应当由著作权人享有的其他权利。

6. 著作权的取得和保护期限

（1）取得

我国实行著作权自动产生原则，作品创作之时就是著作权产生的时间。

（2）保护期限

1）著作权中人身权利的保护期限：作者的署名权、修改权、保护作品完整权的保护期不受限制。

2）著作权中财产权利保护期限：

①公民的作品，其发表权及财产权的保护期为作者终生及其死后 50 年，截止于作者死亡后第 50 年的 12 月 31 日。如果是合作作品，截止于最后死亡的作者死亡后第 50 年的 12 月 31 日。

②法人或其他组织的作品、著作权（署名权除外）由法人或者其他组织享有的职务作品，其发表权及财产权的保护期为 50 年，截止于作品首次发表后第 50 年的 12 月 31 日，但作品自创作完成后 50 年内未发表的，《著作权法》不再保护。

③电影作品和以类似摄制电影的方法创作的作品、摄影作品，其发表权及财产权的保护期为 50 年，截止于作品首次发表后第 50 年的 12 月 31 日，但作品自创作完成后 50 年内未发表的，《著作权法》不再保护。

7. 邻接权

邻接权也可以叫做作品传播者权，本意是指与著作权相邻近的权利，这些权利是在作品传播过程中产生的，是传播技术进步的结果。作品创作出来后，需在公众中传播，传播者在传播作品中有创造性劳动，这种劳动也应受到法律保护。因此，邻接权是与著作权密切相关，又独立于著作权之外的一种权利。

在我国，邻接权主要是指出版者的权利、表演者的权利、录音录像制作者的权利、广播电台的权利和电视台的权利。

8. 著作权的许可使用和转让

（1）著作权的许可使用

著作权的许可使用是指著作权人授权他人以一定的方式，在一定的时间和一定的地域范围内商业性的使用其作品的行为。《著作权法》规定著作权的许可使用应签订许可使用合同。

（2）著作权中财产权利的转让

著作权中财产权利的转让是指著作权人将其著作权中财产权的一项或几项权能转移给他人。

著作权中财产权利的转让使得著作权的主体发生了变更，即著作权中的财产权利由某一主体转移到另一主体。转让著作权中的财产权利，也应当订立书面合同。

9. 著作权的限制

在著作权财产权的有效期内，著作权人的财产权名目繁多，为协调著作权人与公众的矛盾，避免阻滞文化和知识的传播，法律往往对著作权中的财产权利的行使加以限制。这种限制主要表现为合理使用和法定许可。

（1）合理使用

《著作权法》规定，在为个人学习、研究、欣赏或为介绍、评价某一作品或说明某一问题等12种情况下使用他人作品，可以不经著作权人的许可，不向其支付报酬，但应当指明作者姓名、作品名称并且不得侵犯著作权人依照《著作权法》享有的其他权利。

（2）法定许可

法定许可是指根据法律的直接规定，以特定的方式使用他人已经发表的作品，可以不经著作权人许可，但需向作者支付报酬，并指明作者姓名、作品名称的一种制度。

《著作权法》规定，为实施九年制义务教育和国家教育规划而编写出版教科书，除作者事先声明不许使用的外，可以不经著作权人许可，在教科书中汇编已经发表的作品片段或者短小的文字作品、音乐作品或者单幅的美术作品、摄影作品，但应当按照规定支付报酬，指明作者姓名、作品名称，并且不得侵犯著作权人依照《著作权法》享有的其他权利。

10. 侵犯著作权的法律责任

对著作权的法律保护体现在对行为人违反《著作权法》的法律责任的追究上。行为人违反《著作权法》应承担的法律责任包括民事责任、行政责任和刑事责任。

三、计算机软件保护条例

计算机软件保护条例是为保护计算机软件著作权人的权益，调整计算机软件在开发、传播和使用中发生的利益关系，鼓励计算机软件的开发与流通，促进计算机应用事业的发展，依照《中华人民共和国著作权法》的规定制定的，于 1991 年 5 月 24 日国务院第 83 次常务会议通过，经过修订后，在 2001 年以国务院第 339 号令重新公布《计算机软件保护条例》，自 2002 年 1 月 1 日起施行。

1. 术语定义

该条例中所称计算机软件（以下简称软件），是指计算机程序及其有关文档。有关术语含义如下：

（1）计算机程序

计算机程序是指为了得到某种结果而可以由计算机等具有信息处理能力的装置执行的代码化指令序列，或者可以被自动转换成代码化指令序列的符号化指令序列或者符号化语句序列。同一计算机程序的源程序和目标程序为同一作品。

（2）文档

文档是指用来描述程序的内容、组成、设计、功能规格、开发情况、测试结果及使用方法的文字资料和图表等，如程序设计说明书、流程图、用户手册等。

（3）软件开发者

软件开发者是指实际组织开发、直接进行开发，并对开发完成的软件承担责任的法人或者其他组织；或者依靠自己具有的条件独立完成软件开发，并对软件承担责任的自然人。

（4）软件著作权人

软件著作权人是指依照本条例的规定，对软件享有著作权的自然人、法人或者其他组织。

2. 保护范围

受本条例保护的软件必须由开发者独立开发，并已固定在某种有形物体上。中国公民、法人或者其他组织对其所开发的软件，不论是否发表，均依照本条例享有著作权。

外国人、无国籍人的软件首先在中国境内发行的，依照本条例享有著作权。外国人、无国籍人的软件，依照其开发者所属国或者经常居住地国同中国签订的协议或者依照中国参加的国际条约享有的著作权，受本条例保护。条例对软件著作权的保护不延及开发软件所用的思想、处理过程、操作方法或者数学概念等。

3. 著作权登记

软件著作权人可以向国务院著作权行政管理部门认定的软件登记机构办理登记。软件登记机构发放的登记证明文件是登记事项的初步证明。

办理软件登记应当缴纳费用。软件登记的收费标准由国务院著作权行政管理部门会同国务院价格主管部门规定。

4. 软件著作权

（1）软件著作权的界定

软件著作权人享有下列各项权利：发表权、署名权、修改权、复制权、发行权、出租权、信息网络传播权、翻译权和应当由软件著作权人享有的其他权利。

（2）软件著作权的转让

软件著作权的条例规定，软件著作权人可以许可他人行使其软件著作权，并有权获得报酬。软件著作权人可以全部或者部分转让其软件著作权，并有权获得报酬。

（3）软件著作权的归属

1）软件著作权属于软件开发者，本条例另有规定的除外。如无相反证明，在软件上署名的自然人、法人或者其他组织为开发者。

2）由两个以上的自然人、法人或者其他组织合作开发的软件，其著作权的归属由合作开发者签订书面合同约定。无书面合同或者合同未作明确约定，合作开发的软件可以分割使用的，开发者对各自开发的部分可以单独享有著作权，但是，行使著作权时，不得扩展到合作开发的软件整体的著作权。

3）合作开发的软件不能分割使用的，其著作权由各合作开发者共同享有，通过协商一致行使；不能协商一致，又无正当理由的，任何一方不得阻止他方行使除转让权以外的其他权利，但是所得收益应当合理分配给所有合作开发者。

4）接受他人委托开发的软件，其著作权的归属由委托人与受托人签订书面合同约定；无书面合同或者合同未作明确约定的，其著作权由受托人享有。

5）由国家机关下达任务开发的软件，著作权的归属与行使由项目任务书或者合同规定；项目任务书或者合同中未作明确规定的，软件著作权由接受任务的法人或者其他组织享有。

6）自然人在法人或者其他组织中任职期间所开发的软件有下列情形之一的，该软件著作权由该法人或者其他组织享有，该法人或者其他组织可以对开发软件的自然人进行奖励：

①针对本职工作中明确指定的开发目标所开发的软件。

②开发的软件是从事本职工作活动所预见的结果或者自然的结果。

③主要使用了法人或者其他组织的资金、专用设备、未公开的专门信息等物质技术条件所开发并由法人或者其他组织承担责任的软件。

5. 软件著作权的取得和保护期限

（1）取得

软件著作权自软件开发完成之日起产生。

（2）保护期限

自然人的软件著作权，保护期为自然人终生及其死亡后 50 年，截止于自然人死亡后第 50 年的 12 月 31 日；软件是合作开发的，截止于最后死亡的自然人死亡后第 50 年的 12 月 31 日。法人或者其他组织的软件著作权，保护期为 50 年，截止于软件首次发表后第 50 年的 12 月 31 日，但软件自开发完成之日起 50 年内未发表的，本条例不再保护。

（3）继承和变更

软件著作权属于自然人的，该自然人死亡后，在软件著作权的保护期内，软件著作权的继承人可以依照《中华人民共和国继承法》的有关规定，继承本条例第八条规定的除署名权以外的其他权利。

软件著作权属于法人或者其他组织的，法人或者其他组织变更、终止后，其著作权在本条例规定的保护期内由承受其权利义务的法人或者其他组织享有；没有承受其权利义务的法人或者其他组织的，由国家享有。

6. 软件合法复制品所有人的权利

（1）根据使用的需要把该软件装入计算机等具有信息处理能力的装置内。

（2）为了防止复制品损坏而制作备份复制品。这些备份复制品不得通过任何方式提供给他人使用，并在所有人丧失该合法复制品的所有权时，负责将备份复制品销毁。

（3）为了把该软件用于实际的计算机应用环境或者改进其功能、性能而进行必要的修改；但是，除合同另有约定外，未经该软件著作权人许可，不得向任何第三方提供修改后的软件。

（4）为了学习和研究软件内含的设计思想和原理，通过安装、显示、传输或者存储软件等方式使用软件的，可以不经软件著作权人许可，不向其支付报酬。

7. 软件著作权的许可使用和转让

（1）许可使用。许可他人行使软件著作权的，应当订立许可使用合同。许可使用合同中软件著作权人未明确许可的权利，被许可人不得行使。许可他人专有行使软件著作权的，当事人应当订立书面合同。没有订立书面合同或者合同中未明确约定为专有许可的，被许可行使的权利应当视为非专有权利。

（2）转让和登记。转让软件著作权的，当事人应当订立书面合同。订立许可他人专有行使软件著作权的许可合同，或者订立转让软件著作权合同，可以向国务院著作权行政管理部门认定的软件登记机构登记。

8. 法律责任

除《中华人民共和国著作权法》或者本条例另有规定外，有下列侵权行为的，应当根据情况，承担停止侵害、消除影响、赔礼道歉、赔偿损失等民事责任：

（1）未经软件著作权人许可，发表或者登记其软件的。

（2）将他人软件作为自己的软件发表或者登记的。

（3）未经合作者许可，将与他人合作开发的软件作为自己单独完成的软件发表或者登记的。

（4）在他人软件上署名或者更改他人软件上的署名的。

（5）未经软件著作权人许可，修改、翻译其软件的。

（6）其他侵犯软件著作权的行为。

除《中华人民共和国著作权法》、本条例或者其他法律、行政法规另有规定外，未经软件著作权人许可，有下列侵权行为的，应当根据情况，承担停止侵害、消除影响、赔礼道歉、赔偿损失等民事责任；同时损害社会公共利益的，由著作权行政管理部门责令停止侵权行为，没收违法所得，没收、销毁侵权复制品，可以并处罚款；情节严重的，著作权行政管理部门可以没收主要用于制作侵权复制品的材料、工具、设备等；触犯刑律的，依照刑法关于侵犯著作权罪、销售侵权复制品罪的规定，依法追究刑事责任：

（1）复制或者部分复制著作权人的软件的。

（2）向公众发行、出租、通过信息网络传播著作权人的软件的。

（3）故意避开或者破坏著作权人为保护其软件著作权而采取的技术措施的。

（4）故意删除或者改变软件权利管理电子信息的。

（5）转让或者许可他人行使著作权人的软件著作权的。

有前款第（1）项或者第（2）项行为的，可以并处每件100元或者货值金额5倍以下的罚款；有前款第（3）项、第（4）项或者第（5）项行为的，可以并处5万元以下的罚款。

此外，条例还规定了以下的法律责任：

——侵犯软件著作权的赔偿数额，依照《中华人民共和国著作权法》第四十八条的规定确定。

——软件著作权人有证据证明他人正在实施或者即将实施侵犯其权利的行为，如不及时制止，将会使其合法权益受到难以弥补的损害的，可以依照《中华人民共和国著作权法》第四十九条的规定，在提起诉讼前向人民法院申请采取责令停止有关行为和财产保护的措施。

——为了制止侵权行为，在证据可能灭失或者以后难以取得的情况下，软件著作权人可以依照《中华人民共和国著作权法》第五十条的规定，在提起诉讼前向人民法院申请保全证据。

——软件复制品的出版者、制作者不能证明其出版、制作有合法授权的，或者软件复制品的发行者、出租者不能证明其发行、出租的复制品有合法来源的，应当承担法律责任。

——软件开发者开发的软件，由于可供选用的表达方式有限而与已经存在的软件相似的，不构成对已经存在的软件的著作权的侵犯。

——软件的复制品持有人不知道也没有合理理由应当知道该软件是侵权复制品的，不承担赔偿责任；但是，应当停止使用、销毁该侵权复制品。如果停止使用并销毁该侵权复制品将给复制品使用人造成重大损失的，复制品使用人可以在向软件著作权人支付合理费用后继续使用。

——软件著作权侵权纠纷可以调解。软件著作权合同纠纷可以依据合同中的仲裁条款或者事后达成的书面仲裁协议，向仲裁机构申请仲裁。当事人没有在合同中订立仲裁条款，事后又没有书面仲裁协议的，可以直接向人民法院提起诉讼。

9. 有关概念

（1）共享软件

共享软件是软件开发商或自由软件者推出的免费产品，共享软件一般有次数、时间、用户数量的限制，不过用户可以通过注册来解除限制。共享软件是以"先使用后付费"的方式销售的享有版权的软件。

根据共享软件作者的授权，用户可以从各种渠道免费得到它的拷贝，也可以自由传播它。用户总是可以先使用或试用共享软件，认为满意后再向作者付费，如果用户认为它不值得花钱买，可以停止使用。

（2）免费版软件

免费版的软件是软件开发商为了推介其主力软件的产品，扩大公司的影响，免费向用户发放的软件产品。还有一些是自由软件者开发的免费产品。

（3）用户许可证

用户许可证是软件合法复制品所有人合法使用该软件的凭证。拥有用户许可证的用户可以享有《软件保护条例》中规定关于软件合法复制品所有人的全部权益。

需要指出的是，用户许可证中可能包括软件系统的密码，但仅仅掌握了密码并不代表他是软件合法复制品所有人。

四、中华人民共和国专利法

1. 概述

专利制度起源于英国。对于专利这个词，不少学者认为是从英语 Patent 翻译过来的，而英语 Patent 又来源 Letters Patent，后者是英国历史上国王对人们封以爵位、任命官职或者授予特权（包括发明的垄断权在内）所常用的一种文书。这种文书盖有国王的大印，没有封口。自 1833 年以来，对发明人所用的这种文书不再盖国王的大印，而改用英国专利局的印章。这样的文件我们现在称为专利证书，简称为专利。这种文件所授予的权利我们现在称为专利权，有时也简称为专利，另外专利还可以用来称呼取得专利权的发明创造。所以"专利"虽然一般指专利权的简称，但在不同的场合使用也有不同的含义。

《中华人民共和国专利法》（以下简称《专利法》）于 1984 年 3 月 12 日在第六届全国人民代表大会常务委员会第四次会议上获得通过，自 1985 年 4 月 1 日起正式施行，并于 1992 年和 2000 年进行了两次修改。

2. 专利权的主体

（1）专利申请人的确定

1）非职务发明创造的专利申请人：发明人或设计人，即对发明创造的实质性特点作出创造性贡献的人；共同发明人或设计人，即两个以上对同一项发明创造共同构思并都对其实质性特点作出了创造性贡献的人。

2）职务发明创造的专利申请人：职务发明创造是指发明人或设计人在执行本单位的任务时或者主要是利用本单位的物质技术条件所完成的发明创造。职务发明创造申请专利的权利属于发明人或设计人所在的单位。另外，利用本单位的物质技术条件完成的发明创造，单位与发明人或者设计人订有合同，对申请专利的权利和专利权的归属作出约定的，从其约定。

（2）专利权人的确定

所谓专利权人就是享有专利权的人。一般来说，专利申请人在专利申请被批准后，就成为专利权人。另外，也有通过继承、受让他人专利而成为专利权人的。

3. 专利权的客体

专利权的客体是发明创造，发明创造包括发明、实用新型和外观设计。

（1）发明和实用新型

发明是指对产品、方法或其改进所提出的新的技术方案。发明的种类包括：产品发明、方法发明、改进发明。实用新型是指对产品的形状、构造或其结合所提出的适于实用的新的技术方案。发明及实用新型应当具备新颖性、创造性和实用性才能被授予专利权。

（2）外观设计

外观设计是指对产品的形状、图案或其结合以及色彩与形状、图案的结合所作出的富有美感并适于工业上应用的新设计。因此，授予外观设计专利权的条件是新颖性、富有美感、实用性、不得与他人先取得的合法权利相冲突。

（3）《专利法》不予保护的项目

1）科学发现。

2）智力活动的规则和方法。

3）疾病的诊断和治疗方法。

4）动物和植物品种。

5）用原子核变换方法获得的物质。

4．专利的申请

（1）专利申请的原则

单一性原则、先申请原则、书面原则、优先权原则。

（2）专利申请文件

1）发明或实用新型的专利申请文件：请求书、说明书及其摘要、权利要求书。

2）外观设计的专利申请文件：申请外观设计专利的，应当提交请求书、外观设计的图片或照片等文件，并且应当写明使用该外观设计的产品及其所属类别。

（3）专利申请的修改、撤回

1）专利申请文件可以修改，但有限制。即对发明和实用新型专利申请文件的修改不得超出原说明书和权利要求书记载的范围。

2）对外观设计专利申请文件的修改不得超出原图片或照片表示的范围。

3）专利申请还可以撤回，申请人可以在被授予专利权之前随时撤回其专利申请。

5．专利申请的审查和批准

（1）发明专利申请的审批

1）初步审查。初步审查也称形式审查，其主要内容是对专利申请文件的格式及专利申请的内容进行初步审查。

2）公布申请。

3）实质审查。所谓实质审查即对专利的内容所作的审查，指国务院专利行政部门对申请专利的新颖性、创造性、实用性等实质性进行的审查。国务院专利行政部门对发明专利申请进行实质审查后，认为不符合《中华人民共和国专利法》规定的，应当通知申请人，要求其在指定的期限内陈述意见，或者对其申请进行修改；无正当理由逾期不答复的，该申请即被视为撤回。发明专利申请经申请人陈述意见或修改后，若国务院专利行政部门仍然认为不符合《中华人民共和国专利法》规定的，应当予以驳回。

4）复审。专利申请人对国务院专利行政部门驳回申请的决定不服的，可以自收到通知之日起3个月内向专利复审委员会请求复审。专利申请人对专利复审委员会的复审决定不服的，可以自收到通知之日起3个月内向人民法院起诉。

5）授予专利权。发明专利申请经实质审查认为没有发现驳回理由的，由国务院专利行政部门作出授予发明专利权的决定，发给发明专利证书，同时予以登记和公告，发明专利权自公告之日起生效。

（2）实用新型和外观设计专利申请的审批

实用新型和外观设计专利申请经初步审查没有发现驳回理由的，由国务院专利行政部门作出授予实用新型专利权或外观设计专利权的决定，发给相应的专利证书，同时予以登记和公告。实用新型专利权和外观设计专利权自公告之日起生效。

6. 专利权的期限、终止和无效

（1）专利权的期限

专利权的期限也称专利权的保护期限。发明专利权的期限为20年，外观设计专利权的期限为10年，均自申请日起计算。

（2）专利权的终止

实用新型和外观设专利权的终止是指专利权因有效期满而自然失效，以及在有效期未满前，由于专利权人不缴纳专利年费或自动放弃专利权等原因而自动失效。

（3）专利权的无效

自国务院专利行政机关公告授予专利权之日起，任何单位或个人认为该专利权的授予不符合《专利法》规定的，可以请求专利复审委员会宣告该专利权无效。专利复审委员会对请求作出决定，并通知请求人和专利权人。对专利复审委员会宣告专利权无效或维持专利权的决定不服的，当事人可以在收到通知之日起3个月内向人民法院起诉。

7. 专利权的内容

（1）专利权人的权利和义务

1）权利。包括实施其专利的权利、许可他人实施其专利的权利、转让其专利的权利、在产品或包装上注明专利标记和专利号的权利、禁止他人实施其专利技术的权利。

2）义务。包括缴纳年费的义务、接受推广应用的义务。

（2）专利权人权利的限制

《专利法》允许他人在某些特殊情况下，可以不经专利权人许可而实施其专利，且其实施行为并不构成侵权。这些特殊情况有：计划许可、强制许可及不视为侵犯专利权的行为等。

8. 专利权的保护

（1）专利权的保护范围

发明或实用新型专利权的保护范围以其权利要求书的内容为准，说明书及附图可以用于解释权利要求。外观设计专利权的保护范围以表示在图片或照片中的该外观设计专利产品为准。

（2）侵犯专利权的行为及相应的解决方式

一是未经专利权人许可，实施其专利的侵权行为。对这类侵权行为可以协商解决、向人民法院起诉或请求管理专利工作的部门处理。

二是假冒他人专利的侵权行为。这类行为除依法承担民事责任以外，由管理专利工作的部门责令改正并予公告，没收违法所得，可以并处违法所得 3 倍以下的罚款，没有违法所得的，可以处 5 万元以下的罚款；构成犯罪的，依法追究刑事责任。

三是以非专利产品冒充专利产品、以非专利方法冒充专利方法的侵权行为。这类行为由管理专利工作的部门责令改正并予公告，可以处 5 万元以下的罚款。

五、中华人民共和国商标法

所谓商标，是指商品的生产者、经营者或商业服务的提供者用以标明自己所生产、经营的商品或提供的服务，与其他人生产、经营的同类商品或提供的同类服务相区别的标记。《中华人民共和国商标法》（以下简称《商标法》）于 1982 年 8 月 23 日在第五届全国人民代表大会常务委员会第 24 次会议通过，自 1983 年 3 月 1 日起施行，并于 1993 年、2001 年进行了两次修改。

1. 商标权

（1）商标权是商标所有人依法对其使用的商标所享有的权利。商标权的内容包括使用权、禁止权、转让权、许可使用权。

（2）商标权的主体，即依法享有商标专用权的人。从事生产、制造、加工、拣选、经销商品或者提供服务的自然人、法人或者其他组织，需要取得商标专用权的，都可以向商标局申请商标注册，从而成为商标权的主体。

（3）商标权的取得有两种方式，即原始取得和继受取得。原始取得即经申请商标注册并获得商标专用权。这是商标最初的、第一次的取得。继受取得又称传来取得，即商标所有人权利的取得是基于他人既存的商标权，其权利的范围、内容等都以原有的权利为依据。比如通过赠与、转让等方式取得的商标权都属于继受取得。

2. 商标注册

商标注册是商标使用人为了取得商标的专用权而依照法定的程序向有关国家主管机关申请，经主管机关对商标进行审核并予以注册的制度。

对商标所有人而言，依法注册是获得商标权的必经程序，同时，对商标主管机关而言，商标注册是其对商标予以管理的一种法律措施。经商标局核准注册的商标为注册商标，一旦注册，商标所有人便获得了商标专用权。注册商标包括商品商标、服务商标和集体商标、证目商标。

（1）商标注册的原则

一是自愿注册原则。商标注册一般实行自愿注册原则，但法律和行政法规另有规定的除外。

二是先申请原则。先申请原则是指两个或两个以上的商标注册申请人，在同一种或类似商品上，以相同或近似的商标申请注册的，由商标局初步审定并公告申请在先的商标，而驳回后申请者的申请。

三是优先权原则。简单地说，优先权是指在同等条件下享有优先的权利。具体来说，在《商标法》中体现为两种情况：

1）商标注册申请人自其商标在外国第一次提出商标注册申请之日起六个月内，又在中国就相同商品以同一商标提出商标注册申请的，依照该外国同中国签订的协议或者共同参加的国际条约，或者按照相互承认优先权的原则，可以享有优先权。

2）商标在中国政府主办的或者承认的国际展览会展出的商品上首次使用的，自该商品展出之日起六个月内，该商标的注册申请人可以享有优先权。我国有关主管机关应以其第一次在外国提出申请之日或商品第一次展出之日为其提出申请之日，即优先权日。当然，优先权是一种权利，当事人若要行使，应当以书面声明的方式在三个月内提出要求，并提交有关证明文件。

（2）商标的注册条件

1）商标必须具备法定的构成要素。任何能够将自然人、法人或者其他组织的商品与他人的商品区别开的可视性标志，包括文字、图形、字母、数字、三维标志和颜色组合，以及上述要素的组合，均可以作为商标申请注册。

2）申请注册的商标必须具有显著特征，便于识别。

3）申请注册的商标必须不与他人已注册的商标混同。

4）申请注册的商标不得使用禁用的标志。

5）申请注册的商标不得与他人在先取得的合法权利相冲突，不得损害他人现有的在先权利，也不得以不正当手段抢先注册他人已经使用并有一定影响的商标。

（3）商标注册的申请

申请商标注册的，应当按规定的商品分类表填报使用商标的商品类别和商品名称。申请人申请商标注册时，必须按规定向商标局提交《商标注册申请书》1份，商标图样 10 份，指定颜色的彩色商标，应送交着色图样 10 份，商标黑白墨稿 1份，同时附送有关证明文件并缴纳费用。应注意的是申请人在不同类别的商品上申请注册同一商标的，应当遵守一件商标一份申请的原则。同样的，注册商标需要在同一类的其他商品上使用的，也应当另行提出注册申请。

（4）商标注册的审查和核准

凡申请注册的商标都必须报送国家工商行政管理局商标局统一审查。在商标局收到商标注册申请人的申请文件后，就开始了审查与核准程序。我国的商标注册审查，既包括形式审查，也包括实质审查。

1）形式审查。主要审查商标注册申请是否符合法定的条件和手续，从而确定是否受理申请。

2）实质审查。实质审查，是指商标局对申请注册的商标的文字、图形等各要素的含义及效果等实质内容进行审查，从而决定是否予以初步审定并进行公告。

3）初步审定公告。申请注册的商标，凡符合《商标法》有关规定的，由商标局初步审定，予以公告。

4）商标异议。对初步审定的商标，自公告之日起三个月内，任何人均可以提出异议，公告期满无异议的，予以核准注册，发给商标注册证，并予公告。建立异议制度的目的是通过社会公众的监督和直接参与，使商标局能够发现商标注册工作中的错误并及时纠正，以提高商标审查和核准注册的质量。

（5）商标的核准注册

对于初步审定并公告的商标，公告期满无异议或经裁定异议不成立的，当事人又未提起复审或对复审的裁定虽不服但没向人民法院起诉的，裁定便生效。由商标局对申请注册的商标予以核准注册，发给商标注册证，并予以公告。至此，商标申请人便获得了商标权。

3. 商标权的保护期限、续展、终止、转让与使用许可

（1）商标权的保护期限

注册商标的有效期限为10年，自核准注册之日起计算。

（2）商标权的续展

商标权的续展是指延长注册商标专用权的有效期。

注册商标有效期满，需要继续使用的，应当在期满前六个月内申请续展注册；在此期间未能提出申请的，可以给予六个月的宽展期。

宽展期满仍未提出申请的，注销其注册商标。注册商标的有效期可以无限次的续展。

每次续展注册的有效期为10年，满后次日起计算。

（3）商标权的终止

商标权的终止是指商标权人由于法定原因丧失其商标权。注册商标终止的原因分为被撤销和被注销两种。

（4）转让

《商标法》规定，转让注册商标的，转让人和受让人应当签订转让协议，并共同向商标局提出申请。受让人应当保证使用该注册商标的商品的质量。转让注册商标经核准后，予以公告。受让人自公告之日起享有商标专用权。

（5）使用许可

《商标法》规定，商标注册人可以通过签订商标使用许可合同，许可他人使用其注册商标。合同应当报商标局备案。许可人应当监督被许可人使用其注册商标的商品质量。被许可人应当保证使用该注册商标的商品质量。经许可使用他人注册商标的，必须在使用该注册商标的商品上标明被许可人的名称和商品产地。

4. 注册商标争议的裁定

注册商标争议的裁定是针对商标注册工作中可能存在的种种疏漏而设计的一种补救制度，其目的在于使那些虽已获得商标专用权但存在争议的商标通过法定的程序重新被审查，甚至被撤销，达到严格执行《商标法》，创造公平的竞争环境的目的。其内容主要体现在《商标法》第四十一条、第四十二条、第四十三条。

5. 商标使用的管理

商标分为注册商标和未注册商标，这两种商标必须依法使用，由商标主管机关对这项工作予以管理。

（1）管理的主要内容

1）商标使用管理。

2）商标注册使用许可管理。

3）涉外商标管理。

4）商标印制管理。

5）对商标违法和侵权的管理。

（2）商标管理机关

1）国家工商行政管理局商标局是全国性的商标管理机关，指导全国工作，开展宣传教育，撤销违法商标等。

2）商标评审委员会是国家工商行政管理局设立的商标评审机构，负责处理商标争议事宜。

3）地方各级工商行政管理机关负责处理商标侵权案件，对商标印制及使用进行管理等。

6. 注册商标专用权的保护

（1）注册商标专用权的权利范围

《商标法》规定，注册商标的专用权以核准注册的商标和核定使用的商品为限。

（2）侵犯商标权的表现形式

1）未经商标注册人的许可，在同一种商品或者类似商品上使用与其注册商标相同或者近似的商标的。

2）销售侵犯注册商标专用权的商品的。

3）伪造、擅自制造他人注册商标标识或者销售伪造、擅自制造的注册商标标识的。

4）未经商标注册人同意，更换其注册商标并将该更换商标的商品又投入市场的。

5）给他人的注册商标专用权造成其他损害的。

（3）商标侵权的法律责任

商标侵权的法律责任包括行政责任、民事责任、刑事责任。

4.2.3　有关保密的法律法规

 **学习目标**

➤掌握国家秘密的概念和保密法的主要内容

➤掌握商业秘密的概念和有关法律规定

一、保密法基本知识

1. 秘密

所谓秘密是与公开相对而言的，就是个人或集团在一定的时间和范围内，为保护自身的安全和利益，需要加以隐蔽、保护、限制，不让外界客体知悉的事项的总称。

构成秘密的基本要素有三点：一是隐蔽性；二是莫测性；三是时间性。一般来说，秘密都是暂时的、相对的和有条件，这是由秘密的性质所决定的。

2. 国家秘密和工作秘密

（1）国家秘密

国家秘密是关系国家的安全利益，依照法定程序确定，在一定时间内只限一定范围的人员知悉的事项。关系国家的安全和利益，是指秘密事项如被不应知悉者所知，对国家的安全和利益将造成各种损害后果。从法律上讲，国家赋予一定管理职权的单位，根据国家秘密及其密级具体范围的规定，对该事项履行确定密级的手续后，该事项才能作为国家秘密受国家有关法规的认可和保护，特殊情况下，须经有关保密工作部门审定后，确定为密或非密以及属于何种密级。任何不经法定程序产生的秘密事项，都不是国家秘密。在一定时间内只限一定范围的人员知悉，是相对于公开而言的，即还未公开且被人们加以保密的事项，就是对国家秘密在保密时间和接触范围上的控制，擅自公开或擅自扩大接触范围就是泄密。

《中华人民共和国保守国家秘密法》（以下简称《保密法》）是 1988 年 9 月 5 日经第七届全国人民代表大会常务委员会第三次会议通过，从 1989 年 5 月 1 日起开始实施的。按照《保密法》规定，国家秘密包括下列秘密事项：

1）国家事务的重大决策中的秘密事项。

2）国防建设和武装力量活动中的秘密事项。

3）外交和外事活动中的秘密事项以及对外承担保密义务的事项。

4）国民经济和社会发展中的秘密事项。

5）科学技术中的秘密事项。

6）维护国家安全活动和追查刑事犯罪中的秘密事项。

7）其他经国家保密工作部门确定应当保守的国家秘密事项。

8）政党的秘密事项中，符合国家秘密诸要素的，属于国家秘密。

（2）工作秘密

工作秘密是在国家公务活动中产生的，不属于国家秘密而又不宜于对外公开的秘密事项。

3. 保密工作的适用范围

《保密法》规定，一切国家机关、武装力量、政党、社会团体、企事业单位和全体公民都有保守国家秘密的义务。这就明确了保密法律关系主体的范围，这个范围前面冠以"一切"，表明没有任何例外，公民、法人和其他组织都是义务主体。那种认为保密仅仅是保密部门和保密干部的工作的认识是错误的。

国家对公民保密有如下规定：

（1）公民必须遵守宪法和法律中的保密规定。

（2）一切国家机关、武装力量、政党、社会团体、企事业单位和公民都有保守国家秘密的义务。

（3）不准在私人交往和通信中泄露国家秘密。携带属于国家秘密的文件、资料和其他物品外出，不得违反保密规定。不准在公共场所谈论国家秘密。

（4）在有线无线通信中传递国家秘密的必须采取保密措施。不准使用明码或者未经中央有关机关审查批准的密码传递国家秘密。不准通过普通邮政传递属于国家秘密的文件、资料和其他物品。

二、商业秘密简介

1. 商业秘密的定义

根据《中华人民共和国反不正当竞争法》（以下简称《反不正当竞争法》）第十条规定，商业秘密，是指不为公众所知悉的，能为权利人带来经济利益，具有实用性并经权利人采取保密措施的技术信息和经营信息。它主要包括：商业工作规划、计划，重要商品的储备计划、库存数量、购销平衡数字，票据的防伪措施，财务会计报表；军用商品的库存量、供应量、调拨数量、流向；商品进出口意向、计划、报价方案，标底资料，外汇额度，疫病检验数据；特殊商品的生产配方、工艺技术诀窍、科技攻关项目和秘密获取的技术及其来源，通信保密保障等。

根据商业秘密的法律定义，商业秘密应具备四个法律特征或称四个基本要件。

（1）不为公众所知悉

商业秘密必须具有秘密性，商业秘密只能在一定范围内由特定人构思、掌握或少数人了解、掌握和知悉，它不能从公开的渠道获得。

（2）能为权利人带来经济利益

即商业秘密的价值性，是认定商业秘密的主要要件，也是体现权利人保护商业秘密的内在原因。

（3）具有实用性

商业秘密区别于理论成果，具有现实的或潜在的使用价值，任何人都可以使用。

（4）采取了保密措施

权利人对其所拥有的商业秘密应采取合理的保密措施，使他人不采用非常手段难以得到。

上述特征或要件必须同时具备，缺一不可，否则不能构成商业秘密。

2. 我国保护商业秘密的法律法规

我国法律、法规中适用于商业秘密保护的有：《中华人民共和国刑法》《中华人民共和国反不正当竞争法》《中华人民共和国促进科技成果转化法》《中华人民共和国合同法》《中华人民共和国劳动法》《中华人民共和国民法通则》《中华人民共和国民事诉讼法》；由最高人民检察院、国家科学技术委员会发布的《关于办理科技活动中经济犯罪案件的意见》，由国务院发布的《计算机软件保护条例》。

另外，还有最高人民法院《关于审理科技纠纷案件的若干问题的规定》、原国家科学技术委员会《关于加强科技人员流动中科技秘密管理的若干意见》、原劳动部《关于企业职工流动若干问题的通知》等。

3. 法律禁止的侵犯商业秘密的不正当竞争行为

《中华人民共和国刑法》《中华人民共和国反不正当竞争法》和国家行政主管部门以及地方法规中，对侵犯商业秘密的不正当竞争行为有明确规定，归纳起来有六种：

（1）以盗窃、利诱、胁迫或者其他不正当手段获取权利人的商业秘密。

（2）披露、使用或者允许他人以前项手段获取权利人的商业秘密。

（3）与权利人有业务关系的单位和个人违反合同约定或者违反权利人保守商业

秘密的要求，披露、使用或者允许他人使用其所掌握的权利人的商业秘密。

（4）权利人的职工违反合同约定或者违反权利人保守商业秘密的要求，披露、使用或者允许他人使用其所掌握的权利人的商业秘密。

（5）第三人明知或者应知前几种侵犯商业秘密是违法行为，仍从那里获取、使用或者披露权利人的商业秘密。

（6）以高薪或者其他优厚条件聘用掌握或者了解权利人商业秘密的人员，以获取、使用、披露权利人的商业秘密。

4. 侵犯商业秘密应承担的法律责任

商业秘密是权利人智慧的结晶，是一种无形资产，应受法律保护。非经权利人许可，擅自披露、使用其商业秘密，是侵权行为，应承担法律责任。根据《中华人民共和国刑法》《中华人民共和国民法通则》和《中华人民共和国反不正当竞争法》等法律规定，侵权人应当承担下列法律责任：

（1）停止侵害，消除影响，赔礼道歉。

（2）给权利人造成损害的应当承担损害赔偿责任。

（3）侵权人应承担被侵害的权利人因调查该侵权人侵害其合法权益所支付的合理费用。

（4）监督检查部门可根据情节处以侵权人一万元以上二十万元以下罚款。

（5）给商业秘密的权利人造成重大损失的或造成特别严重后果的，按《中华人民共和国刑法》承担刑事责任。

5. 商业秘密保护与专利保护的区别

商业秘密保护和专利保护都是为了给权利人创造更高的利润，但保护方式不同。

商业秘密是采取隐蔽的方式，是把某一不宜公开的事项隐蔽起来，控制在适当的范围使用，从而为权利人创造最佳效益，而专利保护则实行公开原则，是以公开的形式加以保护。

商业秘密保护由权利人依法自行采取保护措施，在限定的范围内使用为权利人创造价值，受《中华人民共和国反不正当竞争法》调节；专利保护由发明人向专利部门提供发明内容与技术情况，经审核发给专利证书并将全部技术在《专利公报》上公开。专利权受《中华人民共和国专利法》调节，未经专利权人许可和转让，不得随意使用和仿制。

6. 企业保护商业秘密的措施

从企业自身说，以下一些情况容易使企业的商业秘密被窃取、使用或泄露，企业应给予足够的重视。

(1) 人员流动时带走商业秘密。

(2) 兼职工作泄露商业秘密。

(3) 为牟私利而泄露商业秘密。

(4) 接待参观中泄露商业秘密。

(5) 朋友交往中泄露商业秘密。

(6) 发表学术论文，散发产品介绍，泄露商业秘密。

(7) 管理不善泄露商业秘密。

(8) 参加鉴定会、送审批材料泄露商业秘密。

因此，企业保护商业秘密需要建立科学的管理制约机制，做到以下五点：一要有主管领导和指定的负责部门或人员；二要划清本企业的商业秘密范围；三要建立商业秘密保护制度；四要告知员工并签订合同；五要有相应的保密设施和安全环境。

企业在对外交往中应注意保护商业秘密，一般来说，在对外谈判之前要制定主谈方案和备用方案，规定具体的保密内容，研究谈判中的保护策略，统一谈判口径；在接待参观时，严格遵守"内紧外松、有主有次"的原则，制定保密预案，列出保密项目清单，拟订参观范围和路线，限制拍照、录像或录音。对于需要保密的项目或关键部位，采取回避或封存等措施；在对待对方索要资料问题上，如果对方提出，则只提供产品的性能资料，而不提供工艺和具体配方，只提供产品的使用方法，不提供成本和销售信息。

7. 企业与职工签订保护商业秘密的合同应遵循的原则

为了维护企业的利益和社会主义市场经济秩序，企业应依法同劳动者约定有关保守企业商业秘密的事项。合同的主要款项应该有：

(1) 签订保密合同应遵循公平、合理、协商的原则。

(2) 保密合同的内容应符合国家的法律、法规、规章的精神，不得相违背。

(3) 保密合同可以与劳动合同签在一起，或与知识产权归属的协议签在一起，也可以单独签订。

(4) 保密合同的内容包括：保密的内容和范围、双方的权利和义务、保密期限、违约责任等。

例如，经双方同意签订保密合同条款如下：

职工在受聘期间，不得向外泄露商业秘密，不得允许第三方使用商业秘密。

职工在合同期内不得私自离职到另一个企业。

合同期满应继续承担保密义务。

职工保证离开本企业后 3 年内不使用本商业秘密，企业为此将给职工支付补偿金。

（5）违约责任

与对技术秘密（商业秘密）有重要影响的有关人员签订的保密协议，可以约定竞业限制条款。即约定离任后一定时间内（不得超过 3 年）不得在生产同类产品或经营同类业务且有竞争关系或其他利害关系的单位任职，不得自己生产经营与原单位有竞争关系的同类产品或业务。但是，凡有这种约定的，用人单位应在协议中写明向有关人员支付一定数额的补偿金，例如支付员工在职期间年薪的 50%。

8. 商业秘密受到侵害时的处理

商业秘密关系到企业的财产权，当这些权益受到非法侵害时，企业应当寻求法律的保护，运用法律武器讨回公道。法律保护有以下几个途径：

（1）向仲裁机构申请仲裁

没有仲裁协议的，不能申请仲裁。有仲裁协议的，不能向人民法院起诉，仲裁实行一裁终局制度。裁决作出后，不能就同一纠纷案件再申请仲裁或向人民法院起诉。

企业之间因劳动争议引起的纠纷或签订《劳动合同》的职工，限期未满，擅自离职，带走商业秘密，使企业利益受到侵害的，企业可根据《中华人民共和国企业劳动争议处理条例》向当地劳动争议仲裁委员会申请仲裁。对仲裁裁决不服的，可以在 15 日内向人民法院起诉。

（2）向工商行政管理部门投诉

企业的商业秘密受到侵权人的不正当行为侵害的，可以向县以上工商行政管理部门投诉，并提供商业秘密及侵权行为的有关证据。

（3）向人民法院起诉

向人民法院起诉，要弄清人民法院的管辖范围，一般应向被告所在地人民法院或侵权行为地人民法院起诉。订立合同的，应向被告所在地或合同履行地人民法院起诉。

（4）向公安机关报警

及时向公安机关报警，为公安机关提供线索。

4.2.4　劳动保障法律法规

 学习目标

➤掌握劳动保障法律体系
➤掌握劳动法、劳动合同法的主要内容

一、我国的劳动保障法律体系

从法学的角度来说，狭义的劳动法指由国家最高权力机构颁布的关于调整一定范围的劳动关系和与其密切相关的其他关系的全国性法律。广义的劳动法指调整一定范围的劳动关系和与其密切相关的其他关系的所有的法律规范的总和。这里所指的劳动法律制度是从社会经济的角度来认识的与劳动者权益有关的一切法律制度。也包括百年工人斗争的成果，即国际劳工法律制度等。世界各国现行的劳动保障法律制度，根据其调整对象和不同的职能为标准可分为劳动促进就业法、劳动关系法、劳动标准法、工会法、劳动争议解决法、社会保障法等法律制度。它们各自调整特定的劳动关系，解决其领域的劳动问题，形成劳动法律制度体系，覆盖有关劳动关系的社会生活的方方面面。

以 1994 年 7 月，在第八届全国人大第八次会议上通过并颁布的《中华人民共和国劳动法》（以下简称《劳动法》）为代表，十年来，我国的劳动法律制度建设取得了举世瞩目的成就。《劳动法》是根据我国《宪法》制定的我国第一部劳动保障的基本法律，是中国特色社会主义法律体系的一个重要组成部分。《劳动法》的颁布，标志着我国劳动法制建设进入了一个新的阶段，我国职工的各项劳动权益第一次有了专门的法律保护，工会代表和维护职工群众合法权益的职责进一步得到法律确认。《劳动法》在建立并实施劳动合同、社会保险、最低工资、工作时间、休息休假、劳动争议处理和劳动监察等重要制度作出了法律规范，是保障企业和劳动者双方合法权益的重要法律。

《劳动法》的颁布和实施，明确了企业和职工双方的权利和义务，对企业的发展和职工合法权益的保护法挥了重要作用；促进了劳动关系管理的法制化进程，有力地推动了劳动合同、集体合同制度的建立与完善，推动了失业、养老、医疗等各项保险事业的全面发展；推进了企业工资制度的深化改革，保护了劳动者取得报酬的权利和休息、休假的权利；为劳动和社会保障领域依法行政奠定了法制基础，带

动了一大批相关法律法规的制定。总之，《劳动法》在经济和社会领域对于社会主义市场经济体制的建立和完善，对于我国经济持续、快速、健康、协调发展，对保障劳动者的合法权益、维护社会的和谐稳定，特别是在劳动者权益的维护方面，发挥了积极的作用，被广大劳动者誉为他们权益的"保护神"。

近年来，国家又制定了《中华人民共和国安全生产法》《中华人民共和国职业病防治法》《中华人民共和国工会法》《中华人民共和国劳动合同法》《中华人民共和国就业促进法》等一系列法律。国务院还陆续制定了《失业保险条例》《工伤保险条例》《社会保险费征缴暂行条例》《禁止使用童工规定》等多部行政法规。另外，原劳动和社会保障部和其他国务院有关部门也制定了一系列的部门规章，各省、自治区、直辖市也制定了大量的涉及劳动保障事项的地方性法规和规章。这些法律制度的确立和实施，初步形成了中国特色的劳动保障法律体系框架，促进了劳动力资源的开发、利用和流动，调动了广大劳动者的积极性，保护了劳动者的合法权益，使《劳动法》得以贯彻执行，进而推动了我国经济和社会事业的全面发展。

下面简要介绍《劳动法》和《中华人民共和国劳动合同法》。

二、劳动法

劳动法是调整劳动关系和与劳动关系密切联系的其他社会关系的法律规范的总称。

《劳动法》的调整对象有两大类，一类是劳动关系，它是《劳动法》的主要调整对象，是指劳动者和所在单位（即用人单位）在实现劳动的过程中发生的社会关系。另一类是与劳动关系密切联系的其他关系，这些关系本身虽不是劳动关系，但却与劳动关系有密切的联系。这些关系包括：管理劳动力方面的关系；劳动力配制服务方面的关系；社会保险方面的关系；处理劳动争议而发生的关系；工会活动方面的关系；有关国家机关对执行《劳动法》进行监督、检查而发生的关系。

1. 劳动法的基本原则

（1）维护劳动者合法权益与兼顾用人单位利益相结合的原则。

（2）贯彻按劳分配与公平救助相结合的原则。

（3）坚持劳动者平等竞争与特殊劳动保护相结合的原则。

（4）实行劳动行为自主与劳动标准制约相结合的原则。

2. 劳动法律关系和附随劳动法律关系

（1）劳动法律关系

劳动法律关系是指劳动者和用人单位之间，在实现劳动的过程中依据劳动法律规范而形成的劳动权利和义务关系。劳动法律关系是劳动关系在法律上的体现，是劳动关系被劳动法律规范调整的结果。

1）劳动法律关系的要素。劳动法律关系的要素是指构成劳动法律关系不可缺少的组成部分。任何一种劳动法律关系，都由劳动法律关系的主体、劳动法律关系的内容、劳动法律关系的客体构成。如果缺少其中任何一个要素，就不能形成劳动法律关系。

2）劳动法律关系的产生、变更和消灭。劳动法律关系在劳动者和用人单位之间并非是自始存在和永久存在的，因此它有产生、变更及消灭的问题，而这一切都是由法律事实引起的。所谓法律事实是指劳动法规定的能够引起劳动法律关系产生、变更或消灭的一切客观情况。它可以分为事件和行为两大类。其中事件是指不依照人的意志为转移的客观现象，如自然灾害、肢体残疾、疾病、死亡等；行为是指能够引起劳动法律关系产生、消灭或变更的人的有意识的活动。如劳动者完成生产任务、工作任务的行为等。

（2）附随劳动法律关系

附随劳动法律关系是指劳动法调整与劳动关系密切联系的其他社会关系所形成的权利义务关系。依照法律关系性质的不同，可以将附随劳动法律关系划分为以下三种：

1）劳动行政法律关系。

2）劳动服务法律关系。

3）工会活动方面的法律关系。

3. 劳动合同和集体合同

《劳动法》规定劳动合同应当以书面形式订立、明确了劳动合同无效和部分无效的判定条件、明确了劳动合同的履行、变更及终止、解除的条件，规定了集体合同订立的程序。2008年1月1日起生效实施的《劳动合同法》对劳动合同的签订作出了更加详细的规定。

4. 劳动争议的处理制度

劳动争议是指劳动关系的双方当事人因劳动权利和劳动义务所发生的争议，通常也称为劳动纠纷。

（1）劳动争议的范围

1）因用人单位开除、除名、辞退劳动者发生的争议。

2）劳动者辞职、自动离职发生的争议。

3）因执行国家有关工资、保险、福利、培训、工作时间、休息时间、劳动保护的规定发生的争议。

4）因履行劳动合同而发生的争议。

5）法律法规规定应依照《企业劳动争议处理条例》处理的其他劳动争议。

（2）处理机构

1）用人单位的劳动争议调解委员会。用人单位可以设置劳动争议调解委员会。争议发生后，当事人可以向其申请调解，调解达成协议的，当事人应当履行；调解不成，当事人一方要求仲裁的，可以向劳动争议仲裁委员会申请仲裁。当事人一方也可以直接向劳动争议仲裁委员会申请仲裁。

2）劳动争议仲裁委员会。劳动争议仲裁委员会由劳动行政部门代表、同级工会代表、用人单位方面的代表组成。提出仲裁要求的一方当事人应当自劳动争议发生之日起 60 日内向劳动争议仲裁委员会提出书面申请，仲裁裁决一般在仲裁委员会收到仲裁申请的 60 日内作出。对仲裁裁决无异议的，当事人必须履行；对仲裁不服的，当事人可以在收到仲裁裁决书之日起 15 日内向人民法院起诉。一方当事人在法定期限内不起诉又不履行裁决的，另一方当事人可以申请法院强制执行。

3）人民法院。人民法院对劳动争议案件的审理应以当事人不服仲裁裁决为前提，而且人民法院的审理是处理劳动争议案件的最终程序。但劳动争议仲裁委员会以当事人申请仲裁的事项不属于劳动争议为由，作出不予受理的书面裁决、决定或通知，当事人不服，依法向人民法院起诉的，人民法院应当分情况予以处理：

①若属于劳动争议案件的，应当受理。

②虽不属于劳动争议案件，但属于人民法院主管的其他案件，应当依法受理。

（3）集体劳动争议的处理

集体劳动争议，又称团体争议，是指工会或职工代表与企业行政方为确定和履行对企业和企业职工都具有约束力的劳动标准、条件、报酬等而产生的争议。

《劳动法》规定，因签订集体合同发生争议，当事人协商解决不成的，当地人民政府劳动行政部门可以组织有关各方协调处理。因履行集体合同发生争议，协商解决不成的，可以向劳动争议仲裁委员会申请仲裁。对仲裁裁决不服的，可以自收到仲裁裁决书之日起 15 日内向人民法院提起诉讼。

另外，《劳动法》第十二章还对违反劳动法的法律责任作了专章的规定。规定违反《劳动法》的用人单位、劳动行政部门、有关部门的工作人员以及劳动者都要承担法律责任，但主要规定了用人单位的法律责任。承担法律责任的具体形式有行政责任、民事责任和刑事责任三种。

三、劳动合同法

1. 概述

《中华人民共和国劳动合同法》（以下简称《劳动合同法》）于 2007 年由全国人大常委会第二十八次会议审议通过，于 2008 年 1 月 1 日起施行。该法是在总结我国的劳动合同制度基础上，对社会主义市场经济条件下劳动关系的发展变化，尤其针对劳动关系中存在的突出问题，诸如劳动合同的订立、履行、解除、宗旨等各环节进行了全面系统的规范；同时对集体合同、职工代表大会制度、协调劳动关系三方机制、劳动保障监察、劳动争议处理、企业内部规章制度等都进行了规范，从而形成了从宏观到微观多层次、多方位的劳动关系调整体系，是一部全面、规范调整劳动关系的重要法律，主要表现为以下四个方面：

（1）进一步加强了对劳动者就业权益的保护

《劳动合同法》第一条开宗明义提出，为了"保护劳动者的合法权益""制定本法"。将保护劳动者的合法权益确立为立法宗旨，并贯穿于整部法律中。

首先是加大了对劳动者就业稳定性的保护。针对当前劳动合同短期化的倾向，明确规定符合四种情形的劳动者，只要劳动者提出要求，用人单位就必须签订无固定期限劳动合同。同时，规定用人单位终止固定期限劳动合同，必须依法向劳动者支付经济补偿金。

其次是加强了对劳动者就业质量的保护。对用人单位执行工资、工时、职业安全卫生、社会保险等劳动标准作出了具体规定，全面保护劳动者的劳动报酬权、身体健康权、休息休假权和社会保障权。同时，还加大了对用人单位违法行为的处罚力度。

（2）扩大了法律适用的范围

在用工形式方面，针对我国劳动力市场用工形式多样化的发展趋势，对劳务派遣、非全日制用工两种用工形式专门进行了规范，拓展了法律适用的范围，使不同就业形态下劳动者的合法权益都能得到有效地保护。在调整对象方面，扩大了用人单位的范围，增加了民办非企业等组织，将律师事务所、会计师事务所等新的组织类型纳入了调整范围；明确规定了事业单位招用的劳动者，除法律、行政法规或者国务院另有规定的以外，都受到《劳动合同法》的调整。

（3）在保护用人单位的合法权益方面有新的突破

《劳动合同法》在保护劳动者合法权益的同时，坚持维护劳动者合法权益与促进用人单位健康发展的统一。主要体现在以下方面：

1）第一次以法律形式明确了用人单位可以与提供专项培训费用进行专业技术培训的劳动者约定服务期以及违反服务期的违约金。

2）规定了用人单位与劳动者可以在劳动合同中约定保守用人单位的商业秘密和与知识产权相关的保密事项。

3）在经济性裁员适用情形和裁员程序方面为用人单位创造了比较宽松的条件。

4）限制经济补偿计发基数和计发年限，降低用人单位解雇成本。

5）明确了劳动者的法律责任，规定了劳动者违反解除劳动合同，或者违反劳动合同中约定的保密义务或者竞业限制，给用人单位造成损失的，应当承担赔偿责任。

（4）增强了职工和工会在民主决策、监督、管理中的作用

《劳动合同法》在制定规章制度、规模裁员、解除劳动合同、签订集体合同等方面对职工参与权作出了明确规定，使职工的民主参与权落到了实处。

在民主决策方面，规定了规章制度制定的民主程序；规定了经济性裁员的民主程序，保证了裁员的公平性和合理性；企业职工一方与用人单位通过平等协商，可以就劳动报酬、工作时间、休息休假、劳动安全卫生、保险福利等事项订立集体合同。

在民主管理和监督方面，规定工会应当帮助、指导劳动者与用人单位依法订立和履行劳动合同，并与用人单位建立集体协商机制，维护劳动者的合法权益；规定被派遣劳动者有权在劳务派遣单位或者用工单位依法参加或者组织工会，维护自身的合法权益；规定用人单位单方面解除劳动合同的，应当事先将理由通知工会；规定工会可以依法维护劳动者的合法权益，对用人单位履行劳动合同、集体合同的情况进行监督。

2. 总则

《劳动合同法》的第一章是总则，规定了立法的目的、劳动合同的作用，该法对参与劳动关系调整的各方主体，包括各级工会组织、劳动保障及政府其他相关行政部门都提出了明确要求。

对用人单位来说，《劳动合同法》涉及企业人力资源管理的各个环节，诸如选人、育人、用人、留人、裁人等，这就意味着《劳动合同法》将成为用人单位人力资源管理的基准和底线，要求用人单位的人力资源管理要与劳动法律的规定相衔接，实现人力资源管理的法制化。

对于各级工会组织来说，《劳动合同法》赋予了工会参与和监督的权利，把劳动者与工会组织作为息息相关的"利益共同体"，使工会维护职工合法权益更有保

障。工会参与和监督权利的实现是《劳动合同法》得到贯彻实施的关键。

总则中的有关规定摘要如下：

（1）中华人民共和国境内的企业、个体经济组织、民办非企业单位等组织（以下称用人单位）建立劳动关系，订立、履行、变更、解除或者终止劳动合同，适用本法。国家机关、事业单位、社会团体和与其建立劳动关系的劳动者，订立、履行、变更、解除或者终止劳动合同，依照本法执行。

（2）订立劳动合同，应当遵循合法、公平、平等自愿、协商一致、诚实信用的原则。依法订立的劳动合同具有约束力，用人单位与劳动者应当履行劳动合同约定的义务。

（3）用人单位应当依法建立和完善劳动规章制度，保障劳动者享有劳动权利、履行劳动义务。用人单位在制定、修改或者决定有关劳动报酬、工作时间、休息休假、劳动安全卫生、保险福利、职工培训、劳动纪律以及劳动定额管理等直接涉及劳动者切身利益的规章制度或者重大事项时，应当经职工代表大会或者全体职工讨论，提出方案和意见，与工会或者职工代表平等协商确定。在规章制度和重大事项决定实施过程中，工会或者职工认为不适当的，有权向用人单位提出，通过协商予以修改完善。用人单位应当将直接涉及劳动者切身利益的规章制度和重大事项决定公示，或者告知劳动者。

（4）县级以上人民政府劳动行政部门会同工会和企业方面代表，建立健全协调劳动关系三方机制，共同研究解决有关劳动关系的重大问题。

（5）工会应当帮助、指导劳动者与用人单位依法订立和履行劳动合同，并与用人单位建立集体协商机制，维护劳动者的合法权益。

3. 劳动合同的订立

《劳动合同法》的第二章是劳动合同的订立，主要规定了：

（1）建立劳动关系，应当订立书面劳动合同。已建立劳动关系，未同时订立书面劳动合同的，应当自用工之日起一个月内订立书面劳动合同。用人单位与劳动者在用工前订立劳动合同的，劳动关系自用工之日起建立。

（2）用人单位未在用工的同时订立书面劳动合同，与劳动者约定的劳动报酬不明确的，新招用的劳动者的劳动报酬按照集体合同规定的标准执行；没有集体合同或者集体合同未规定的，实行同工同酬。

（3）劳动合同分为固定期限劳动合同、无固定期限劳动合同和以完成一定工作任务为期限的劳动合同。

固定期限劳动合同，是指用人单位与劳动者约定合同终止时间的劳动合同。用人单位与劳动者协商一致，可以订立固定期限劳动合同。

无固定期限劳动合同，是指用人单位与劳动者约定无确定终止时间的劳动合同。用人单位与劳动者协商一致，可以订立无固定期限劳动合同。有下列情形之一，劳动者提出或者同意续订、订立劳动合同的，除劳动者提出订立固定期限劳动合同外，应当订立无固定期限劳动合同：一是劳动者在该用人单位连续工作满十年的；二是用人单位初次实行劳动合同制度或者国有企业改制重新订立劳动合同时，劳动者在该用人单位连续工作满十年且距法定退休年龄不足十年的；三是连续订立二次固定期限劳动合同，且劳动者没有本法第三十九条和第四十条第一项、第二项规定的情形，续订劳动合同的。

用人单位自用工之日起满一年不与劳动者订立书面劳动合同的，视为用人单位与劳动者已订立无固定期限劳动合同。

以完成一定工作任务为期限的劳动合同，是指用人单位与劳动者约定以某项工作的完成为合同期限的劳动合同。用人单位与劳动者协商一致，可以订立以完成一定工作任务为期限的劳动合同。

(4) 劳动合同由用人单位与劳动者协商一致，并经用人单位与劳动者在劳动合同文本上签字或者盖章生效。劳动合同文本由用人单位和劳动者各执一份。

(5) 劳动合同的主要内容。劳动合同应当具备以下条款：

1) 用人单位的名称、住所和法定代表人或者主要负责人。

2) 劳动者的姓名、住址和居民身份证或者其他有效身份证件号码。

3) 劳动合同期限。

4) 工作内容和工作地点。

5) 工作时间和休息休假。

6) 劳动报酬。

7) 社会保险。

8) 劳动保护、劳动条件和职业危害防护。

9) 法律、法规规定应当纳入劳动合同的其他事项。

劳动合同除前款规定的必备条款外，用人单位与劳动者可以约定试用期、培训、保守秘密、补充保险和福利待遇等其他事项。

(6) 试用期

劳动合同期限三个月以上不满一年的，试用期不得超过一个月；劳动合同期限一年以上不满三年的，试用期不得超过两个月；三年以上固定期限和无固定期限的劳动合同，试用期不得超过六个月。同一用人单位与同一劳动者只能约定一次试用期。以完成一定工作任务为期限的劳动合同或者劳动合同期限不满三个月的，不得约定试用期。试用期包含在劳动合同期限内。劳动合同仅约定试用期的，试用期不成立，该期限为劳动合同期限。

劳动者在试用期的工资不得低于本单位相同岗位最低档工资或者劳动合同约定工资的 80%，并不得低于用人单位所在地的最低工资标准。

在试用期中，除劳动者有本法第三十九条和第四十条第一项、第二项规定的情形外，用人单位不得解除劳动合同。用人单位在试用期解除劳动合同的，应当向劳动者说明理由。

（7）特殊条款

1）培训费问题。用人单位为劳动者提供专项培训费用，对其进行专业技术培训的，可以与该劳动者订立协议，约定服务期。劳动者违反服务期约定的，应当按照约定向用人单位支付违约金。违约金的数额不得超过用人单位提供的培训费用。用人单位要求劳动者支付的违约金不得超过服务期尚未履行部分所应分摊的培训费用。用人单位与劳动者约定服务期的，不影响按照正常的工资调整机制提高劳动者在服务期期间的劳动报酬。

2）商业秘密问题。用人单位与劳动者可以在劳动合同中约定保守用人单位的商业秘密和与知识产权相关的保密事项。

3）竞业限制。对负有保密义务的劳动者，用人单位可以在劳动合同或者保密协议中与劳动者约定竞业限制条款，并约定在解除或者终止劳动合同后，在竞业限制期限内按月给予劳动者经济补偿。劳动者违反竞业限制约定的，应当按照约定向用人单位支付违约金。竞业限制的人员限于用人单位的高级管理人员、高级技术人员和其他负有保密义务的人员。竞业限制的范围、地域、期限由用人单位与劳动者约定，竞业限制的约定不得违反法律、法规的规定。在解除或者终止劳动合同后，前款规定的人员到与本单位生产或者经营同类产品、从事同类业务的有竞争关系的其他用人单位，或者自己开业生产或者经营同类产品、从事同类业务的竞业限制期限，不得超过两年。

（8）合同无效或部分无效

1）以欺诈、胁迫的手段或者乘人之危，使对方在违背真实意思的情况下订立或者变更劳动合同的。

2）用人单位免除自己的法定责任、排除劳动者权利的。

3）违反法律、行政法规强制性规定的。

对劳动合同的无效或者部分无效有争议的，由劳动争议仲裁机构或者人民法院确认。劳动合同部分无效，不影响其他部分效力的，其他部分仍然有效。

劳动合同被确认无效，劳动者已付出劳动的，用人单位应当向劳动者支付劳动报酬。劳动报酬的数额，参照本单位相同或者相近岗位劳动者的劳动报酬确定。

4. 劳动合同的履行和变更

《劳动合同法》的第三章是劳动合同的订立，主要规定了以下条款：

(1) 用人单位与劳动者应当按照劳动合同的约定，全面履行各自的义务。

(2) 用人单位应当按照劳动合同约定和国家规定，向劳动者及时足额支付劳动报酬。用人单位拖欠或者未足额支付劳动报酬的，劳动者可以依法向当地人民法院申请支付令，人民法院应当依法发出支付令。

(3) 用人单位应当严格执行劳动定额标准，不得强迫或者变相强迫劳动者加班。用人单位安排加班的，应当按照国家有关规定向劳动者支付加班费。

(4) 劳动者拒绝用人单位管理人员违章指挥、强令冒险作业的，不视为违反劳动合同。劳动者对危害生命安全和身体健康的劳动条件，有权对用人单位提出批评、检举和控告。

(5) 用人单位变更：单位变更名称、法定代表人、主要负责人或者投资人等事项，不影响劳动合同的履行。用人单位发生合并或者分立等情况，原劳动合同继续有效，劳动合同由继承其权利和义务的用人单位继续履行。

(6) 合同变更：用人单位与劳动者协商一致，可以变更劳动合同约定的内容。变更劳动合同，应当采用书面形式。变更后的劳动合同文本由用人单位和劳动者各执一份。

5. 劳动合同的解除和终止

(1) 用人单位与劳动者协商一致，可以解除劳动合同。劳动者提前30日以书面形式通知用人单位，可以解除劳动合同。劳动者在试用期内提前3日通知用人单位，可以解除劳动合同。用人单位对已经解除或者终止的劳动合同的文本，至少保存2年备查。

(2) 关于劳动者解除劳动合同的规定

1) 用人单位有下列情形之一的，劳动者可以解除劳动合同：

①未按照劳动合同约定提供劳动保护或者劳动条件的。

②未及时足额支付劳动报酬的。

③未依法为劳动者缴纳社会保险费的。

④用人单位的规章制度违反法律、法规的规定，损害劳动者权益的。

⑤因本法第二十六条第一款规定的情形致使劳动合同无效的。

⑥法律、行政法规规定劳动者可以解除劳动合同的其他情形。

2）用人单位以暴力、威胁或者非法限制人身自由的手段强迫劳动者劳动的，或者用人单位违章指挥、强令冒险作业危及劳动者人身安全的，劳动者可以立即解除劳动合同，不需事先告知用人单位。

（3）关于用人单位解除合同的规定

劳动者有下列情形之一的，用人单位可以解除劳动合同：在试用期间被证明不符合录用条件的；严重违反用人单位的规章制度的；严重失职，营私舞弊，给用人单位造成重大损害的；劳动者同时与其他用人单位建立劳动关系，对完成本单位的工作任务造成严重影响，或者经用人单位提出，拒不改正的；因本法第二十六条第一款第一项规定的情形致使劳动合同无效的；被依法追究刑事责任的。

有下列情形之一的，用人单位提前30日以书面形式通知劳动者本人或者额外支付劳动者一个月工资后，可以解除劳动合同：劳动者患病或者非因工负伤，在规定的医疗期满后不能从事原工作，也不能从事由用人单位另行安排的工作的；劳动者不能胜任工作，经过培训或者调整工作岗位，仍不能胜任工作的；劳动合同订立时所依据的客观情况发生重大变化，致使劳动合同无法履行，经用人单位与劳动者协商，未能就变更劳动合同内容达成协议的。

有下列情形之一，需要裁减人员20人以上或者裁减不足20人但占企业职工总数达10%以上的，用人单位提前30日向工会或者全体职工说明情况，听取工会或者职工的意见后，裁减人员方案经向劳动行政部门报告，可以裁减人员：依照企业破产法规定进行重整的；生产经营发生严重困难的；企业转产、重大技术革新或者经营方式调整，经变更劳动合同后，仍需裁减人员的；其他因劳动合同订立时所依据的客观经济情况发生重大变化，致使劳动合同无法履行的。

裁减人员时，应当优先留用与本单位订立较长期限的固定期限劳动合同的人员、与本单位订立无固定期限劳动合同的人员、家庭无其他就业人员，有需要扶养的老人或者未成年人的人员。

用人单位依照本款规定裁减人员，在6个月内重新招用人员的，应当通知被裁减的人员，并在同等条件下优先招用被裁减的人员。

劳动者有下列情形之一的，用人单位不得依照本法第四十条、第四十一条的规定解除劳动合同：从事接触职业病危害作业的劳动者未进行离岗前职业健康检查，或者疑似职业病病人在诊断或者医学观察期间的；在本单位患职业病或者因工负伤并被确认丧失或者部分丧失劳动能力的；患病或者非因工负伤，在规定的医疗期内的；女职工在孕期、产期、哺乳期的；在本单位连续工作满15年，且距法定退休年龄不足 5 年的；法律、行政法规规定的其他情形。

用人单位单方解除劳动合同，应当事先将理由通知工会。用人单位违反法律、行政法规规定或者劳动合同约定的，工会有权要求用人单位纠正。用人单位应当研究工会的意见，并将处理结果书面通知工会。

（4）关于劳动合同的终止的规定

有下列情形之一的，劳动合同终止：

1）劳动合同期满的。

2）劳动者开始依法享受基本养老保险待遇的。

3）劳动者死亡，或者被人民法院宣告死亡或者宣告失踪的。

4）用人单位被依法宣告破产的。

5）用人单位被吊销营业执照、责令关闭、撤销或者用人单位决定提前解散的。

6）法律、行政法规规定的其他情形。

（5）关于劳动合同期满的规定

劳动合同期满，有本法第四十二条规定情形之一的，劳动合同应当续延至相应的情形消失时终止。但是，本法第四十二条第二项规定丧失或者部分丧失劳动能力的劳动者劳动合同的终止，按照国家有关工伤保险的规定执行。

（6）经济补偿问题

有下列情形之一的，用人单位应当向劳动者支付经济补偿：

1）劳动者依照本法第三十八条规定解除劳动合同的。

2）用人单位依照本法第三十六条规定向劳动者提出解除劳动合同并与劳动者协商一致解除劳动合同的。

3）用人单位依照本法第四十条规定解除劳动合同的。

4）用人单位依照本法第四十一条第一款规定解除劳动合同的。

5）除用人单位维持或者提高劳动合同约定条件续订劳动合同，劳动者不同意续订的情形外，依照本法第四十四条第一项规定终止固定期限劳动合同的。

6）依照本法第四十四条第四项、第五项规定终止劳动合同的。

7）法律、行政法规规定的其他情形。

经济补偿按劳动者在本单位工作的年限，每满一年支付一个月工资的标准向劳动者支付。六个月以上不满一年的，按一年计算；不满六个月的，向劳动者支付半个月工资的经济补偿。

劳动者月工资高于用人单位所在直辖市、设区的市级人民政府公布的本地区上年度职工月平均工资三倍的，向其支付经济补偿的标准按职工月平均工资三倍的数额支付，向其支付经济补偿的年限最高不超过 12 年。

本条所称月工资是指劳动者在劳动合同解除或者终止前 12 个月的平均工资。

用人单位违反本法规定解除或者终止劳动合同，劳动者要求继续履行劳动合同的，用人单位应当继续履行；劳动者不要求继续履行劳动合同或者劳动合同已经不能继续履行的，用人单位应当依照本法第八十七条规定支付赔偿金。

（7）社会保险问题

国家采取措施，建立健全劳动者社会保险关系跨地区转移接续制度。用人单位应当在解除或者终止劳动合同时出具解除或者终止劳动合同的证明，并在 15 日内为劳动者办理档案和社会保险关系转移手续。

（8）工作交接

劳动者应当按照双方约定，办理工作交接。用人单位依照本法有关规定应当向劳动者支付经济补偿的，在办结工作交接时支付。

6. 特别规定

特别规定一章中的主要内容包括集体合同、劳务派遣、非全日制用工方面的规定。

（1）集体合同

集体合同，是指用人单位与本单位职工根据法律、法规、规章的规定，就劳动报酬、工作时间、休息休假、劳动安全卫生、职业培训、保险福利等事项，通过集体协商签订的书面协议；所称专项集体合同，是指用人单位与本单位职工根据法律、法规、规章的规定，就集体协商的某项内容签订的专项书面协议。

1）集体合同的主体。顾名思义，集体合同是一种通过集体力量进行协商所达成的协议，因此集体合同的主体不可能是一对一的。不同种类的集体合同，其主体也不完全一致。企业集体合同的主体是用人单位全体职工和该用人单位。

2）集体合同的内容。集体合同的内容较为广泛，包括劳动报酬；工作时间、休息休假、劳动安全卫生、保险福利等事项，几乎涉及了企业劳动关系的各个方面。但集体合同所涉事项均是针对职工集体的，解决了所有职工共有的一般性问题，而对于特定职工的特殊性问题，集体合同中无法作出规定，只能由用人单位与职工的劳动合同中作出约定。

3）集体合同的形式。根据合同成立和生效的形式要求，可以将合同分为要式合同和不要式合同。集体合同必须采取书面形式，属于要式合同。双方的集体协商代表经过平等协商形成集体合同草案交职工代表大会或者职工大会讨论通过后，要由集体协商双方首席代表签字，然后报送劳动行政部门。这样的程序也决定了集体合同不可能以口头形式订立。

4）集体合同的制定程序和生效要件。民事合同一般在成立时发生法律效力，法律、行政法规规定应当办理批准、登记等手续生效的，办理相应手续后发生法律效力。劳动合同由用人单位与劳动者协商一致，并经用人单位与劳动者在劳动合同文本上签字或者盖章生效。集体合同的制定、生效程序则较为特别，主要分为几个步骤：首先，用人单位或者劳动者提出协商要求；然后，双方依法派出代表进行协商，形成集体合同草案；再由职工代表大会或者职工大会讨论通过后，由集体协商双方首席代表签字；最后应当报送劳动行政部门；劳动行政部门自收到集体合同文本之日起 15 日内未提出异议的，集体合同即行生效。

5）集体合同的效力范围。集体合同虽然由集体协商双方首席代表签字，但是其对于用人单位和全体劳动者都发生法律效力，而且不仅对于订立集体合同时在职的劳动者发生法律效力，对于集体合同订立后有效期间内与用人单位签订劳动合同的新职工，也有法律效力。

用人单位违反集体合同，侵犯职工劳动权益的，工会可以依法要求用人单位承担责任；因履行集体合同发生争议，经协商解决不成的，工会可以依法申请仲裁、提起诉讼。

（2）劳务派遣

劳务派遣，在实践中又称做劳动派遣、劳动力派遣、劳动者派遣、人才派遣、人才租赁等。简单来说，劳务派遣就是用人单位为向第三人给付劳动而雇用受派遣劳动者。在这一关系中有三方当事人，其中组织劳务派遣的用人单位一方称为劳务派遣单位，接受以劳务派遣形式用工的单位称为用工单位，而劳务派遣关系中的劳动者就成为被派遣劳动者。在这三方关系中，劳务派遣单位根据用工单位需求，招收录用人员，派遣到用工单位工作。用工单位按协议向劳务派遣单位支付费用，劳务派遣单位按劳动合同向被派遣劳动者支付工资报酬、缴纳社会保险费、住房公积金等费用。劳务派遣的典型特征就是劳动力的雇用和使用相分离。劳务派遣关系三方主体间法律关系如图 4—1 所示。

劳务派遣单位与被派遣劳动者的关系。劳务派遣单位与被派遣劳动者的关系是合同关系，双方的权利义务关系通过劳动合同确定。但是劳务派遣单位与被派遣劳动者之间的劳动合同关系与一般劳动合同相比，具有自己的特点。一是劳务派遣单位一般不具备相应的生产资料，不是实质意义上的用人单位；二是劳动者是向第三方即用工单位提供劳动。正因如此，法律为了防止这种特殊的劳动合同过分使用，特别限定了其适用范围，且对此类劳动合同规定了不同于一般劳动合同的特定要

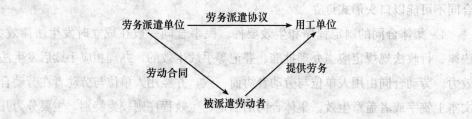

图4—1　劳务派遣关系三方主体间法律关系示意图

求。《劳动合同法》第五十八条规定，该劳动合同除应当载明《劳动合同法》第十七条规定的事项外，还应当载明被派遣劳动者的用工单位以及派遣期限、工作岗位等情况。

被派遣劳动者与用工单位的关系。被派遣劳动者与用工单位的关系不是合同关系。但是两者之间又有一定联系。一是根据劳务派遣单位与被派遣劳动者之间劳动合同的约定，被派遣劳动者负有向用工单位提供劳务的合同义务。用工单位代替劳务派遣单位对被派遣劳动者的劳动进行组织管理，因此被派遣劳动者应遵守用工单位的规章制度。二是用工单位尽管不是劳动法意义上的用人单位，但为了保护被派遣劳动者的利益，法律也规定了用工单位的法定义务。《劳动合同法》第六十二条明确规定了用工单位对被派遣劳动者负有的法定义务。

《劳动合同法》中还规定：

劳务派遣单位应当依照公司法的有关规定设立，注册资本不得少于50万元。

劳务派遣单位应当将劳务派遣协议的内容告知被派遣劳动者。劳务派遣单位不得克扣用工单位按照劳务派遣协议支付给被派遣劳动者的劳动报酬。劳务派遣单位和用工单位不得向被派遣劳动者收取费用。

用工单位不得将被派遣劳动者再派遣到其他用人单位。

劳务派遣一般在临时性、辅助性或者替代性的工作岗位上实施。

用人单位不得设立劳务派遣单位向本单位或者所属单位派遣劳动者。

（3）非全日制用工

非全日制用工是指以小时计酬为主，劳动者在同一用人单位一般平均每日工作时间不超过4小时，每周工作时间累计不超过24小时的用工形式。《劳动合同法》规定：

1）非全日制用工双方当事人可以订立口头协议。从事非全日制用工的劳动者可以与一个或者一个以上用人单位订立劳动合同；但是，后订立的劳动合同不得影响先订立的劳动合同的履行。

2）非全日制用工双方当事人不得约定试用期。

3）非全日制用工双方当事人任何一方都可以随时通知对方终止用工。终止用工，用人单位不向劳动者支付经济补偿。

4）非全日制用工小时计酬标准不得低于用人单位所在地人民政府规定的最低小时工资标准。

5）非全日制用工劳动报酬结算支付周期最长不得超过15日。

7. 监督检查

国务院劳动行政部门负责全国劳动合同制度实施的监督管理。县级以上地方人民政府劳动行政部门负责本行政区域内劳动合同制度实施的监督管理。县级以上各级人民政府劳动行政部门在劳动合同制度实施的监督管理工作中，应当听取工会、企业方面代表以及有关行业主管部门的意见。

（1）县级以上地方人民政府劳动行政部门依法对下列实施劳动合同制度的情况进行监督检查：

1）用人单位制定直接涉及劳动者切身利益的规章制度及其执行的情况。

2）用人单位与劳动者订立和解除劳动合同的情况。

3）劳务派遣单位和用工单位遵守劳务派遣有关规定的情况。

4）用人单位遵守国家关于劳动者工作时间和休息休假规定的情况。

5）用人单位支付劳动合同约定的劳动报酬和执行最低工资标准的情况。

6）用人单位参加各项社会保险和缴纳社会保险费的情况。

7）法律、法规规定的其他劳动监察事项。

县级以上地方人民政府劳动行政部门实施监督检查时，有权查阅与劳动合同、集体合同有关的材料，有权对劳动场所进行实地检查，用人单位和劳动者都应当如实提供有关情况和材料。

县级以上人民政府建设、卫生、安全生产监督管理等有关主管部门在各自职责范围内，对用人单位执行劳动合同制度的情况进行监督管理。

（2）劳动者合法权益受到侵害的，有权要求有关部门依法处理，或者依法申请仲裁、提起诉讼。

（3）工会依法维护劳动者的合法权益，对用人单位履行劳动合同、集体合同的情况进行监督。用人单位违反劳动法律、法规和劳动合同、集体合同的，工会有权提出意见或者要求纠正；劳动者申请仲裁、提起诉讼的，工会依法给予支持和帮助。

（4）任何组织或者个人对违反本法的行为都有权举报，县级以上人民政府劳动行政部门应当及时核实、处理，并对举报有功人员给予奖励。

8. 法律责任

《劳动合同法》作为调整劳动关系的基础性法律，对当事人、政府、工会等主体，具有指引、教育、激励、约束和强制作用，法律责任对于这些功能或作用的产生有决定性作用。

（1）用人方的法律责任

1）用人单位直接涉及劳动者切身利益的规章制度违反法律、法规规定的，由劳动行政部门责令改正，给予警告；给劳动者造成损害的，应当承担赔偿责任。

2）用人单位提供的劳动合同文本未载明本法规定的劳动合同必备条款或者用人单位未将劳动合同文本交付劳动者的，由劳动行政部门责令改正；给劳动者造成损害的，应当承担赔偿责任。

3）用人单位自用工之日起超过一个月不满一年未与劳动者订立书面劳动合同的，应当向劳动者每月支付2倍的工资。

4）用人单位违反本法规定不与劳动者订立无固定期限劳动合同的，自应当订立无固定期限劳动合同之日起向劳动者每月支付2倍的工资。

5）用人单位违反本法规定与劳动者约定试用期的，由劳动行政部门责令改正；违法约定的试用期已经履行的，由用人单位以劳动者试用期满月工资为标准，按已经履行的超过法定试用期的期间向劳动者支付赔偿金。

6）用人单位违反本法规定，扣押劳动者居民身份证等证件的，由劳动行政部门责令限期退还劳动者本人，并依照有关法律规定给予处罚。

7）用人单位违反本法规定，以担保或者其他名义向劳动者收取财物的，由劳动行政部门责令限期退还劳动者本人，并以每人500元以上2000元以下的标准处以罚款；给劳动者造成损害的，应当承担赔偿责任。

8）劳动者依法解除或者终止劳动合同，用人单位扣押劳动者档案或者其他物品的，依照前款规定处罚。

9）用人单位有下列情形之一的，由劳动行政部门责令限期支付劳动报酬、加班费或者经济补偿；劳动报酬低于当地最低工资标准的，应当支付其差额部分；逾期不支付的，责令用人单位按应付金额50％～100％的标准向劳动者加付赔偿金：未按照劳动合同的约定或者国家规定及时足额支付劳动者劳动报酬的；低于当地最低工资标准支付劳动者工资的；安排加班不支付加班费的；解除或者终止劳动合同，未依照本法规定向劳动者支付经济补偿的。

10）用人单位违反本法规定解除或者终止劳动合同的，应当依照本法第四十七条规定的经济补偿标准的 2 倍向劳动者支付赔偿金。

11）用人单位有下列情形之一的，依法给予行政处罚；构成犯罪的，依法追究刑事责任；给劳动者造成损害的，应当承担赔偿责任：以暴力、威胁或者非法限制人身自由的手段强迫劳动的；违章指挥或者强令冒险作业危及劳动者人身安全的；侮辱、体罚、殴打、非法搜查或者拘禁劳动者的；劳动条件恶劣、环境污染严重，给劳动者身心健康造成严重损害的。

12）用人单位违反本法规定未向劳动者出具解除或者终止劳动合同的书面证明，由劳动行政部门责令改正；给劳动者造成损害的，应当承担赔偿责任。

13）用人单位招用与其他用人单位尚未解除或者终止劳动合同的劳动者，给其他用人单位造成损失的，应当承担连带赔偿责任。

14）劳务派遣单位违反本法规定的，由劳动行政部门和其他有关主管部门责令改正；情节严重的，以每人 1 000 元以上 5 000 千元以下的标准处以罚款，并由工商行政管理部门吊销营业执照；给被派遣劳动者造成损害的，劳务派遣单位与用工单位承担连带赔偿责任。

15）对不具备合法经营资格的用人单位的违法犯罪行为，依法追究法律责任；劳动者已经付出劳动的，该单位或者其出资人应当依照本法有关规定向劳动者支付劳动报酬、经济补偿、赔偿金；给劳动者造成损害的，应当承担赔偿责任。

16）个人承包经营违反本法规定招用劳动者，给劳动者造成损害的，发包的组织与个人承包经营者承担连带赔偿责任。

（2）劳动者的法律责任

劳动者违反本法规定解除劳动合同，或者违反劳动合同中约定的保密义务或者竞业限制，给用人单位造成损失的，应当承担赔偿责任。

（3）过错方的赔偿责任

劳动合同依照本法第二十六条规定被确认无效，给对方造成损害的，有过错的一方应当承担赔偿责任。

（4）劳动行政部门和其他有关主管部门的法律责任

劳动行政部门和其他有关主管部门及其工作人员玩忽职守、不履行法定职责，或者违法行使职权，给劳动者或者用人单位造成损害的，应当承担赔偿责任；对直接负责的主管人员和其他直接责任人员，依法给予行政处分；构成犯罪的，依法追究刑事责任。

9. 附则

附则中规定了事业单位聘用人员的劳动合同管理以及法律的追溯力。

《劳动合同法》规定，事业单位与实行聘用制的工作人员订立、履行、变更、解除或者终止劳动合同，法律、行政法规或者国务院另有规定的，依照其规定；未作规定的，依照本法有关规定执行。

《劳动合同法》规定，本法施行前已依法订立且在本法施行之日存续的劳动合同，继续履行；本法第十四条第二款第三项规定连续订立固定期限劳动合同的次数，自本法施行后续订固定期限劳动合同时开始计算。本法施行前已建立劳动关系，尚未订立书面劳动合同的，应当自本法施行之日起一个月内订立。本法施行之日存续的劳动合同在本法施行后解除或者终止，依照本法第四十六条规定应当支付经济补偿的，经济补偿年限自本法施行之日起计算；本法施行前按照当时有关规定，用人单位应当向劳动者支付经济补偿的，按照当时有关规定执行。

本 章 习 题

1. 什么是道德？道德评价的含义是什么？

2. 什么是职业道德？它由哪些要素构成？有什么特征？具有哪些功能？

3. 我国传统职业道德的精华有哪些？西方发达国家的职业道德精华有哪些？社会主义职业道德的基本规范内涵是什么？

4. 信息技术类职业道德规范包括哪些方面，各有什么具体规定？

5. 对计算机网络管理员职业道德的基本要求是什么？

6. 如何保守商业秘密？如何保证个人信息安全？

7. 根据立法机关和制定程序的不同，我国的法律分为几种？各是什么？

8. 信息立法的必要性主要表现在哪些方面？我国的信息法律法规体系分为哪些类型？各有哪些重要的法律法规？

9. 什么是知识产权？我国保护知识产权的法律法规有哪些？《计算机软件保护条例》中对软件著作权是如何规定的？什么是共享软件、免费软件？用户许可证有什么作用？

10. 什么是专利权？简述专利权的申请程序。

11. 什么是商标？什么是商标权？如何申请商标权？对注册商标的侵权行为有哪些形式？

12. 《劳动法》中有哪些关于劳动争议的处理规定？

13. 订立劳动合同应遵循什么原则？劳动合同应包含哪些内容？《劳动合同

法》对劳动合同的期限有什么规定？订立劳动合同时，应如何正确的处理培训费、商业秘密和竞业限制问题？

14. 简述劳动合同的变更、解除、终止的有关规定。

15. 什么是集体合同？什么是劳务派遣？什么是非全日制用工？

16. 企业（或用人方）和劳动者违反劳动合同法，各需要承担哪些法律责任？

第5章
职业英语基础

计算机网络管理员掌握必要的计算机职业常用英语，对于培养职业核心能力，提高工作效率，培养自学计算机新知识、新技术、新技能具有重要意义。本章介绍了计算机英语的特点，以及如何提高英语阅读能力等方面的内容，另附有计算机专业短文节选和常用的词汇表。

5.1　计算机英语概述

 学习目标

➤掌握计算机英语的词汇特点

➤掌握计算机英语的句式特点

➤掌握计算机英语的语法特点

随着人类进入信息时代，计算机已经渗透到人们的工作与生活中的方方面面，而计算机英语也随之成为一门专业英语，成为一门独立的学科分支，并在计算机应用中扮演着重要的角色。英语作为通用的计算机及 IT 的行业性用语，有着其他语言所不能替代的地位。随着计算机技术的迅速发展，人们接触到的计算机英语词汇也在不断增加，无论是学习最新的计算机技术，还是使用最新的计算机软、硬件产品，都离不开对计算机英语的熟练掌握。这就要求我们不仅要学好计算机，更要学

国家职业资格培训教程

好这门与计算机沟通的语言工具——计算机英语。学好计算机英语，对每一位正在学习计算机知识的人来说都是十分重要的，它是快速、准确地获取国外最新计算机技术、动态信息的语言工具。

要想在较短的时间内掌握计算机英语，就需要充分了解计算机英语的特点。

一、专业词汇的特点

计算机英语中的专用词汇不是很多。大量专业术语词汇都来源于我们平时的日常英语词汇中，既有其原有的含义，又有计算机领域所赋予的类似功能的专有词义，旧词有了新释义。被赋上了新义的词汇由于拼写不变，只是扩充了词义，所以方便人们标识，使用也容易。比如：mouse（老鼠）——鼠标；storage（储藏）——储存器；Track（轨迹）——磁轨；memory（记忆）——内存等。从某种意义上来说，学习计算机英语，大部分单词都是熟悉的，只需要在学习过程中把它们与专业知识相联系即可。而且这类词汇在计算机英语中占的比例比较大。

随着计算机技术的发展，计算机领域的新词汇不断涌现，有的是随着本专业发展应运而生的，有的是借用公共英语中的词汇，有的是借用外来语词汇，有的则是人为构造成的词汇。计算机英语通过英语词汇的几种基本构词方式，产生了许多新词汇，用以称谓、表达计算机技术发展中的新技术、新概念、新现象、新理论和新产品。

1. 派生法

派生法是通过加派生词缀于词根而构成新词的方法，也叫词缀法。这类词汇在计算机英语中非常多，按照词缀在词中的位置分为前、后缀。

（1）前缀

multi- 多：　　　　multiprotocol 多协议，multimedia 多媒体。

hyper- 超级：　　　hypermedia 超媒体，hypertext 超文本，hyperlink 超链接等。

（2）后缀

-able 具有……的：compatible 兼容的，executable 可执行的。

-er ……者，……器：driver 驱动程序，server 服务器等。

2. 复合法

复合法是把两个或两个以上独立的词按一定次序构成新词的方法。由这种方法构成的词具有灵活、机动、言简意赅的特点。

复合词是计算机英语中的另一大类词汇，通常分为复合名词、复合形容词、复合动词等。如：plug-and-play 即插即用，hard disk 硬盘，download 下载，back-bone 主体等。

3. 混成法

混成法是指将两个单词的前部拼接、前后拼接或将一个单词前部与另一词拼接构成新的词汇的方法。混成词不论在公共英语还是计算机英语中出现的频率都很高，它们多是名词。这类词汇如：

compuser ＝ computer ＋ user 计算机用户

transeiver ＝ transmitter ＋ receiver 收发机

E-mail ＝ electronic ＋ mail 电子邮件

4. 缩略法

缩略法是将较长的英语单词取其首部或者主干构成与原词同义的短单词，或者将组成词汇短语的各个单词的首字母拼接为一个大写字母的字符串。在计算机专业英语中，采用了大量的缩略词作为标识符、名称等。

缩略词开始出现时，通常在其后跟有原形单词，久而久之，随着缩略词地位的确认，人们的接受和认可，作为注释性的后者也就消失了。缩略词是数字化社会必要的组成部分，具有简练、使用简便的特点。如：

RAM（Random Access Memory）随机存储器（内存）

UPS（Uninterrupted Power Supply）不间断电源

FTP（File Transfer Protocol）文件传输协议

char（取 character 的前几个字符）字符

了解了以上几种基本构词方式，有助于我们记忆计算机专业英语词汇并有效地使用这些词汇。

二、句式、语法特点

计算机英语的句式、语法相对简单。

1. 句式特点

计算机英语的句式常用前置性陈述，即在句中将主要信息尽量前置，通过主语传递主要信息。大量使用后置定语，常见的有五种结构：介词短语、形容词及形容词短语、副词、单个分词、定语从句。

在计算机英语中，有一些技术资料为满足技术人员快节奏的阅读和交流习惯，从专业的角度，只要能说明问题，阐述中心思想，人们往往更喜欢采用简单句的形式来表达意思。用词节省、句子精练，有的甚至是根本不符合语法规则、不完整的句子。这已经成为大多数现代科技英语的一个共同特点。

因此在计算机英语的学习过程中，对句子和语法的分析要求不会像在日常英语中那样严格。语法也不会成为计算机英语学习的重点。在计算机英语学习中，只要能够正确理解句子中单词的含义，对句子的整体理解也就不会成为问题。

虽然在计算机英语中多用简单句，但这也只是相对而言，一些复杂的长句子在文章中也会时有出现。有时候一个段落只有一个句子。这样的情况下，重要的是先找出主干，然后再分析枝叶。

2. 语法特点

计算机专业英语讲述的是计算机的主要组成部件及其工作原理，这就决定了计算机专业英语的客观性。计算机专业英语在语法上还具有客观、精练和准确的特点。在专业英语中常使用介词短语、非限定动词、被动语态、虚拟语气、祈使句等。文体严谨周密，概念准确，逻辑性强，行文简练，重点突出，句式严整，少有变化。

在计算机专业英语的学习过程中，尤其是在阅读专业文章时，必须尊重客观内容，不能主观想象。计算机专业英语在很多情况下是介绍科技技术，为了表示一种公允性和客观性，往往在句子结构上采用被动语态描述，被动语态反映了专业英语文体的客观性。

要想学好计算机英语首先要掌握上述特点，在实际学习中利用这些特点来逐渐提高专业英语的词汇量和阅读能力。

三、学习方法指导

虽然计算机英语与普通英语相比，在学习单词和语法时较容易，但在学习过程中也应注意技巧。在单词的学习中，掌握构词法是掌握计算机英语词汇的关键。学习者不但要具备丰富的计算机专业知识，而且还要精通英语中的构词法知识，这样才能根据上、下文的意思，很快地推断出文章中生词的含义。

另外，在学习计算机专业英语过程中，一定要注意要加大对单词词汇的记忆，对计算机的技术理论、常用术语的含义要熟记。词汇量是提高阅读能力和阅读水平的基础和关键。在学习过程中要经常回顾自己所学过的计算机英语，在经过系统学习后，习惯成自然，英语水平也会有所提高。

5.2 阅 读 短 文

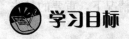

学习目标

➢ 掌握英语阅读方法

一、提高英语阅读能力的方法

阅读是语言运用中最频繁的一种活动。一个人在具备了基本的文化素质后，主要是通过阅读来汲取信息、陶冶文化情操。大量的阅读还能促进其他语言技能的提高。

提高自己的阅读能力是一个日积月累的过程。此外，成功的阅读必须保持一定的速度。一般来说，与母语为英语的读者相比，外语学习者的词汇量及阅读量有限，但有较强的语言意识。这种因素往往会造成学习者短时记忆的认知负担过重而影响阅读速度，在此种情况下，生词过多将会影响阅读理解的效率。

要进行卓有成效的阅读，首先要有一个明确的目的，也就是说要主动地读，还要问问自己：我读这篇文章或这本书的目的是什么呢？在阅读过程中我想获得什么信息？显而易见，上述两个问题与阅读材料息息相关。如果是精读材料，不仅要理解全文的意义，还要弄清篇章结构、修辞手段等。如果是专业报纸、专业参考书，那么就需要根据上述两个问题，通篇细读。但在大多数情况下，都是进行略读。略读就是快读，目的是通过快速通读和浏览全文的方法，了解文章的大意和主题，对文章内容有个总的概念和印象。具体地说，就是略去细节部分，不要花时间去琢磨难句和生词，重点阅读开头段、结尾段以及每段的首句和结尾句。因为这些部分往往概括了文章的写作意图和主题思想以及结论等。在大多数情况下，每段的首句或结尾句就是该段的主题句。也有文章需要通过查读进行阅读。查读就是要有目标地去找出文章中某些特定的信息或回答阅读理解题所需要的事实或依据。该方法尤其适用于考试试卷的阅读理解，先看后面的答题，然后在查读过程中只要注意与答题内容有关的词句即可，这样既节省了时间，而且效率也比较高。

通常我们应根据不同的目的，采用不同的方法进行阅读。例如，要了解一篇文章的大意，用略读的方法；要获取某些特定信息，用查读的方法；要掌握确切的内容，深入地理解，就要用细读的方法。

提高阅读理解能力，应该学习、掌握一些阅读技巧和阅读方法，这往往可以取得事半功倍的效果。比如，在阅读理解过程中不断地进行推测。阅读理解过程并非仅仅是被动的、单向的、解码的过程，而是主动的、双向的、交流的过程。阅读时不断作出推测，然后不断加以验证和修正，再不断进一步作出推测，如此不断循环反复，形成读者与作者交流互动的过程。推测的依据是自己的语言知识，以及背景知识等其他非语言知识，如根据文章的标题、题材（如科普、经济、文化等）、体裁（如记叙、议论、说明等）、结构（开篇、正文、结尾）等进行推测。又如，在阅读理解过程中，利用上下文、构词法、语法、连接词、定义、举例、因果关系、同位语关系、同义或反义关系等来猜测文中出现的生词的意义。提高阅读理解能力，在阅读中应该做到：抓住主题思想，找出主要事实或细节，根据语境猜测词义，把握好事情的发展顺序，确定难点，进行正确的推理与判断，最终得出正确结论。

阅读过程中的生词是读者经常遇到并且感到头痛的事情，这时一般不应停下来查字典。我们必须懂得，即使你认识这篇文章中的所有单词但并不等于你就能够完全理解这篇文章的意思；但透彻理解一篇文章的意思并不一定需要你认识文章中的所有单词。英语单词的含义是可以进行分析的，因此我们可以通过构词法来猜测、确定词义。此外，还可以根据生词所在句子或段落的上下文来推断该词的含义。

以上主要谈的是阅读技能，即生词词义的推断问题，但这并不意味着掌握词汇不重要。恰恰相反，词汇量是提高阅读能力和阅读水平的基础和关键。因此，对大多数英语学习者来说，主要还是通过大量的阅读来尽可能地扩大自己的词汇量。

Router

Router is a device that forwards data packets along networks. A router is connected to at least two networks, commonly two LANs or WANs or a LAN and its ISP's network. Routers are located at gateways, the places where two or more networks connect.

Routers use headers and forwarding tables to determine the best path for forwarding the packets, and they use protocols such as ICMP to communicate with each other and configure the best route between any two hosts.

Very little filtering of data is done through routers.

路由器

路由器是通过网络发送数据包的装置。路由器至少与两个网络连接，通常是两个局域网或两个广域网或一个局域网及其因特网服务商网络。路由器位于网关——两个或多个网络的连接点。

路由器通过报文头和转发表来确定发送数据包的最佳路径，使用网间控制报文协议等协议使任意两台主机之间互相联通并选择最佳路径。

路由器可以过滤少量数据。

Internet

Internet is the largest global internetwork, connecting tens of thousands of networks worldwide. More than 100 countries are linked into exchanges of data, news and opinions. In Internet users at any one computer can, if they have permission, get information from any other computer (and sometimes talk directly to users at other computers).

The Internet evolved in part from ARPAnet. ARPAnet is abbreviated from "Advanced Research Projects Agency Network". Landmark packet-switching network established in 1969. ARPAnet was developed in the 1970s by BBN and funded by ARPA. It eventually evolved into the Internet. The term ARPAnet was officially retired in 1990.

因特网

因特网是最大的全球互联网，连接了全世界范围内数以万计的网络。100 多个国家通过网络连接进行数据、新闻和思想的交流。在因特网上的任何一台计算机前的用户，得到许可的话，都可以从任何其他计算机上获得信息（有时还可以直接与其他计算机的用户交谈）。

因特网的前身是阿帕网（ARPAnet）。ARPAnet 是 "Advanced Research Projects Agency Network" 的缩写。它是 1969 年建立的分组交换网络的里程碑，是由 BBN 公司开发和美国国防部高级研究项目局（ARPA）投资的。20 世纪 70 年代 ARPAnet 得到了发展，最终演变为因特网。"ARPAnet" 一词也于 1990 年正式停用。

SMTP

SMTP is short for Simple Mail Transfer Protocol, a TCP/IP protocol for sending E-mail messages between servers. Most E-mail systems that send mail over the Internet use SMTP to send messages from one server to another; the messages can then be retrieved with an E-mail client using either POP or IMAP. In addition, SMTP is generally used to send messages from a mail client to a mail server. This is why you need to specify both the POP or IMAP server and the SMTP server when you configure your E-mail application.

SMTP

SMTP 是简单邮件传送协议的缩写，是一个用于服务器间发送电子邮件的 TCP/IP 协议。大部分电子邮件系统在网上发邮件是使用 SMTP 协议从一个服务器发送信息到另一个服务器，电子邮件客户端使用 POP 或 IMAP 协议检索信息。另外，SMTP 通常用于从电子邮件客户端发送信息到服务器。这就是为什么你在配置电子邮件使用时需要指定 POP 或 IMAP 服务器和 SMTP 服务器。

Twisted-pair Cable

Twisted-pair cable is a type of cable that consists of two independently insulated wires twisted around one another. The use of two wires twisted together helps to reduce crosstalk and electromagnetic induction. While twisted-pair cable is used by older telephone networks and is the least expensive type of local-area network cable, most networks contain some twisted-pair cabling at some point along the network. Other types of cables used for LANs include coaxial cables and fiber optic cables.

双绞线电缆

双绞线电缆是由两条独立的绝缘导线相互绞在一起组成的一种电缆。绞在一起的两条导线有助于减少串扰和电磁感应。双绞线电缆用于老式电话网而且是最便宜的局域网电缆，大多数网络在网络的一些网点用双绞线布线。局域网也使用其他类型的电缆包括同轴电缆和光纤电缆。

国家职业资格培训教程

Optical Fiber

Fiber-optic communications is based on the principle that light in a glass medium can carry more information over longer distances than electrical signals can carry in a copper or coaxial medium. The purity of today's glass fiber, combined with improved system electronics, enables fiber to transmit digitized light signals well beyond 100 km (60 miles) without amplification. With few transmission losses, low interference, and high bandwidth potential, optical fiber is an almost ideal transmission medium.

光纤

光导纤维通信是基于一种原则，即光在玻璃介质中比电信号在铜或同轴介质中可以携带更多的信息资料穿过更长的距离。如今的玻璃纤维纯度与改进的系统电子学相结合，在没有信号放大的情况下，能够使光纤传输数字信号的距离远远超出100千米（60英里）。因为传输损耗小、低干扰、高带宽潜能，光纤几乎是一个理想的传输介质。

Ethernet

Ethernet is the most common type of connection computers use in a local area network. A local-area network architecture developed by Xerox Corporation in cooperation with DEC and Intel in 1976. Ethernet uses a bus or star topology and supports data transfer rates of 10 Mbps. Ethernet uses the CSMA/CD access method to handle simultaneous demands. It is one of the most widely implemented LAN standards.

A newer version of Ethernet, called 100 Base-T (or Fast Ethernet), supports data transfer rates of 100 Mbps. And the newest version, Gigabit Ethernet supports data rates of 1 gigabit (1, 000 megabits) per second.

以太网

以太网是局域网中最常见的连接计算机的类型。是由施乐公司与数据设备公司和英特尔公司于1976年合作开发的一种局域网架构。以太网利用总线或星型拓扑，并支持10 Mbps的数据传输速率。以太网采用载波监听多路访问/冲突检测方法来处理同步的要求。它是一个最广泛实施的局域网标准。

　　新版本的以太网，称为 100Base-T（或快速以太网），支持的数据传输速率为 100 Mbps。最新版本的千兆以太网支持的数据传输速率达到 1 千兆位（ 1000 兆）每秒。

5.3　词　汇　表

A

access　访问

account　账号

accumulator　累加器

Acer　宏基电脑公司

ACL　访问控制表

Acrobat Adobe　一种阅读软件

active　激活

active directory　动态目录

ActiveX　微软倡导的 ActiveX 网络化多媒体对象技术

adapter　适配器

address bus　地址总线

addressing　编址，寻址

ADE （application development environment）应用开发环境

ADSI　动态目录服务接口

ADSL （asymmetric digital subscriber line）非对称数字用户线路

AGP （accelerated graphics port）加速图形接口

aid　帮助，援助

AIX （advanced interactive executive）高级交互执行体

algorithm　算法

algorithmic analysis　算法分析

alignment　对齐方式

allocation　分配、定位

Alpha DEC　公司微处理器

ALU（arithmetic and logic unit）算术/逻辑部件

AMD　美国 AMD 公司，主要生产计算机的 CPU 芯片

analog　模拟的

analog device　模拟设备

analogy　类比

animated　动画的，活生生的

animation　动画

Anonymous FTP　匿名文件传输协议

ANSI（American National Standards Institute）美国国家标准协会

AOL（American On-Line）美国在线服务公司

API（Application Programming Interface）应用程序编程接口

Apple　美国苹果电脑公司

Applet　Java 程序

application　应用程序

archie　因特网上一种用来查找其标题满足特定条件的所有文档的自动搜索服务工具

archive　文档服务器

ARP（address resolution protocol）地址解析协议

ARPANET（Advanced Research Projects Agency Network）美国国防部高级研究计划局建立的计算机网，阿帕网（因特网的前身）

array　数组

array data type　数组数据类型

ASCII（American standard code for information interchange）美国信息交换标准码

ASP（active server page）动态服务器主页

assembler　汇编程序，汇编器

assert　主张，发出

assign　分配，指派

assignment　赋值

asymmetric　非对称的

asynchronous　异步的

ATM （asynchronous transfer mode） 异步传输模式

attack　攻击

attenuation　衰减

attribute　属性

audio　音频

auditing　审计，计审

authorization　授权

Authorware　美国 Macromedia 公司开发的一种多媒体系统制作工具

auto detect　自动检测

auto indent　自动缩进

auto save　自动存储

automation　自动化

autosizing　自动调整大小

auxiliary storage　辅助存储器

available on volume　磁盘剩余空间

average seek time　平均寻道时间

AVI （audio video interleaved） video for Windows 的多媒体文件格式

B

B2B （business-to-business electronic commerce） 企业对企业（也称为商家对商家或商业机构对商业机构）的电子商务

B2C （business-to-consumer electronic commerce） 企业对消费者（也称商家对个人客户或商业机构对消费者）或电子商务商业机构对消费者的电子商务，基本等同于电子零售商业

back　前一步

back door　后门

back up　备份

backbone　主干，干线

back-end　后端

background　后台

backtrack　回溯

bad command　命令错

bad command or filename　命令或文件名错

bandwidth　带宽

baseline　基线

base station　基点，基地

BASIC（beginner's all-purpose symbolic instruction code）BASIC 语言

bat　批处理文件的扩展名

batch parameters　批处理参数

batch system　批处理系统

Baud　波特

BBS（bulletin board Service）公告牌系统，电子公告板

BCH（binary-coded hexadecimal）二进制编码的十六进制

Bell operating company　贝尔运营公司

Bell modem standards　贝尔调制解调器标准

benchmark　基准

beta software　测试第二版，在软件领域，"beta"是指一种新应用程序或者软件在正式投放市场之前，在测试阶段推出的第二个版本

beta test beta　测试

bidirectional　双向的

big endian　高位优先

BINAC（binary automatic computer）二进制自动计算机

binary　二进位的

binary file　二进制文件

binary tree　二叉树

BIOS（basic-input output system）基本输入输出系统

BIS（business information system）商务信息系统

BISDN（broadband intrgrated services digital network）宽带综合业务数字网

bit　比特、二进制位

bitmap　位图

blog　博客

blu-ray disc　蓝光光碟

bluetooth　蓝牙

bookmark　书签

Boolean　布尔逻辑

Boolean algebra　布尔代数

BOOM（binocular omni-orientation monitor）双目全方位监视器

boot　引导使用一些初始命令进入计算机（的一个程序）

boot disk　引导盘

borde　边界

bottom margin　页下空白

branch instruction　转移指令，分支指令

breakout box　中断盒

breakpoint　断点

BRI（basic rate interface）基本速率接口

bridge　网桥、桥接器

bridging　桥接

broadband　宽带

broadcast　广播

brouter（bridge/router）桥路器（桥接器/路由器）

browse　浏览

browser　浏览器

browsing　浏览

buffer　缓冲器

buffering　缓冲，缓冲技术

bug　程序缺陷

built-in　内置的，嵌入的；内置

bundled software　捆绑软件

burst　突发传送脉冲串；字符组

bus　总线

bus topology　总线拓扑

by date　按日期

by extension　按扩展名

by name　按名称

byte　字节

C

C　C语言，广泛用于小型计算机的计算机程序设计语言

cable 电缆

cable modem 电缆调制解调器

cache 高速缓冲存储器，高速缓存

CAD （computer aided design）计算机辅助设计

CAI （computer asisted instruction 或 computer aided instruction）计算机辅助教学

calculator 计算器

calputer （calculator＋computer）计算器式电脑

Canon 佳能，日本著名的佳能打印机制造商

capacitor 电容器

carry 进位

CASE （computer aided software engineering）计算机辅助软件工程

case sensitive 区分大小写

category 种类

CD （compact disc）压缩光盘，又称激光唱盘

CD-DA （compact disc-digital audio）数字音频光盘

CDMA （code division multiple access）码分多址技术，基于扩频技术的一种崭新而成熟的无线通信技术

CD-R 可记录光盘驱动器

CD-ROM （compact disc-read only memory）光盘只读存储器

CD-RW （compact disc re-writable）可重写光盘

cell 单元

central-memory unit 中央存储器

certificate 证书

CGA （color graphics adapter）彩色图形适配器

CGI （common gateway interface）公共网关接口

CGI （computer graphics interface）计算机图形接口

channel 信道，通道

character 字符

character set 字符集

chip 芯片

chipset 芯片组

cipher 密码（钥），加密程序

circuit 电路，一圈，巡回

circuit switching 线路转接

circuitry 电路，线路

circular queue 循环队列

CISC （complex instruction set computer）复杂指令集计算机

class 类

clean room 绝对无尘室

clear 清除

clear an attribute 清除属性

clear command history 清除命令历史

clear screen 清除屏幕

clear text 明码通信报文

click 点击

client 客户，客户机

client-centric 以客户为中心的

CLIP （cellular logic image processor）单元逻辑映象处理器

CLIP （compiler language for information processing）信息处理用的编译程序
语言

CLIP （computer layout installation planner）计算机布局安装规划程序

clipboard 剪贴板

clock 时钟

close 关闭

cluster 簇

CMIP （common management information protocol）通用管理信息协议

CMIS （common management information service）坐标检测系统软件，公共
管理信息服务

CMOS （Complementary Metal-Oxide-Semiconductor）互补金属氧化物半导体

CMYK 用于印刷的四分色（cyan 青，magenta 品红，yellow 黄，black 黑）

CNNIC （China Internet Network Information Center）中国互联网络信息中
心

coaxial cable 同轴电缆

COBOL （common business oriented language）面向商业的通用语言

code 代码

code conversion 代码转换

codec （coder＋decoder）编码译码器

coherency 相关，相干

column 行

COM port COM 口（通信端口）

command 命令

command prompt 命令提示符

common object model 公用对象模型

common object request broker architecture 公用对象请求代管者体系结构

common programming interface for communication IBM IBM 的通信公用编程接口

common open software environment 公用开放软件环境

communication 通信

compatible 兼容的

compatibility 兼容性

Compaq 美国康柏电脑公司

compilation 编辑，汇编

compiler 编译器，编译程序

complement 补码，余角

component 组件

compressed file 压缩文件

compression techniques 压缩技术

compuser （computer＋user）计算机用户

computer 计算机

computer language 计算机语言

computerlike 计算机似的

concurrent 并发的，并行的

concurrent language 并发式语言

conditioning 调节

confidentiality 保密性

configuration　构造，结构，配置

contention　争用

context-free　与上下文无关

control unit　控制器，控制部件

controller　管理员，控制器

convert　转变

cookie　是当你访问某个站点时，随某个 HTML 网页发送到你的浏览器中的一小段信息

cooperative accessing　协同处理

coordinate　坐标

copper distributed data interface　铜质分布式数据接口

copy　复制

copy diskette　复制磁盘

copyright　版权

coreldraw　一个功能强大的综合性绘画软件

counter　计算器，计数器

CPU　（central processing unit）中央处理器

crack　闯入

crash　系统突然失效（崩溃），需要重新引导

CRC　（cyclic redundancy check）循环冗余检查

create DOS partition or logical DOS drive　创建 DOS 分区或逻辑 DOS 驱动器

create extended DOS partition　创建扩展 DOS 分区

create primary DOS partition　创建 DOS 主分区

criteria　标准

CRM　（customer relationship management）客户关系管理

CRT　（cathode ray tube）阴极射线管

cryptography　密码术；密码学

CSS　［computer system simulation（simulator）］计算机系统模拟（模拟器）

cursor　光标

cut　剪切

cyberspace　电脑空间

cyphertext　密文

CyrixCPU 美国 cyix 公司，世界上较大的 CPU 芯片生产厂商

D

Daemon 后台程序

daisy chain 菊花链

DAO （date access object）数据访问对象

DASD （direct access storage device）直接访问存储设备

data 数据

data bus 数据总线

data integrity 数据完整性

database 数据库

DBMS （data base manage system）数据库管理系统

DCE （distributed computing environment）分布式计算环境

DDN （digital daga network）数字数据网络

DDNS （dynamic domain name system）动态域名系统

DDR （double data rate）双倍数据速率

de-allocate 释放

deassert 撤销

debug 调试

debugger 调试程序，排错程序

DEC （digital equipment corporation）数字设备公司（美国）

decentralized 分散式（的）

decimal 十进制

decode 解码，译解

decryption 解密

default 默认

defrag 整理碎片

Defragment 磁盘碎片整理程序

degauss （从磁盘或其他储存装置上）删除信息

delete 删除

deletion 删除，删除部分

deltree 删除树

demo 演示

depth cue　深度暗示

DES（data encryption system）数据加密系统

desktop　桌面，台式计算机

desktop operating system　桌面操作系统

desktop publishing　台式印刷系统，桌面出版系统

destination folder　目的文件夹

detection　检测

device driver　设备驱动程序

device-independent　（与）设备无关的

DHCP（dynamic host configuration protocol）动态主机配置协议

DHTML（dynamic hypertext markup language）动态 HTML，就是一种即使
在网页下载到浏览器以后，仍然能够随时变换的 HTML dialog box 对话栏

dial-up　拨号上网

dibit　双位

digital　数字的

digital camera　数码相机

digital device　数字设备

dimension　尺度，维（数）

directed graph　有向图

direction keys　方向键

directory　目录

directory of　目录清单

directory replication　目录复制

directory structure　目录结构

DirectX　微软公司对硬件编程的接口，包括 DirectDraw，DirectSound 等

disk access　磁盘存取

disk copy　磁盘拷贝

disk drive　磁盘驱动器

disk space　磁盘空间

display file　显示文件

distributed　分布式（的）

distributed database　分布式数据库

distributed file systems　分布式文件系统

distributed management　分布式管理

distributed management environment　分布式管理环境

distributed object management systems　分布式对象管理系统

distributed processing　分布式处理

distributed queue dual bus　分布式队列双总线

DLL （dynamic link library）动态链接库

DMA （direct memory access）直接存储器存取

DMI （desktop management interface）桌面管理界面

DNS （domain name service）域名服务

DNS （domain name system）域名系统

document　文档

document interchange standards　文档交换标准

domain　域

domain name　域名

DOS （disk operating system）磁盘操作系统

double click　双击

download　下载

downsizing　向下规模化，下移

dpi （dot per inch）打印分辨率

draft　草稿

DRAM （dynamic RAM）动态随机存储器

drive　驱动器

drive path　盘路径

driver　驱动器，驱动程序

DSL （digital subscriber line）数字用户线

DTR （data terminal ready）数据终端就绪

duplex transmission　双工传输

DVD （digital versatile disc）数字通用光盘

DVD-ROM　计算机用只读数字通用光盘

DVD-movie　家用型影音数字通用光盘

DVD-audio　专供音乐欣赏的数字通用光盘

DVD-R 只读写一次的数字通用光盘

DVD-RAM 可读写多次的数字通用光盘

DVST （direct-view storage tube）直视存储管

dynamic data exchange 动态数据交换

dynamic routing 动态路由选择

E

EBCDIC （extended binary coded decimal interchange code）扩展的二进制编码的十进制交换码

edit 编辑

edit menu 编辑选单

EDO RAM 动态存储器

EDSAC （electronic delay storage automatic computer）延迟存储电子自动计算机

EFS （encrypting file system）加密式文件系统

EGP （exterior gateway protocols ）外部网关协议

EISA （extended industry standard architecture）总线扩展工业标准结构

ELD （electro-iuminescent display）电致发光监视器

electromechanical 机电的，电机的

electronic 电子的

Electronic Industries Association 电子工业协会

electronic software distribution （ESD） and licensing 电子软件分发（ESD）和特许（ESL）

E-mail （electronic mail）电子邮件

empty set 空集

encapsulation 包装，封装

encode 编码

encryption 加密

Energy Star 能源之星

engineer 工程师

ENIAC （electronic numerical integrator and computer）电子数字积分计算机

enterprise network 企业网

entry 条目，登录

EPA （Environmental Protection Agency） 美国环境保护署

EPP （enhanced parallel port） 增强型并行端口

Epson 日本爱普生打印机制造商

Ethernet 以太网

event-based 基于事件的

event-driven 事件驱动的

event-driven programming 事件驱动的程序设计

event-oriented 面向事件的

execute 执行，实行，完成

exception 异常

exclusion "异" 运算

execute 执行

exit 退出

expanded memory 扩充内存

expire 期满，到期

expression 表达式

extended 扩充的，长期的

extended memory 扩展内存

extension 扩展名

external 外部的

external bus 外部总线

extranet 外联网

F

facility 设施

factor 阶乘

fallback 自动恢复

FAT （file allocation table） 文件分配表

fat file system fat 文件系统

fax 传真

fax modem 传真调制解调器

fax servers 传真服务器

FCC & BCC 转发与密送

FDDI（fiber distributed data interface）光纤分布式数据接口

FDM（frequency division multiplexing）频分多路复用

federal information processing standards　美国联邦信息处理标准

federated database　联合数据库

feedback　反馈

fiber channel　光纤通道

fiber-optic cable　光缆

field　字段

FIFO（first in first out）先进后出

file　文件

file attributes　文件属性

file format　文件格式

file server　文件服务器

file system　文件系统

FTAM（file transfer access and management）文件传输访问和管理

file-based　基于文件的

filter　过滤，滤过，渗入

filtering　筛选，过滤

find　查找

Finger　查找因特网用户的程序

finish　结束

finite set　有限集

firewall　防火墙

firmware　固件

fitfall　专用程序入口

fixed disk　硬盘

fixed-point unit　定点（运算）部件

flag　标志、状态

flag register　标志寄存器

Flash　动画制作软件

flat-panel displays　平板显示器

floating-point unit　浮点（运算）部件

floppy disk　软盘

FLOPS（floating-point operation per second）每秒浮点运算次数

flow control methods　流控方法

focal length　焦距

folder　文件夹

font　字体

form　格式

format　格式化

FORTRAN（formula translation）FORTRAN 语言公式翻译（语言）

forwarding　转发

Founder　方正集团

four-colour theorem　四色定理

frame　帧

frame buffer　帧缓冲器

frame-by-frame　逐帧的

frame relay　帧中继

framework　构架，框架，结构

freeware　赠件

front-end system　前端（台）系统

front-end processor　前端（台）处理机

FTP（file transfer protocol）文件传输协议

full screen　全屏

full-duplex transmissions　全双工传输

full-motion video　全运动影像

function　函数

functional language　函数（式）语言

G

gateway　网关

GGP（gateway-gateway protocol）网关对网关协议

Gb（Gigabit）千兆位

GB（GigaByte）吉字节

generalization　概括，推广

general-purpose　通用

general-purpose machine　通用（计算）机

global memory　全局存储器

global naming services　全局命名服务

GML （generalized markup language）通用标记语言

Gnu's Not UNIX （GNU）一个自由软件组织

goal-directed　目标导向的

Gopher　互联网中基于菜单驱动的信息查询软件

GPL （general public license）公用授权协议

GPRS （general packet radio service）通用分组无线业务

graph　图

graphical manipulation　图像处理

graphics　图形

grounding problems　接地问题

group　组

groupware　群件，组件

GUI （graphical user interfaces）图形用户界面

H

hacker　黑客

half-duplex transmission　半双工传输

handle　控制

handshaking　握手，联络，信号交换

hard disk　硬（磁）盘

hard-copy device　硬拷贝设备

hardware　硬件

harsh table　杂凑（哈希）表

HCL （hardware compatibility list）硬件兼容性表

HDF （hierar chical data format）层次型数据格式

head　磁头

head pointer　头指针

heterogeneous network environments　异构网络环境

hexadecimal　十六进制的；十六进制

hidden file　隐含文件

hierarchical memory　层次结构存储器

hierarchical structure　树结构

hierarchy　层次，层级

higher-level abstract data type　高层抽象数据类型

high-bit-rate digital subscriber line　高比特率数字用户专用线

high-level data link control　高级数据链路控制（规程）

high-level language　高级语言

high-order　高位

high performance parallel interface　高性能并行接口

high-resolution　高分辨率的

high-speed networking　高速联网

high-speed serial interface　高速串行接口

HMD（head-mounted display）头盔显示器

home directory　私人目录

homepage　主页

homogeneous　同类的，均一的

hop　跳跃（计）数，过路数，中继数

host　主机

host-centered　以主机为中心的

HP　惠普公司，是打印机、计算机制造商

HPFS（high performance file system）高性能文件系统

HPIFO（highest-priority in，first-out）最高优先级先进先出

HTML（hyper text markup language）超文本标识语言

HTTP（hyper text transmission protocol）超文本传输协议

HUB　集线器

hyperlink　超文本链接，超链接

hypermedia　超媒体

hypertext　超文本

I

IA（information appliance）信息家电

IAB（internet architecture board）internet 架构委员会

IBM （International Business Machine Company）美国国际商用机器公司

IC （intelligent card）智能

IC （Integrated Circuit）集成电路

ICANN （Internet Corporation for Assigned Names and Numbers）因特网域名与地址管理组织

ICMP （internet control message protocol）网际控制报文协议

icon 图标

ICP （internet content provider）互联网内容提供商

IDE （integrated drive electronics）集成驱动电子设备，IDE 接口标准

identity 标识，身份

IE （internet explorer）探索者（微软公司的网络浏览器）

IESG （internet engineering steering group）internet 工程指导组

IETF （internet engineering task force）internet 工程任务组

ignore case 忽略大小写

IIS （internet information server）信息服务器

illumination 照明

image 图像

IMAP （internet message access protocol）一种邮件协议

impersonation attack 伪装攻击

in use 在使用

in-between frames 插值帧

increment 增量，加 1

incremental model 增量式模型

indexed allocation 索引式分配

induction 归纳法

INF File 适配器安装信息文件

infinite set 无限集

info-channel 信息通道

info-tree 信息树

info-world 信息世界

information 信息，知识

information processing 信息处理

information retrieval　信息检索

inheritance　继承性

initiate　开始，初始化

input device　输入设备

input/output system　输入输出系统

insert　插入

insert mode　插入模式

insertion　插入

instant messaging　即时信息服务

instruction　指令

instructions cache　指令缓存

instruction cycle　指令周期

instruction register　指令寄存器

instruction set　指令系统，指令集

integration　集成电路

integer　整数

Intel　英特尔公司

intensity　强度

interface　界面，接口

interlace　隔行扫描

interleaving　交叉，交错

internal bus　内部总线

internet　互联网

Internet　因特网

Internet backbone　因特网骨干网

internetworking　网络互联

internetwork packet exchange　网间分组交换

internetwork routing　网间路由选择

interception　截取

interoperability　互操作性，互用性

interpreter　解释程序

interrupt　中断

intranet 内联网，企业内部网

invalid directory 无效的目录

invoke 调用

I/O （input/output）输入/输出

IOCS （input-output control system）输入输出控制系统

IP （internet protocol）互联网协议

IP address 互联网地址

IPX （internetwork packet exchange protocol）网际包交换协议

IRC （internet relay chat）网上聊天

IrDA （infrared data association）红外线传输装置

ISA （industrial standard architecture）工业标准结构

ISDN （integrated services digital network）综合业务数字网

ISO （International Organization for Standards）国际标准化组织

ISOC （Internet Society）Internet 协会

isochromatic 等色的

ISP （internet service provider）internet 服务提供者

IT （information technology）信息技术

J

jabber 超时传输

Java 编程语言

job 作业

job management 作业管理

job queue 作业队列

joystick 游戏棒，操纵杆

JPEG （joint photographic experts group）联合图像专家组规范

JSP （Java server page）网页控制技术

jukebox optical storage device 自动换盘光盘存储设备

junk 垃圾，无用数据

K

kernel 内核

key 密钥

key encryption technology 密钥加密技术

key-frame 关键帧

key recovery 密钥恢复

keyboard 键盘

KB (Kilo Byte) 千字节

Kingsoft Antivirus 金山毒霸，一种杀毒软件

Kingsoft Corporation Limited 金山软件有限公司

L

LAN (local area networks) 局域网

laptop 膝上型计算机

large internetwork packet exchange 大型网间分组交换

latch 闭锁，锁存

latency 潜伏时间，等待时间

layer 层

layered architecture 分层体系结构

layout 布置，版面安排

LCD (liquid-crystal display) 液晶显示

LD (laser disk) 激光视盘

lead-free 无线的

learning bridges 自学习桥接器

leased line 租用线，专用线

left margin 左边界

Legend 联想集团，中国最大的计算机制造商之一

license 许可（证）

LIFO (last in first out) 后进先出

lighting effect 光照效果

line number 行号

line spacing 行间距

link 链接

link access procedure 链路访问规程

link layer 链路层

link state routing 链路状态路由选择

linked allocation 链接分配

Linux　一种操作系统

list file　列表文件

list of　清单

list structure　链表结构

little endian　低位优先

load　装入，加载

load-balancing bridges　负载平衡桥接器，负载平衡网桥

loading balancing　负载均衡

local　局部的，本地的

local area transport　局域传输协议

local bus　局部总线

local groups　本地组

local loops　局部环路

local procedure calls　本地过程调用

log　日志、记录

logging　登录

logical record　逻辑记录

logoff　退出、注销

logical　逻辑的

logical links　逻辑链路

logical port　逻辑端口

logical units　逻辑单元

logon　注册

logout　撤销

look at　查看

lookup　查找

loop　环

loop structure　循环结构

low-order　低位

LPT　打印终端接口

LSI　(large scale integrated circuit) 大规模集成电路

M

Mac OS 苹果公司开发的操作系统

Mach 一种采用微内核技术的 UNIX 操作系统

machinery 机器，机关

machine language 机器语言

macro 宏指令，宏功能

macroinstruction 宏指令

match 比较，匹配，符合

MAE （metropolitan area exchange）城域交换站

magnetic disk 磁盘

magnetic tape 磁带

mailbomb 邮件炸弹

mainboard 主板

main bus 系统总线

main memory 主存储器

mainframe 主机，特大型机

MAN （metropolitan area networks）城域网

manual 指南

manufacture 制造

map 映射

master processor 主处理器

matching 匹配

MB （Mega Byte）兆字节

MCA （micro channel architecture）微通道体系结构

MCSE （microsoft certified system engineer）微软认证系统工程师

mechatronics （mechanical＋electronic）机械电子学

media 媒体

medium 媒介，方法

memory 内存，记忆，存储

menu 菜单

menu bar 菜单条

menu command 菜单命令

message　消息

message transfer agent　消息传送代理

MHz（megahertz）兆赫

microcomputer　微型计算机，微机

microinstruction　微指令

microkernel　微内核

microprocessor　微处理器

microsegmentation　微分段

microsequenced　微层序的

Microsoft　微软，一种操作系统

Microsoft Excel　微软的电子表格软件

Microsoft Office　微软的办公集成软件

Microsoft Outlook　微软的个人事务管理软件

Microsoft PowerPoint　微软的电子幻灯演示软件

Microsoft Word　微软的文字处理软件

Microsoft corporation　微软公司

microwave　微波

microwave communication　微波通信

middleware　中间件

MIDI（musical instrument digital interface）乐器数字接口

MIME（multipurpose internet mail extension）internet 多功能邮件传递扩展
标准

minicomputer　小型计算机

MMX（multimedia extensions）多媒体扩展

MIPS（millions of instruction executed per second）百万条指令（数）每秒

mirroring　镜像

MIS（management information system）管理信息系统

MO（magnet-optical）磁光盘

model　模型

Modem（modulator＋demodulator）调制解调器

modification　修改

modular　模块的，有标准组件的

modular design　标准设计，模块化设计

module　模块

monitor　监控，监视，监视器

monochrome　单色

monochrome monitor　单色监视器

Moore's law　摩尔定律

Mosaic　最早出现的 Internet 上的 WEB 浏览器

MOTIS　（message oriented text interchange system）面向消息的文本交换系统

mouse　鼠标

move to　移至

MP　（multiprocessing）多（重）处理（技术）

MPC　（multimedia personal computer）多媒体个人计算机

MPEG　（motion picture experts group）运动图像专家组标准

MUD　（muti-user dungeon or dimension）分配角色的游戏环境

multi　多

multibit　多位

multibyte　多字节

multicasting　多信道广播

multidrop　（multipoint）connection 多点连接

multimedia　多媒体

multiplexing　多路复用技术

multiprocessing　多处理器处理

multiprocessor　多处理器

multiprogramming　多道程序设计

multiprotocol networks　多协议网络

multiprotocol router　多协议路由器

multitask　多任务

multiuser　多用户

multiuser time-sharing system　多用户分时系统

N

narrowband　窄带

NAP （network access point）网络访问节点

NAT （network address translation）网址解析

Navigator 导航者（网景公司的浏览器）

NC （network computer）网络计算机

NDIS （Network Driver Interface Specification）网络驱动程序接口

negative 负的

NetBIOS （network basic input-output system）网络基本输入输出系统

NetLS （network license server）网络许可权服务器

Netscape 美国网景公司，以开发 Internet 浏览器闻名

NetWare Novell 公司出品的网络操作系统

network 网络

network architecture 网络体系结构

network control program 网络控制程序

network driver standards 网络驱动程序标准

network dynamic data exchange 网络动态数据交换

network layer，OSI Model OSI 模型的网络层

network operating system 网络操作系统

network structure 网状结构

networking blueprint 联网方案

new 新建

new data 新建数据

newer 更新的

new file 新文件

new name 新名称

new window 新建窗口

news group 新闻群组

next 下一步

NFS （network file system）网络文件系统

NIC （network interface card）网卡

NOC （network operations center）网络操作中心

node 节点

NORTON 美国 NORTON 公司，生产有 NORTON COMMANDER、NOR-

TON UTILITIES 等著名的计算机软件

Novell　美国 Novell 公司，以开发网络产品著称

NTFS　（new technology file system）NT 文件系统

NUMA　（non uniform memory architectures）非均匀内存结构

NURBS　（non uniform rational b-splines）非均匀有理 B 样条

O

OA　（office automation）办公自动化

OAW　（optically assisted winchester）光学辅助温式技术

object　对象

object-oriented database　面向对象数据库

object-oriented language　面向对象的语言

octal　八进制的；八进制

OCR　（optical character recognition）光学字符识别

OEM　（original equipment manufacturer）原始设备制造商

offline operation　脱机操作

OLE　（object linking and embedding）对象连接与嵌入

OMI　（open messaging interface）开放消息传递接口

online　在线

online help　联机求助

online transaction processing　联机（在线）事务处理

OO　（object oriented）面向对象

OOP　（object oriented programming）面向对象的程序设计

open　打开

open data-link interface　开放数据链路接口

open document architecture　开放文档体系结构

open source　开放源代码

open systems　开放式系统

operand　操作数

operate　操作，运转

operation　操作，操作码，操作码指令

operation code　操作码

optical fiber　光纤

optical libraries 光盘库，光盘存储库

option pack 功能补丁

Oracle 美国 Oracle 公司开发的大型高性能关系型数据库系统软件

order 阶，次

organization containers 机构包容器对象

OS （operation system） 操作系统

OSD （on-screen display） 屏幕视控系统

OSF （open software foundation） 开放软件基金会

OSI （open systems interconnection） model 开放式系统互联（OSI）模型

outnumber 数目超过，比……多

output device 输出设备

output primitive 输出图元

P

package 包裹，套装软件

packet 信息包

packetsniffer 包嗅探器

packet switching 包交换技术，分组交换技术

page frame 页面

page length 页长

page setup 页面设置

paged virtual memory 页式虚拟存储器

PAP （password authentication protocol） 密码验证协议

paper-free 无纸的

paradigm 范例，模式

paragraph 段落

parallelism 并行性

parity checking 奇偶检验

partition 分区

Pascal 一种计算机语言

password 口令

paste 粘贴

path 路径

pattern of bits　位模式

PC （personal computer）个人计算机

PCB （process control block）进程控制块

PCL （printer command language）打印机指令语言

PCTools （personal computer tools）个人计算机工具，美国 Central Point - Software 公司出品的一种计算机维护工具

PCI （peripheral component interconnect）外围部件互连（总线）

PDA （personal digital assistant）个人数字助理

PDN （public data network）公用数据网

PDS （personal data system）个人数字系统

peer　对等

pen plotter　笔式绘图仪

permission　权限

Pentium　奔腾，英特尔公司的 CPU 商标名

peripheral　外围，外围设备

perspective　透视图，观点

Petabyte　千兆兆（10^{15}）字节

Philips　荷兰飞利浦公司

pins　插脚，管脚

pipeline　流水线

PK （public key）公钥

Photoshop　美国 Adobe 公司出品的图像编辑软件

PHP （personal home page 或 hypertext preprocessor）服务器端编程语言

physical structure　物理结构

piggyback　机载；搭载

Ping　测试 IP 地址的程序

pixel （or pel）像素

plaintext　明文

planar graph　平面图

plasma display　等离子显示器

playback　重播，读出

PNP （plug and play）即插即用

pointer 指针

polling 轮询

polymorphism 多态性，多型

pop 退栈

POP （post office protocol）互联网电子邮件协议

popup 弹出

port 端口

portable 可移植的，便携的

POSIX （portable operating systemUNIX）可移植的 UNIX 操作系统

POST （power-on-self-test）上电自检程序

PowerPC IBM 和 Apple 公司联合生产的个人台式计算机

PPTP （point to point tunneling protocol）点到点隧道协议

preemption 抢占

preemptive multitasking 抢先多任务处理

premises distribution system 规整化布线系统

previous 前一个

print 打印

print all 全部打印

print device 打印设备

print preview 打印预览

print server 打印服务器

printer 打印机

printer port 打印机端口

priority 优先级

priority queues 优先队列

private key cryptography 私用密钥密码学

private network 私用网，专用网

process 程序，过程

process scheduling 过程调度

process-oriented 面向进程的

processor 处理器

program 程序

program counter 程序计数器

program file 程序文件

program flowchart 程序流程图

programmable 可编程的

programmed I/O 程序控制 I/O

programming control structure 编程控制结构

programming language 程序设计语言

projected 投影的

proliferate 增生，扩散

prompt 提示符

propagation delay 传播延迟

protocol 协议

prototype 原型

proxy 代理

proxy server 代理服务器

pseudocode 伪代码

public access message system 公共访问信息系统

public-key 公钥

public key cryptographic systems 公开密钥加密系统

public switched data network 公共交换数据网

pull down 下拉

pull down menu 下拉式选单

pulse-code modulation 脉码调制，脉冲代码调制

push 进栈

push technology 推技术

PVM（parallel virtual machine）并行虚拟机

Q

QNX 一种操作系统

Quantum 美国昆腾公司，硬盘生产商

queue 队列

quick format 快速格式化

quick view 快速查看

R

radio networks　无线电网络

radix　根，基数

RAID （redundant array of independent disks）廉价磁盘冗余阵列

RAM （Random Access Memory）随机存储器（内存）

random-scan display　随机扫描显示器

RAS （remote access system）远程访问服务

raster-scan display　光栅扫描显示器

rate-based　基于速率的

RDRAM rambus　动态随机存取内存

read only file　只读文件

read only mode　只读方式

real memory （storage）实存储器

real time　实时

real-time system　实时系统

record　记录

recursion　递归

redial　重拨

redirection　重定向

redo　重做

register　寄存器

register file　寄存器组，栈

registered　注册商标

resistor　电阻

registry　注册表

relational structure　关系结构

release　发布

reliable　可靠的

remote control　远程控制

rendering　着色，绘画

repeater　中继器，重复器

replace　替换

replication　复制

repository　储存库，资料档案库

resistor　电阻器

resize　调整大小

resolution　分辨率

resource management　资源管理

resource sharing　资源共享

restart　重新启动

reusability　可重用性

right margin　右边距

ring network topology　环网拓扑结构

RIP （routing information protocol）路由选择信息协议

RISC （reduced instruction set computer）精简指令集计算机

Rising　瑞星杀毒软件

robotics　机器人技术

ROM （Read Only Memory）只读存储器

root directory　根目录

route　路由

router　路由器

routine　程序

routing　路由选择

routing algorithm　路径算法

routing protocols　路由选择协议

routing table　路由表

RPC （remote procedure call）远程过程调用

RSA　一种公共密匙加密算法

run time error　运行时出错

right click　右击

row　列

ruler　标尺

S

SAA （systems application architecture）系统应用架构

SACL（system access control list）系统访问控制表

save　保存

save as　另存为

scalable　可缩放的

scale　比例

scandisk　磁盘扫描程序

scanner　扫描仪

scientific　科学的，系统的

scratch pad　高速缓存

scrollbars　翻卷栏

screensaver　屏幕保护程序

screen size　屏幕大小

script　脚本，UNIX（命令）过程

SCSI（small computer system interface）小型计算机系统接口

SDRAM（synchronous dynamic random access memory）同步动态随机存取内存

search engine　搜索引擎

search for　搜索

Seagate　美国希捷公司，硬盘生产商

secret-key　秘钥

secure　密码

select　选择

select all　全选

select group　选定组

selectionbar　选择栏

semaphore　信号量

semiconductor　半导体

sequence structure　顺序结构

sequential　顺序的，串行的

serial interface　串行接口

server　服务器

service pack　服务补丁

session key　会话密钥

set　集（合）

set active partition　设置活动分区

set algebra　集合代数

set of instruction　指令集，指令系统

settings　设置

setup　安装

setup options　安装选项

SGML（standard generalized markup language）通用标记语言标准

SGRAM（synchronous graphic random access memory）同步图形动态随机存取内存

share　共享

sharing　共享

shared-disks MP　共享磁盘多处理器

shared-memory MP　共享内存多处理器

shared-nothing MP　无共享多处理器

shortcut　快捷方式

shortcut keys　快捷键

SID（security identifiers）安全标识符

signal　信号

silicon　硅，硅元素

simulation　模拟，仿真

site　站点

size　大小

slave processor　从处理器

SLIP（serial line internet protocol）串行线网际协议

SMP（symmetric multiprocessing）对称式多处理（技术）

SMTP（simple message transfer protocol）简单邮件传输协议，用于电子邮件的传输

SNA（systems network architecture）系统网络结构

sniffer　检错器

SNMP（simple network management protocol）简单网络管理协议

socket　接口

software　软件

software life cycle　软件生命周期

SOM（system object model）系统对象模型

SONET（synchronous optical network）同步光纤网

Sony　日本索尼公司

sound　声音

source code　源代码

source program　源程序

spam　垃圾邮件

SPEC（system performance evaluation cooperative）系统性能评价合作组织

special-purpose machine　专用（计算）机

specification　详述，说明书，规范

SPOOL（simultaneous peripheral operation on line）假脱机

spooling system　假脱机系统

spreadsheet　电子制表软件，电子数据表

SQL（stractured query language）结构化查询语言

SSL（security socket layer）加密套接字协议层

stack　堆栈，栈

statement　语句

static graphics images　静态图像

status bar　状态条

stereo　立体的，立体感觉的

store　储存，储藏

storage　存储器

storyboard　剧本

stream　流

structured programming　结构化程序设计

structured data type　结构化数据类型

style　风格

subdirectory　子目录

subnet　子网

subnet mask 子网掩码

subroutine 子例程

subset 子集

summary 摘要

Sumsung 韩国三星公司

Sun 美国 Sun 公司，主要生产 SUN 系列工作站和网络产品

supercomputer 超级计算机

supervisor 超级用户，监管员

surf 作冲浪运动，在……冲浪

surface texture 表面纹理

surge suppressors 浪涌电压抑制器，电涌抑制器

swap file 交换文件

switch 开关，交换

switch to 切换到

switched multimegabit data service 交换式多兆位数据服务

switched services 交换式服务

switched virtual circuit 交换式虚电路

switching hubs 交换式集线器

symbol 符号

symbolic address 符号地址

symmetric 对称的

sync 同步

synchronize 使……同步

synchronization 同步化

synchronous 同步的

synchronous communication 同步通信

synchronous data link control 同步数据链路控制（规程）

syscall （system＋call）系统调用

system 系统，体系

system call 系统调用

system fault tolerance 系统容错

system file 系统文件

system info　系统信息

T

table　表

tag　标志，特征，标记；标识符

tail pointer　尾指针

tamper　篡改

tape drive　磁带驱动器，磁带机

task bar　任务栏

TCP/IP　（transmission control protocol/internet protocol）传输控制协议/网际协议

technical　技术的

technical office protocol　技术办公系统协议

technology　技术

telecommunication　电信，远程通信

teleconferencing　电话会议

teletext　图文电视

Telnet　远程登录

template　（＝templet）模板

terminal　终端

terabit　兆兆（10^{12}）位

Terabyte　兆兆字节

terminal servers　终端服务器

terminator　终端器，终结器，终止器

test file　测试文件

testing equipment and techniques　测试设备和技术

text　文本

text editor　文字编辑器

Tflops　（teraflops）每秒兆兆次

TFT　（thin-film transistor）薄膜晶体管

TFTP　（trivial file transfer protocol）普通文件运输协议

thread　线程

throughput　吞吐量

time bomb　时间炸弹，指在某一特定时间或事件出现才激活，从而导致机器故障的程序

time-consuming　费时的

time domain reflectometer　时域反射计（仪，器）

time-share　分时，时间共享

time-shared operating system　分时操作系统

time synchronization services　时间同步服务

timing　定时，同步；时序；时间选择

turnoff　关闭

token　权标，令牌

token bus network　令牌总线网

token passing access methods　令牌传递访问方式

token ring network　令牌环形网

tomograph　X线体层照相

tool bar　工具条

top margin　页面顶栏

topology　拓扑结构

Toshiba　日本东芝电脑公司

Tracert　一种检查路由器程序的命令

tracking　跟踪

traffic　流量

transaction processing　事务处理

transceiver　（transmitter＋receiver）收发器，接收发送器，收发机

transistor　晶体管

transmission　传送，传输

transport layer　传输层

transport protocol　传输协议

tree　树

tree-structure directory　树结构目录

trigger　引发，引起，触发

triple-encryption　三重加密

Trojan Horse　特洛伊木马

troubleshooting 故障诊断与维修，排错

trust 信任

trustees 受托者

tunneling 管道传送，隧道，管道传输

turbulence 扰动；湍流

twisted-pair cable 双绞线，双绞线电缆

two-level directory 二级目录

U

UDA （univevsal data access）统一数据读取

UML （unified modeling language）统一建模语言

UDP （user datagram protocol）用户数据报协议

UNC （universal naming conversion）通用命名标准

undo 撤销

Unicode 统一的字符编码标准

unidirectional 单向的

uninstall 卸载

union 并行性

unit of work 作业单元，工作单元

UNIVAC （universal automatic computer）通用自动计算机

universal set 全集

UNIX 一种计算机操作系统

UNMA （unified network management architecture）统一网络管理体系结构

unmark 取消标记

unselect 取消选择

UP （uniprocessing）单处理（技术）

update 更新

upload 上载，上传

UPS （uninterrupted power supply）不间断电源

URL （uniform resource locator）统一资源定位

USB （universal serial bus）通用串行总线

use slower case 使用小写

USENET 世界性的新闻组网络系统，新闻论坛，用户交流网

user 用户

user agent 用户代理

user datagram protocol 用户数据报协议

user-centric 以用户为中心的

username 由字母或数字组成的用户名称，以标明用户的身份

utility 实用程序，效用

UTP （unshielded twisted pair）非屏蔽双绞线

V

vacuum 真空

vacuum tubes 真空管

VCD （video compact disc）视频光盘

Veronica 通过 Gopher 使用的一种自动搜索服务

vertex 顶点

vertical wiring 垂直布线系统

VESA （video electronics standards association）视频电子标准协会

VFAT （virtual file allocation table）虚拟文件分配表

VGA （video graphics array）视频图形阵列

video 影像，视频

video compression 视频压缩

videoconference 视频会议

Videoconferencing and Desktop Video 电视会议和台式（桌面）视频系统

videotape 录像带

view 视图

virus 病毒

virtual 虚拟的

virtual circuit 虚电路

virtual data networks 虚拟数据网

virtual desktop 虚拟桌面

virtual directory 虚目录

virtual file systems 虚拟文件系统

virtual machine 虚拟机

virtual memory 虚拟内存

virtual reality   虚拟现实

virtual telecommunication access method   虚拟远程通信访问方法

vision   景象

VLB （VESA local bus）由视频电子标准协会开发的一种局部总线

VLSI （very large scale integrated circuit）超大规模集成电路

VOD （video on demand）视频点播

volume   卷

volume label   卷标

Von Neumann language   冯·诺依曼语言

VoxML （voice markup language）语音标记语言

VPN （virtual private network）虚拟专用网

VR （virtual reality）虚拟现实

VRAM （video random access memory）视频存储器

VRML （virtual reality modeling language）虚拟现实建模语言

VSATs （very small aperture terminals）卫星小站电路设备

VT （virtual terminal）虚拟终端

W

W3C （World Wide Web Consortium）万维网联合会

WAIS （wide area information service）广域信息服务器

wait state   等待状态

WAN （wide area networks）广域网

WAP （wireless application protocol）无线应用协议

watch point   查看断点

wave   波

waveform   波形

wavetable   波表合成

web page   网页

Webmaster   WEB 站点管理员

website   网站

WHOIS （"Who Is"）一种命令，关于哪里有谁的数据库，用 Telenet 可以与
其连接

Wi-Fi （Wireless Fidelity）无线保真

widget　窗口小部件

window　窗口

Windows　微软公司的视窗操作系统

Windows NT （Windows new technology）微软公司的网络视窗操作系统

WINS （Windows internet naming service）视窗因特网名字服务

Winsock （Windows sockets）Windows 套接字

wire　电线，电报

wiring　布线

wireless　无线的

wireless mobile communication　无线移动通信

wireless LAN communication　无线局域网通信

wizard　向导

word processing　字处理

word size （word length）字长

word wrap　自动换行

workgroups　工作组，（用户）组

workflow software　工作流软件

workstation　工作站

worm　蠕虫

WORM （write once，read many）一次写多次读

WPS （word processing system）文字处理系统，金山公司的办公软件

write-protect　写保护

WYSIWYG （what you see is what you get）所见即所得

WWW （world wide web）万维网

X

X. 25　一种分组交换网协议

XML （extensible markup language）可扩展标记语言

XMS memory　扩充内存

XON/XOFF　异步通信协议

XUL （extensible user-interface language）扩展用户接口语言

Y

Yahoo　美国雅虎公司，提供 Internet 上的目录信息检索服务

Z

ZIP　一种程序压缩的档案文件格式

zone　区

zoom in　放大

zoom out　缩小